冶金职业技能培训丛书

高炉热风炉操作与煤气知识问答

（第 2 版）

刘全兴 编著

北 京

冶 金 工 业 出 版 社

2013

内 容 简 介

本书从实际生产操作出发，在简要介绍了高炉热风炉基本知识的基础上，着重介绍了热风炉的结构，热风炉的附属设备，热风炉用耐火材料，热风炉燃料与燃烧，高炉煤气知识与安全操作，高炉煤气除尘清洗与煤气取样，煤气事故案例，热风炉有关计算实例，附录中列出了冶金生产工人技术等级标准、晋级考题及参考答案。本书共分 10 章，每章又分若干节，层次清晰，叙述简洁。

本书可作为高炉热风炉操作技术工人的职业技能培训教材，也可供炼铁专业的工程技术人员、高炉管理人员参考。

图书在版编目(CIP)数据

高炉热风炉操作与煤气知识问答/刘全兴编著 . —2 版 .
—北京：冶金工业出版社，2013.4
（冶金职业技能培训丛书）
ISBN 978-7-5024-6209-3

Ⅰ.①高… Ⅱ.①刘… Ⅲ.①高炉—热风炉—炉前操作（冶金炉）—问题解答 ②高炉煤气—问题解答
Ⅳ.①TF578 - 44 ②TQ542.7 - 44

中国版本图书馆 CIP 数据核字（2013）第 059634 号

出 版 人 谭学余
地　　址　北京北河沿大街嵩祝院北巷 39 号，邮编 100009
电　　话　(010)64027926　电子信箱　yjcbs@ cnmip. com. cn
责任编辑　王雪涛　张 卫　美术编辑 李 新　版式设计 孙跃红
责任校对　石 静　刘 倩　责任印制　李玉山
ISBN 978-7-5024-6209-3

冶金工业出版社出版发行；各地新华书店经销；三河市双峰印刷装订有限公司印刷
2005 年 3 月第 1 版，2013 年 4 月第 2 版，2013 年 4 月第 1 次印刷
850mm×1168mm　1/32；13.5 印张；362 千字；395 页
39.00 元

冶金工业出版社投稿电话：(010)64027932　投稿信箱：tougao@ cnmip. com. cn
冶金工业出版社发行部　电话：(010)64044283　传真：(010)64027893
冶金书店　地址：北京东四西大街 46 号(100010)　电话：(010)65289081(兼传真)
（本书如有印装质量问题，本社发行部负责退换）

序

　　新的世纪刚刚开始，中国冶金工业就在高速发展。2002 年中国已是钢铁生产的"超级"大国，其钢产总量不仅连续七年居世界之冠，而且比居第二和第三位的美、日两国钢产量总和还高。这是国民经济高速发展对钢材需求旺盛的结果，也是冶金工业从 20 世纪 90 年代加速结构调整，特别是工艺、产品、技术、装备调整的结果。

　　在这良好发展势态下，我们深深地感觉到我们的人员素质还不能完全适应这一持续走强形势的要求。当前不仅需要运筹帷幄的管理决策人员，需要不断开发创新的科技人员，更需要适应这一新变化的大量技术工人和技师。没有适应新流程、新装备、新产品生产的熟练技师和技工，我们即使有国际先进水平的装备，也不能规模地生产出国际先进水平的产品。为此，提高技工知识水平和操作水平需要开展系列的技能培训。

　　冶金工业出版社根据这一客观需要，为了配合职业技能培训，组织国内有实践经验的专家、技术人员和院校老师编写了《冶金职业技能培训丛书》，以支持各钢铁企业、中国金属学会各相关组织普及和培训工作的需要。这套丛书按照不同工种分类编辑成册，各册根据不同工种的特点，从基础知识、操作技能技巧到事故防范，采用一问一答形式分章讲解，语言简练，易读易懂易记，适合于技术工人阅读。冶金工业出版社的这一努力是希望为更好地发展冶金工业而做出贡献。感谢编著者和出版社的辛勤劳动。

　　借此机会，向工作在冶金工业战线上的技术工人同志们致意，感谢你们为行业发展做出的无私奉献，希望不断学习，以适应时代变化的要求。

原冶金工业部副部长
中国金属学会理事长

2003 年 6 月 18 日

第2版前言

去年末，得知《高炉热风炉操作与煤气知识问答》一书受到行业内读者认可，出版社要修订再版此书，我欣然同意，因为这本书是我炼铁职业生涯的结晶，凝聚了我太多的心血。书中有我的身影，有我的青春时光，有我艰辛的脚印；有我的理想，有我的奋斗经历，也有我成功的喜悦。

回想起来，我本人从事热风炉生产与科研已经整整30年了。30年来，从一个踌躇满志的热风炉技术员变成一个年近花甲的工程师，参与和亲历了多座高炉热风炉的技术改造、热风炉模型试验以及引进俄罗斯卡鲁金顶燃式热风炉的工作，并担任过国家"八五"重大科技攻关项目"鞍钢高炉氧煤强化炼铁新工艺——1200℃高风温研究工业试验"和国家"九五"重大科技攻关项目"长寿高效高炉综合技术——高效预热技术"的专题负责人等。

《高炉热风炉操作与煤气知识问答》一书的雏形始于1983年，当时我是鞍钢炼铁厂的一名热风炉技术员，也是一名从事热风炉生产的新人，虚心求教于师傅们，整理出的小册子《热风炉100问》，深受现场工友的欢迎，晋级、考试都用得上，这一切大大地鼓舞了我。经过不断地补充与修改，首先在鞍钢炼铁厂铅印，后来到冶金工业出版社正式出版发行，前后历时22年。2005年公开出版发行之后，在受到读者欢迎的同时，也收到一些朋友、同行善意的指正。

热风炉是神奇的。在人们的眼中,她高大,富有强大的生命力;她热烈,拥有巨大的能量;她温顺,像老黄牛一样,吃的是"草",挤出来的是"奶";她是企业的"摇钱树",带来滚滚财源;她魅力无穷,使我为之倾倒,为之奋斗,不懈追求,相伴一生。

(一) 热风炉是有灵魂的。理解和追求热风炉的灵魂是我们共同的理想。

热风炉技术在发展,热风炉科研人员队伍不断壮大。改革开放以来,特别是近 20 年以来,随着我国经济的高速发展,高炉炼铁技术进步非常快,高炉热风炉大型化、多样化、高效化,大大缩小了我们与世界先进水平的差距。一大批炼铁及相关科技工作者开发出了一系列世界水平的具有自主知识产权的领先技术,填补了国内外热风炉技术的空白,引起世人关注。主要表现在:霍戈文高风温热风炉的引进、大型外燃式热风炉或大型外燃式热风炉加辅助小热风炉的组合、顶燃式热风炉(俄卡鲁金顶燃式的引进,球式顶燃式、递旋流顶燃式的开发)、大型外燃式热风炉自身预热式在大型高炉上的成功应用、高炉热风炉烟气余热预热助燃空气和煤气技术及其附加加热换热技术组合等,所有这些,都取得了高风温的实效。现在我国可以自主设计、制造不同类型的高炉热风炉,而且各交叉口采用的组合砖也能自主设计、制造和砌筑。高炉热风炉烘炉技术,凉炉与保温技术,耐火材料和耐火涂料的研发,冶金设备国产化、系列化等,大大推动了热风炉的技术成熟与发展。

在高炉热风炉的理论研究方面我国也取得了骄人的

业绩。例如，高炉热风炉燃烧、流动与传热三大理论与实验研究，计算机技术的应用，数值模拟仿真技术开发，高效燃烧器及冷态、热态实验，冷风与烟气分配技术都有我国自己的专利。

我对热风炉的理解是热风炉的关键技术包括四方面：（1）燃烧技术（包括燃烧介质，燃烧器结构、材质，燃烧空间，空燃比，热工参数的选择，温度场、浓度场，燃烧效率等）；（2）传热技术（燃烧速率，传热系数，蓄热体的材质、结构等）；（3）气流流动（高温烟气的均匀分布和冷风的均匀分布）；（4）结构稳定（炉体与管道结构强度，管道的长短与膨胀，交接口组合砖，绝热保温）。实现高风温的主要技术路线有：利用低热值煤气获得高风温的工艺方法；热工设备的组合；工艺技术材料优化与创新；国内也有人提出了 1400℃ 超高风温的设想。可以说，我国高炉热风炉的发展成绩是全体热风炉工作者努力的结果。

（二）热风温度和喷煤已转化成为提升钢铁企业核心竞争力的主角。

2011 年我国重点大中型钢铁企业高炉平均温度为 1179℃，有较大提高，达到国际先进水平。随着当前铁矿石和焦炭价格的飙升，炼铁原燃料消耗占炼铁制造成本大幅度增长，高炉热风温度和喷煤工序的降耗作用愈加凸显。热风温度和喷煤不再是工艺技术的"细节"问题，已转化为提升钢铁企业核心竞争力的主角。为了应对炼铁工序高成本压力，进一步研究探讨未来我国炼铁技术的发展方向，全国炼铁专业的科研单位、院校、机关和企业的专家、学者和企业家们共同关注节能减排、环境友好、低碳经济，实现我国炼铁生产可持续发展。目前，国内已有首钢京唐、山西建邦等钢铁厂 1300℃ 超高风温热风炉的成功实践，并且，大有扩展趋势。

利用低热值煤气获得高风温的工艺方法主要有：(1) 高炉煤气富化法；(2) 金属换热器法；(3) 自身预热法；(4) 富氧助燃法；(5) 掺入热风法；(6) 辅助热风炉法等，其中最具典型意义的金属换热器法、热风炉自身预热法和辅助热风炉法，基本上代表了当今高温空气燃烧技术在利用低热值煤气获得高风温方面的发展新趋势。

作为高效预热技术的典型工艺，自身预热技术理论创新点是：(1) 以利用劣质燃料为基本点，经工艺转化后使低价值的高炉煤气变成高价值的高温热量。这是热价值理论，值得人们深思和理解。(2) 突破了低温余热回收的传统观念的界限，大幅度地预热燃烧介质温度。虽然在系统中增加了一定的能量和投资，但效果显著。高效预热技术不再是余热回收那样的"小打小闹"，要"做大事"。(3) 燃烧介质预热后带入的物理热比同样数量的化学热更有用。(4) 预热燃烧介质不仅可以节约燃料，而且还可以提高燃烧温度和改善燃烧过程。

自身预热技术对工况要求：(1) 燃烧能力要大；(2) 预热温度要高；(3) 热风温度要高；(4) 操作维护要简；(5) 结构稳定要好；(6) 节能减排要好；(7) 投资占地要省；(8) 工作寿命要长。

自身预热技术解决了三大问题：低热值高炉煤气过剩；高热值煤气缺乏；热风温度较低，而且它还改变了工艺流程，改变了设备组成，改变了供热方式，改变了传热机理，改变了操作方法，改变了能源结构，改变了经济效益。

（三）提高风温可实现高效、低耗、环保，"一举多得"。

炼铁系统直接消耗的能源占钢铁生产总耗能的70%左右，一直被视为钢铁企业节能的重点。由于近年来原燃料大幅度涨价，炼铁生产已经进入了高成本时代。然而，炼铁工作者一直没有放松对高炉节能减排、环境友好，实现我国炼铁生产可持续发展的新技术的关注、研究、引进与应用。提高风温和喷煤工序的作用愈加突现，采用先进的高风温技术和富氧喷煤技术已成为许多钢铁厂的首选。在比较投资回报率的观点方面，许多钢铁厂已不在乎喷煤和热风炉新建和改造的"投入"问题。新建的高炉热风炉全部采用高效的设计风温为1250℃的高温热风炉，例如俄罗斯卡鲁金顶燃式高温热风炉、外燃式或高风温内燃式热风炉，设计风温1250℃；一些旧高炉热风炉的大修改造，设计风温也要在1200℃以上；提高富氧率和煤粉助燃技术，进一步提高煤比。这些新技术的应用为高炉稳定顺行、高产稳产、降低成本提供了可靠保障。

高风温具有明显的节能作用，热风温度每升高100℃，可节焦比20~30kg/t，可允许多喷25~30kg/t煤粉。经过近年来的努力，我国高炉风温水平进步较大，2009年我国大中型企业热风温度平均1158℃，比上年提高25℃，与国际先进水平差距缩小。特别是新建设的一批大高炉（大于2000m³）热风温均超过1200℃，达到国际先进水平。其次，热风炉形式也向多样化发展，大高

炉多用外燃式和内燃式（首钢京唐钢铁公司5500m³高炉
用卡鲁金顶燃式），小高炉用石球式，都可实现高风温。
热风炉从设计制造到施工投产等均可实现国产化，只是
在使用材料、结构设计、送风系统的保障和送风操作制
度的科学性等方面存在一些缺陷，需要继续改进。采用
对空气、煤气双预热技术，即使用低热值的高炉煤气，
也可以获得高于1200℃以上的风温。

　　在利用冶金工厂产生的二次能源，大力推动循环经
济的同时，努力建设"资源节约型、环境友好型"社
会。控制温室气体排放方面，热风炉发挥着极其重要的
作用，可以称其为生态热风炉或绿色热风炉。其主要特
征为：（1）使用低热值煤气作为主要燃料，经工艺转化
后以低价值的高炉煤气获取高价值的高温热量。减少煤
气的放散量，节省昂贵的高热值煤气供给更急需的部门，
达到能源合理配置，创造更大的经济效益和社会效益，
真正做到"资源节约型"工序。（2）实现系统优化、合
理燃烧。（3）尽最大努力回收利用烟气余热，如采用金
属换热器预热煤气和助燃空气；还利用这部分烟气供煤
粉车间作为干燥、惰化气，以及供解冻库和焦炭除水烘
干等作为热气源用。（4）开发减排温室气体总量和回收
的有效措施和相关技术。

　　热风炉与煤气综合利用密切相关。热风炉与煤气历
来就是一对"孪生兄弟"，热风炉离不开煤气，煤气是
热风炉的主要燃烧介质。这是因为：（1）煤气综合利用
技术系一门特殊的"交叉学科"，涉及到能源、燃气、
燃烧、工程热物理、冶炼工艺、耐火材料等专业。
（2）煤气综合利用技术已经应用到所有钢铁生产工序，

要很好地解决煤气综合利用技术中气-固相检测和监测问题。高炉煤气、转炉煤气的干式除尘净化，余热、余压回收，干熄焦、节水技术、钢铁企业发电技术、渣的综合利用技术是国家 6 类 32 项技术中重点推进项目，是建立资源节约型、环境友好型社会，实现可持续发展和和谐社会的需要。（3）钢铁工业快速发展。2011 年，我国的钢铁企业总数已达 871 家之多，产能达约 8.5 亿吨/年。由于原、燃料的涨价，制造成本压力越来越大，节能潜力巨大，煤气综合利用技术引起普遍关注。企业渴望应用节能降耗的新工艺、新技术、新材料，以解决应用中的技术问题，获得可观的经济效益。

对于钢铁厂煤气事故的频发，在扼腕痛心的同时，我们必须反思和认真总结，吸取血的教训。在《冶金企业煤气事故产生原因分析及防范对策》（《中国冶金报》，2004.10.21）一文中我提出尊重规程、尊重技术人员、不要作业程序简单化、提高自我安全素养，加强科学防范与施救，才是有效途径。我相信：我所编写的这本书，对读者，无论是钢铁厂领导还是操作者不无裨益。

有时候，我们真心呼唤"海力布"。很久以前，有一个猎人名叫海力布。海力布不顾自己变成了一块僵硬石头的危险，在山要崩塌，洪水要淹没大地的灾难来临之时，勇敢地站出来，拯救乡亲们。我们的工厂，无论是生产管理者还是一线操作人员，哪怕有一个人在煤气事故发生之前，尽职尽责，认真研究煤气作业方案，按照规程作业，落实安全责任（例如某厂的"看管好水封阀"，某厂的"不要盲目施救"），就可以完全避免一场事故或减轻灾害损失。

人们世世代代纪念海力布。

这次修订，我增加和补充了煤气事故防范与救护知识。对生产中可供参考的经验、技术进行增补。修订的主要内容有：增加了有关热风炉新技术的知识，删去了一些落后、老旧的细节；增补了热风炉常用的操作有关知识；在第 6 章中增加了煤气设备维护的特殊操作方法，即所谓的"诀窍"；在第 10 章中增补了第一版遗漏的热风炉常用的工艺计算，使得本书更加丰满和完整，读者在需要时可查阅参考。

整理的过程，完全是一个学习提高的过程。要想给人一杯水，自己要有一桶水。无论读者是从事哪方面工作的朋友，只要您从本书受益，哪怕有一个问题对你有所启发和帮助，对我都是非常欣慰的事情。

在修订过程中，选用了国内同行们编写的有关专著、手册、教材中相关的资料和图表，在此表示感谢。尽管已付出较大努力，书中疏漏不当之处在所难免，恳请广大读者批评指正。

刘全兴

2012 年 8 月于青岛

第1版前言

为了进一步推动高炉热风炉技术的应用与发展，满足广大炼铁工作者的需要，作者立足于生产实际和技术发展，以及高炉炼铁的丰富实践经验，以一问一答的形式，系统而简明地介绍了高炉热风炉的生产工艺概况、热风炉结构、热风炉操作技术、煤气安全技术、热风炉常用耐火材料、高炉煤气除尘和煤气取样技术与操作，以及有关的热工简易计算实例和煤气事故的案例。此外，为便于读者掌握基本知识要点，书后还附有高炉热风炉工技术晋级考试试题和参考答案，供学习时参考。

本书可作为高炉热风炉工的培训用书，也可供从事炼铁专业的工程技术人员参考。

在本书的编写过程中，作者参考了国内同行部分专著的有关数据及资料；张万仲、吕鲁平两位同志对本书初稿进行了审阅、修改和补充；冶金工业出版社杨传福总编对本书章节安排提出了很好的建议，在此一并表示感谢。

本书初稿曾于 1988 年和 1999 年两次油印，于企业内部使用，并得到了鞍钢炼铁厂领导和工程技术人员的支持和欢迎，在此表示感谢。

由于时间仓促，加之水平所限，书中不妥之处，恳望读者批评指正。

编　者
2004 年 10 月

目　　录

第1章　高炉热风炉基本知识

第1节　高炉炼铁基本知识 ·· 1

1-1　高炉生产的工艺过程是怎样的?　·········· 1
1-2　高炉生产有哪些特点?　··············· 2
1-3　热风炉在高炉生产中的地位如何?　········· 3
1-4　高炉生产有哪些产品和副产品?　·········· 4
1-5　热风炉的发展过程是怎样的?　··········· 4
1-6　什么是高炉有效容积?　·············· 6
1-7　什么是高炉有效容积利用系数?　·········· 6
1-8　什么是焦比,什么是综合焦比?　·········· 6
1-9　什么是冶炼强度和综合冶炼强度?　········· 6
1-10　什么是焦炭负荷?　··············· 7
1-11　什么是休风率?　··············· 7
1-12　什么是标准燃料?　·············· 7
1-13　钢与铁有何区别?　·············· 8
1-14　什么是灰口铁,什么是白口铁?　········· 9
1-15　什么是球墨铸铁?　·············· 10
1-16　什么是能量和能源,能源分哪几类?　······· 10
1-17　各种能量单位是什么,它们之间怎样换算?　····· 10
1-18　什么是能量守恒定律,什么是热平衡?　······ 11
1-19　质量、面积、体积是如何定义的?　········ 11
1-20　什么是质量分数?　·············· 12
1-21　什么是压强,其单位是什么?　·········· 12

1-22　什么是大气压、绝对压力、表压力和负压？ ········· 13

1-23　流量、流速的定义与单位如何？ ············· 13

1-24　什么是温度？ ··················· 14

1-25　气体的密度与相对密度有何不同？ ········· 14

1-26　什么是气体状态方程式？ ············· 14

1-27　什么是标准立方米（m³（标态））？ ········· 16

1-28　什么是煤气的发热量？ ·············· 16

1-29　什么是热容，什么是热含量？ ··········· 17

1-30　什么是显热，什么是潜热？ ············ 17

1-31　什么是反应热，什么是生成热，什么是燃烧热？ ··· 17

1-32　什么是蒸气压？ ·················· 18

1-33　什么是结晶水、化合水、结合水？ ········· 18

第 2 节　蓄热式热风炉的分类及其基本工作原理 · 19

1-34　热风炉有几种类型？ ··············· 19

1-35　什么是内燃式热风炉，有何特点？ ········· 19

1-36　什么是外燃式热风炉，有何特点？ ········· 19

1-37　什么是顶燃式热风炉，有何特点？ ········· 23

1-38　什么是球式热风炉，有何特点？ ·········· 25

1-39　球式热风炉是如何发展起来的？ ·········· 28

1-40　荷兰霍戈文高风温热风炉有何特点？ ········ 29

1-41　卡鲁金顶燃式热风炉有何特点？ ·········· 30

1-42　卡鲁金顶燃式硅砖热风炉在砌筑方面有哪些

　　　主要特点？ ···················· 31

1-43　什么是落地式热风炉？ ·············· 34

1-44　什么是高架式热风炉？ ·············· 34

1-45　什么是热风炉的热工参数？ ············ 34

1-46　什么是热风炉的全高？ ·············· 35

1-47　什么是热风炉的总加热面积？ ··········· 35

1-48　什么是热风炉单位炉容加热面积？ ········· 35

1-49 蓄热式热风炉的基本工作原理是怎样的？……… 35

1-50 如何用图示法说明热风炉的工艺过程？……… 37

1-51 一座高炉为什么要配备三座或四座热风炉？…… 37

1-52 什么是传热，传热有几种方式？……… 38

1-53 热量在热风炉内是怎样传热的，哪种传热方式
占主要地位？……… 39

1-54 什么是热风炉传热过程数学模型？……… 39

1-55 国内外对热风炉传热过程数学模型的研究
现状如何？……… 40

1-56 计算机技术在热风炉传热过程研究中的应用
如何？……… 41

第2章 热风炉结构

第1节 热风炉炉体结构……… 43

2-1 传统内燃式热风炉的通病是什么？……… 43

2-2 什么是改造内燃式热风炉？……… 43

2-3 改造内燃式热风炉是如何克服传统内燃式热风炉的
弊病的？……… 45

2-4 内燃式热风炉的火井有几种类型，各种类型火井的
优缺点是什么？……… 45

2-5 热风炉的蓄热室是如何构成的？……… 47

2-6 热风炉的拱顶是如何构成的？……… 47

2-7 热风炉的隔墙是如何构成的？……… 48

2-8 热风炉的炉壳是如何构成的？……… 48

2-9 热风炉的炉基是如何构成的？……… 49

2-10 热风炉的支柱、炉箅子的材质和用途如何？……… 49

2-11 烟囱的作用是什么，其工作原理如何？……… 50

2-12 什么是热风炉炉壳晶间应力腐蚀？……… 51

2-13 如何预防热风炉炉壳晶间应力腐蚀？……… 52

第 2 节　热风炉的配置 ·················· 54

2-14　什么是燃烧器，热风炉所用燃烧器分为几种？ ······ 54

2-15　机械（金属）燃烧器有何弊病？ ··············· 54

2-16　什么是矩形燃烧器，其有何特点？ ············· 54

2-17　什么是陶瓷燃烧器，陶瓷燃烧器有何特点？ ····· 55

2-18　热风炉助燃风机马达停电应如何处理？ ········· 57

2-19　什么是集中鼓风？ ······················ 57

2-20　鼓风机有几类，为什么有时输出风量不足？ ····· 57

2-21　什么是液压传动，液压传动有何特点？ ········· 58

2-22　什么是引射器，它的工作原理是什么？ ········· 59

2-23　使用引射器时应注意哪些问题？ ············· 60

2-24　热风炉波纹管膨胀器的作用是什么？ ········· 60

2-25　热风炉及管道上安设人孔的作用是什么？ ······· 62

第 3 章　热风炉附属设备

第 1 节　热风炉的阀门 ·················· 63

3-1　热风炉都有哪些主要阀门和管道？ ············· 63

3-2　什么是闸式阀，常用在热风炉哪些部位？ ········· 64

3-3　什么是盘式阀，常用在热风炉哪些部位？ ········· 64

3-4　什么是蝶式阀，常用在热风炉哪些部位？ ········· 64

3-5　什么是热风阀,常用在热风炉哪些部位,其构造怎样？ ····· 65

3-6　新型高风温热风阀有何特点？ ················· 65

3-7　什么是冷风阀，常用在热风炉哪些部位，
　　　其构造怎样？ ························· 67

3-8　什么是大头阀，它用在热风炉何部位？ ········· 68

3-9　什么是冷风大闸，它有何作用？ ··············· 68

3-10　什么是倒流阀，它的作用是什么？ ············· 69

3-11　热风炉有哪几个阀门是靠均压开启的，哪几个阀门

不必用均压开启？ ……………………………………… 70

第2节　热风炉的检测仪表 ………………………… 70

3-12　热风炉自动化包括哪些内容？ …………… 70
3-13　什么是"三电"系统？ ……………………… 70
3-14　热风炉热工仪表自动测量包括哪些项目？ ……… 71
3-15　热风炉炉顶温度、废气温度、热风温度、净煤气
　　　压力、净煤气流量的取出口位置在何处？ ……… 71
3-16　热电偶的测温原理是什么？ ……………… 71
3-17　常用热电偶是什么材料制作的？ ………… 72
3-18　化学式气体分析器（奥氏气体分析器）用什么
　　　化学药品作吸收剂，这种方法有何特点？ ……… 73
3-19　氧化锆定氧仪是怎样分析烟气中氧含量的？ …… 73
3-20　燃烧振动是怎样的，如何消除？ ………… 74
3-21　什么是减振环，有何作用？ ……………… 76
3-22　热风炉陶瓷燃烧器热态模型试验是怎样的？ …… 77

第3节　换热器及余热回收 ………………………… 78

3-23　什么是热管，什么是热管换热器？ ……… 78
3-24　热管的工作原理是什么？ ………………… 79
3-25　热管及热管换热器有哪些优点？ ………… 79
3-26　热管空气预热器的换热能力和主要性能如何？ … 80
3-27　分离式热管是如何工作的？ ……………… 81
3-28　使用热管换热器应注意哪些问题？ ……… 83
3-29　余热回收利用有哪些实际应用？ ………… 84
3-30　高炉荒煤气加热装置有何作用？ ………… 84

第4章　热风炉用耐火材料

第1节　热风炉用耐火材料的性能 ………………… 85

4-1　什么是耐火材料，耐火材料的性能指标有哪几项？ …… 85

4-2　什么是耐火度，它对砌体的使用有什么影响？ ········· 85

4-3　什么是荷重软化温度，它对砌体的使用有什么
　　　影响？ •• 86

4-4　什么是耐火材料的抗热震性，它对耐火制品的
　　　使用有什么影响？ •••••••••••••••••••••••••••••••••••• 86

4-5　什么是耐火材料的抗渣性？ •••••••••••••••••••••••• 87

4-6　热风炉蓄热室所用的格子砖分几类，各有什么
　　　特点？ •• 87

4-7　什么是格砖活面积？ •••••••••••••••••••••••••••••••• 89

4-8　什么是 $1m^3$ 格子砖加热面积？ •••••••••••••••• 89

4-9　什么是充填系数？ •••••••••••••••••••••••••••••••••• 89

4-10　什么是格子砖当量厚度？ ••••••••••••••••••••••• 90

4-11　什么是格子砖格孔的当量直径？ ••••••••••••• 90

4-12　热风炉内衬的合理砌筑结构是怎样的？ •••••••••• 90

4-13　格孔大小的规定主要依据是什么，格孔是否
　　　愈小愈好？ ••••••••••••••••••••••••••••••••••••••• 91

第 2 节　热风炉用耐火材料的种类 ••••••••••••••••••••••• 92

4-14　热风炉常用的耐火材料有哪些？ ••••••••••••• 92

4-15　什么是黏土砖，常用在热风炉何部位？ •••••••• 92

4-16　黏土砖分为几级，每级三氧化二铝含量是多少？ ··· 92

4-17　黏土砖的荷重软化温度一般是多少？ •••••••• 92

4-18　什么是高铝砖，常用在热风炉何部位？ •••••••• 93

4-19　高铝砖的荷重软化温度一般是多少？ •••••••• 93

4-20　高铝砖分为几级，每级三氧化二铝含量是多少？ ··· 93

4-21　什么是硅砖，其荷重软化温度是多少？ •••••••• 94

4-22　硅砖热风炉的日常维护要注意哪些问题？ ••••••• 94

4-23　我国热风炉用耐火材料有哪些进步？ •••••••• 96

4-24　什么是低蠕变砖，它有何特点？ ••••••••••••• 96

4-25　什么是陶瓷纤维，它有何特点？ ••••••••••••• 98

4-26　组合砖用在热风炉的什么部位，异型砖的作用

　　　是什么？ …………………………………………… 98

4-27　热风炉各部位所用耐火材料的选择依据是什么？ … 99

4-28　热风炉炉顶温度的上限是根据什么决定的？ …… 99

4-29　什么是轻质黏土砖，它用在何部位？ …………… 99

4-30　什么是轻质高铝砖，它用在何部位？ …………… 99

4-31　什么是硅藻土砖，它用在何部位？ …………… 100

4-32　陶瓷喷涂料的作用是什么？ ………………… 101

4-33　什么是矾土耐热混凝土？ …………………… 101

4-34　什么是磷酸盐耐火混凝土？ ………………… 102

第5章　热风炉燃料及其燃烧

第1节　热风炉用燃料种类与特性……………………… 103

5-1　什么是燃料？ …………………………………… 103

5-2　气体燃料有哪些优点？ ……………………… 103

5-3　气体燃料中哪些为可燃成分，哪些为不可燃成分？ … 104

5-4　什么是煤气的着火点？ ……………………… 104

5-5　煤气的燃烧有什么特点？ …………………… 104

5-6　燃烧 $1m^3$ 煤气理论上需要多少空气？ ………… 105

5-7　燃烧 $1m^3$ 煤气理论上生成多少烟气？ ………… 105

5-8　如何计算实际的空气需要量和燃烧产物量？ …… 106

5-9　什么是热风炉的热效率，如何计算热风炉的

　　热效率？ ………………………………………… 106

5-10　什么是煤气消耗定额？ ……………………… 107

第2节　燃烧与燃烧计算……………………………… 107

5-11　什么是煤气质量？ …………………………… 107

5-12　什么是过剩空气系数？ ……………………… 107

5-13　什么是理论燃烧温度？ ……………………… 107

5-14　提高 Q_a 和 Q_g 对理论燃烧温度有何影响？………… 108

5-15　助燃空气预热和煤气预热有何不同，它们对理论
　　　燃烧温度有何影响？…………………………………… 109

5-16　理论燃烧温度与炉顶温度的关系是怎样的？……… 109

5-17　炉顶温度与风温的关系是怎样的？…………………… 110

5-18　废气温度与风温的关系是怎样的？…………………… 110

5-19　炉顶温度超出规定如何控制？………………………… 110

5-20　预热助燃空气和煤气对理论燃烧温度各有何
　　　影响？……………………………………………………… 110

第6章　热风炉操作

第1节　热风炉的烘炉与凉炉…………………………… 112

6-1　为什么高炉、热风炉在开炉之前要进行烘炉？…… 112

6-2　热风炉烘炉以前应做哪些准备工作？………………… 112

6-3　什么是烘炉曲线，为什么要制订烘炉曲线？……… 113

6-4　耐火黏土砖和高铝砖砌筑的热风炉的烘炉曲线
　　　有何不同用途？…………………………………………… 113

6-5　硅砖热风炉烘炉曲线有何用途？……………………… 114

6-6　陶瓷燃烧器的烘烤曲线是怎样的？…………………… 117

6-7　烘炉过程中会有哪些异常情况出现，如何处理？… 118

6-8　烘炉过程中应注意哪些问题？………………………… 119

6-9　什么是试漏，热风炉系统如何试漏？………………… 120

6-10　什么是热风炉的保温？………………………………… 120

6-11　如何实现硅砖热风炉的长周期保温？……………… 121

6-12　什么是热风炉的凉炉？………………………………… 122

6-13　硅砖热风炉凉炉技术准备有哪些？………………… 123

6-14　硅砖热风炉凉炉操作步骤如何？…………………… 124

6-15　如何考虑硅砖热风炉凉炉时硅砖的体积变化？… 125

6-16　降温凉炉操作注意事项有哪些？…………………… 126

6-17　硅砖热风炉凉炉操作有何特点？ ·············· 126

6-18　热风炉的大修和中修是怎样的？ ·············· 129

第2节　热风炉的烧炉操作·············· 130

6-19　火井过凉，点炉点不着怎么办？ ·············· 130

6-20　点炉点不着可能是何原因，如何处理？ ·············· 130

6-21　为什么规程规定，在点炉时必须先给火后
　　　给煤气？ ·············· 131

6-22　什么是"喷炉"，发生"喷炉"有哪些原因？ 131

6-23　什么是热风炉的合理燃烧？ ·············· 131

6-24　热风炉的燃烧制度有几种，各有何特点？ 132

6-25　什么是"三勤一快"？ ·············· 134

6-26　什么是快速烧炉法？ ·············· 134

6-27　煤气流量表不好用时怎么烧炉？ ·············· 134

6-28　炉顶温度表、废气温度表同时不好用时
　　　怎样烧炉？ ·············· 135

6-29　如何根据火焰来判断燃烧是否正常？ ·············· 135

6-30　净煤气压力过低时为什么要撤炉？ ·············· 135

6-31　提高废气温度对风温有何影响？ ·············· 135

6-32　废气温度过高或过低时有何害处？ ·············· 137

6-33　合理的废气成分是什么？ ·············· 137

6-34　热风炉在正常燃烧时发生突然灭火如何处理？ ······· 137

6-35　什么是燃烧配比，正常燃烧时煤气与空气的
　　　配比是多少？ ·············· 138

第3节　热风炉的送风操作·············· 138

6-36　热风炉的基本送风制度有几种？ ·············· 138

6-37　什么是交叉并联送风？ ·············· 139

6-38　三座和四座炉的交叉并联送风如何操作？ ·············· 139

6-39　热风炉造成高炉断风有何恶果，如何挽救？ ······· 141

6-40　高炉突然停风的原因如何从仪表上判断？…………141

6-41　废风阀未关就开冷风小门会带来什么后果？………141

6-42　未灌风就开热风阀会有何后果？………………∴141

6-43　燃烧闸板未关或未关严就灌风会有何恶果？………142

6-44　如何处理热风炉工作不一致问题？………………142

第4节　热风炉的换炉和休风操作…………………………144

6-45　热风炉换炉操作有哪些技术要求？………………144

6-46　从燃烧转为送风的操作程序是什么？………………144

6-47　从送风转为燃烧的操作程序是什么？………………145

6-48　热风炉各阀门的开启原理是什么？………………145

6-49　换炉时先停助燃风机，后关煤气闸板行吗？………145

6-50　废风放不净会有什么后果，如何判断？…………146

6-51　快速灌风好吗？……………………………………146

6-52　什么是"闷炉"，为什么要禁止"闷炉"？…………146

6-53　休风时，热风炉不放废风行吗？…………………146

6-54　灌满风后不能立即送风有何危害？………………147

6-55　热风炉地下烟道为什么要经常抽水？………………147

6-56　什么是热风炉的工作周期，如何用图表示热风炉
　　　一个工作周期的温度控制曲线？…………………147

6-57　什么是休风，休风分几种？………………………148

6-58　什么是倒流休风，操作程序是什么？………………148

6-59　用热风炉倒流对炉子有什么危害？………………148

6-60　为什么规程规定"倒流时间不许超过1小时"？……149

6-61　炉顶温度过低用作倒流炉有何坏处？………………149

6-62　为什么倒流炉不得马上送风？………………………149

6-63　倒流休风热风管道温度过高如何处理？……………149

6-64　倒流炉为什么不能点自燃？………………………149

6-65　倒流休风中，倒流管着火如何处理？………………150

6-66　倒流炉热风阀未关就复风有何后果？………………150

6-67　休风时忘关冷风大闸会出现什么后果? ⋯⋯⋯⋯ 150

6-68　休风时,不关冷风阀行吗? ⋯⋯⋯⋯⋯⋯⋯⋯⋯ 150

6-69　煤气倒流窜入冷风管道中,如何处理? ⋯⋯⋯⋯ 151

6-70　休风时,放风阀失灵,热风炉如何放风? ⋯⋯⋯ 151

第5节　热风炉的特殊操作⋯⋯⋯⋯⋯⋯⋯⋯⋯⋯⋯⋯ 151

6-71　高炉鼓风机突然停风,热风炉如何处理? ⋯⋯ 151

6-72　热风炉突然停电如何处理? ⋯⋯⋯⋯⋯⋯⋯⋯ 151

6-73　什么是电气上的联锁? ⋯⋯⋯⋯⋯⋯⋯⋯⋯⋯ 152

6-74　什么是"非常开关","非常开关"在什么情况下
　　　使用? ⋯⋯⋯⋯⋯⋯⋯⋯⋯⋯⋯⋯⋯⋯⋯⋯⋯ 152

6-75　燃烧炉助燃风机停了如何查找原因? ⋯⋯⋯⋯ 152

6-76　灌满风后,热风阀打不开可能是什么原因,
　　　查找哪些部位? ⋯⋯⋯⋯⋯⋯⋯⋯⋯⋯⋯⋯⋯ 152

6-77　送风转燃烧,冷风阀关了,热风阀无反应
　　　怎么处理? ⋯⋯⋯⋯⋯⋯⋯⋯⋯⋯⋯⋯⋯⋯⋯ 153

6-78　点炉时,助燃风机不启动是什么原因? ⋯⋯⋯ 153

6-79　关完送风炉的冷风阀、热风阀,废风阀打不开,
　　　查找哪些部位? ⋯⋯⋯⋯⋯⋯⋯⋯⋯⋯⋯⋯⋯ 153

6-80　停、送电时,热风炉操作电源和动力电源的给法
　　　是怎样规定的? ⋯⋯⋯⋯⋯⋯⋯⋯⋯⋯⋯⋯⋯ 153

第6节　使用低热值煤气获得高风温的工艺方法⋯⋯⋯⋯ 153

6-81　什么是烟气和冷风均配技术,如何实现? ⋯⋯ 153

6-82　什么是高炉煤气富化法? ⋯⋯⋯⋯⋯⋯⋯⋯⋯ 155

6-83　高炉煤气富集CO的工业装置流程是什么? ⋯ 156

6-84　热风炉富氧烧炉新技术是怎样的? ⋯⋯⋯⋯⋯ 156

6-85　什么是高温空气燃烧技术? ⋯⋯⋯⋯⋯⋯⋯⋯ 157

6-86　高温空气燃烧技术在高炉热风炉有哪些
　　　实际应用? ⋯⋯⋯⋯⋯⋯⋯⋯⋯⋯⋯⋯⋯⋯⋯ 158

6-87 什么是热风炉自身预热法，它有何特点？ …………… 159

6-88 如何画图说明自身预热式热风炉蓄热室内
热量分布？ ……………………………………………… 160

6-89 什么是能流图？ ……………………………………… 160

6-90 如何画图说明自身预热式热风炉能流图？ ………… 161

6-91 鞍钢 10 号高炉热风炉采用的自身预热工艺流程图
是怎样的？ …………………………………………… 161

6-92 鞍钢 10 号高炉热风炉自身预热的工作制度
是什么？ ……………………………………………… 161

6-93 鞍钢 10 号高炉自身预热式热风炉采用哪些
关键技术？ …………………………………………… 162

6-94 热风炉自身预热的预热温度的选择是不是
越高越好？ …………………………………………… 162

6-95 鞍钢 10 号高炉自身预热式热风炉的陶瓷燃烧器
在设计上有何特点？ ………………………………… 164

6-96 什么是热风炉附加加热换热系统？ ………………… 166

6-97 附加加热换热系统的设计原则是什么？ …………… 166

6-98 鞍钢 11 号高炉热风炉附加加热换热系统
如何组成？ …………………………………………… 167

6-99 德国迪林根附加加热换热系统是怎样的？ ………… 168

6-100 什么是辅助热风炉法？ ……………………………… 170

第7节 热风炉设备维护 …………………………………… 171

6-101 热风阀破损的主要原因是什么？ …………………… 171

6-102 热风阀停水怎么办？ ………………………………… 171

6-103 热风阀漏水对炉子有何坏处？ ……………………… 171

6-104 燃烧炉内圈停水怎么办？ …………………………… 171

6-105 送风炉内圈停水怎么办？ …………………………… 172

6-106 热风炉的水压是如何确定的？ ……………………… 172

6-107 生产中助燃风机如何试车？ ………………………… 172

6-108　如何保证检修鼓风机人员的安全?　·············· 172

6-109　有人进入火井、烟道扒砖或检修，热风炉换炉、

　　　　高炉放风或休风时为什么要通知他们出来?　····· 172

6-110　内燃式热风炉火井掉砖的主要原因是什么?　····· 172

6-111　为什么热风炉的燃烧碹和烟道碹等容易

　　　　损坏?　··· 173

6-112　什么是火井短路，其现象和后果是什么?　····· 174

6-113　烟道碹倒塌后，热风炉操作时会出现什么

　　　　现象?　··· 175

6-114　格子砖下塌和堵塞的原因是什么?　·············· 175

6-115　处理塌落的火井掉砖要注意哪些问题?　·········· 175

第7章　煤气知识与安全操作

第1节　煤气的性质和用途·························· 177

7-1　高炉煤气是如何产生的，其性质和用途是什么?　··· 177

7-2　焦炉煤气是如何产生的，其性质和用途是什么?　··· 179

7-3　天然气的性质和用途是什么?　····················· 179

7-4　煤气为什么能使人中毒?　·························· 180

7-5　哪些煤气的毒性大，为什么?　····················· 180

第2节　煤气安全使用知识及事故预防·············· 181

7-6　空气中一氧化碳允许的安全浓度是多少?　·········· 181

7-7　空气中一氧化碳超过卫生标准，经多长时间

　　　会使人中毒?　·· 181

7-8　煤气中毒后，人体有哪些症状?　·················· 181

7-9　如何防止煤气中毒事故的发生?　·················· 182

7-10　怎样处理煤气中毒事故?　························· 183

7-11　什么是鸽子试验，怎样进行鸽子试验?　·········· 184

7-12　什么是严密性试验，其标准是什么?　·············· 184

7-13 为什么室内煤气管道必须定期用肥皂水试漏? ……… 185

7-14 天然气对人体有什么危害? ……………………… 185

7-15 煤气的着火事故是怎样发生的? ………………… 185

7-16 怎样防止煤气着火事故的发生? ………………… 186

7-17 怎样处理煤气着火事故? ………………………… 186

7-18 什么是爆炸,煤气爆炸的危害是怎样的? ……… 187

7-19 什么是爆炸极限,常见煤气的爆炸极限是多少,

　　 煤气爆炸条件是什么? ………………………… 187

7-20 如何防止煤气爆炸事故的发生? ………………… 188

7-21 煤气管道内的爆炸是怎样产生的,如何防止? …… 188

7-22 空气管道内的爆炸是怎样产生的,如何防止? …… 189

7-23 什么是爆发试验,怎样做爆发试验? …………… 190

第3节　煤气的使用与操作…………………………… 190

7-24 日常使用煤气应注意哪些问题? ………………… 190

7-25 在煤气设备上动火有哪些要求? ………………… 191

7-26 通蒸汽的作用是什么? …………………………… 191

7-27 什么是处理煤气,处理煤气的理论依据

　　 是什么? ………………………………………… 192

7-28 高炉煤气系统流程图是怎样的? ………………… 192

7-29 高炉煤气系统处理煤气的基本原则是什么? …… 192

7-30 处理煤气一般分为几个步骤,具体方法

　　 是什么? ………………………………………… 193

7-31 处理煤气应注意哪些问题? ……………………… 194

7-32 什么是特殊休风? ………………………………… 195

7-33 停电休风的煤气如何处理? ……………………… 195

7-34 鼓风机突然停风时,如何处理煤气? …………… 196

7-35 停水时,如何处理煤气? ………………………… 196

7-36 停蒸汽休风时,如何处理煤气? ………………… 197

7-37 全地区性停电、停风、停水、停蒸汽时,

　　　　如何处理煤气? ………………………………………… 197
7-38　检查高炉大钟时,如何进行煤气操作? ………… 198
7-39　当大钟掉入炉内,如何进行煤气操作? ………… 199
7-40　高炉炉顶放散阀失灵时,如何进行煤气操作? … 199
7-41　发生煤气切断阀故障时,如何进行煤气操作? … 200
7-42　大、小均压阀发生故障时,如何进行煤气操作? … 201
7-43　高压调节阀组发生故障时,如何进行煤气操作? … 202
7-44　除尘器清灰阀发生故障时,如何进行煤气操作? … 204
7-45　叶形插板发生故障时,如何进行煤气操作? … 204
7-46　冷风大闸发生故障时,如何进行煤气操作? … 205
7-47　短期休风如何转为长期休风? ………………… 205
7-48　高炉停炉的煤气操作步骤及要求是什么? … 205
7-49　什么是停炉 C 曲线,其作用是什么? ………… 207

第4节　煤气的防护与安全操作管理…………………… 209
7-50　带煤气抽、堵盲板作业,应注意哪些问题? … 209
7-51　怎样使用氧气呼吸器? ………………………… 210
7-52　为什么要填写"煤气危险作业指示图表",其包括
　　　哪些项目,在实际生产中如何使用? …………… 211
7-53　煤气防护器材分哪些类别? …………………… 214
7-54　氧气呼吸器有何作用? ………………………… 214
7-55　作业时使用氧气呼吸器应注意哪些事项? …… 215
7-56　氧气呼吸器内的小氧气瓶如何维护、保管? … 215
7-57　什么是空气呼吸器? …………………………… 216
7-58　正压自给式压缩空气呼吸器使用方法是什么? … 216
7-59　什么是隔离式自救器,怎样使用隔离式自救器? … 217
7-60　自吸式橡胶长管防毒面具有何特点,应注意
　　　哪些事项? …………………………………………… 218
7-61　使用自吸式橡胶长管防毒面具应注意哪些事项? … 218
7-62　强制送风长管防毒面具有何特点? …………… 218

7-63　使用强制送风长管防毒面具应注意哪些事项？ …… 219

7-64　CO 报警器的使用与维护方法是什么？ ………… 219

第5节　煤气设施维护的特殊操作方法…………… 220

7-65　如何用通风机吹扫煤气设施操作
　　　（一步置换法）？　………………………… 220

7-66　煤气设施维护的特殊操作方法有何意义？ ……… 221

7-67　煤气设施维护危险作业的特殊操作
　　　有哪些方法？　…………………………………… 222

7-68　如何带压焊补？ ………………………………… 222

7-69　如何在煤气设备上"搬眼"操作？ …………… 222

7-70　什么是简单设备"搬眼"？ …………………… 223

7-71　如何带压堵漏操作？ …………………………… 224

7-72　带气堵漏的理论根据是什么？ ………………… 224

7-73　带气堵漏的操作方法准备工作是什么？ ……… 224

7-74　什么是直接焊补法？ …………………………… 225

7-75　什么是制作焊盒堵漏法？ ……………………… 225

7-76　什么是特殊位置漏点堵漏法？ ………………… 226

7-77　什么是煤气管道补偿器包裹堵漏？ …………… 227

7-78　什么是煤气管道法兰漏点包裹堵漏？ ………… 227

7-79　什么是特殊专业工具堵漏法？ ………………… 227

7-80　什么是常规带压堵漏操作法？ ………………… 228

7-81　如何进行管道焊口裂缝的操作？ ……………… 229

7-82　管道法兰泄漏如何处理？ ……………………… 229

7-83　管道波纹膨胀器泄漏如何处理？ ……………… 229

7-84　放散管上部堵塞如何处理？ …………………… 230

7-85　排水器堵塞如何处理？ ………………………… 230

7-86　如何进行人孔接点的操作？ …………………… 231

7-87　在停产的煤气设备上动火的操作应注意
　　　哪些问题？　…………………………………… 231

第8章　高炉煤气除尘、清洗与煤气取样

第1节　高炉煤气清洗工艺………………………………… 232

8-1　目前高炉煤气清洗采用什么样的工艺流程，
其工艺流程图是怎样的? ……………………………… 232

8-2　高炉煤气净化与利用的工艺有几种? ……………… 232

8-3　重力除尘器的构造及除尘原理是什么? ………… 233

8-4　高炉重力除尘器的直径是根据什么确定的? ……… 234

8-5　洗涤塔的构造和工作原理是什么? ……………… 234

8-6　洗涤塔的水封装置结构是怎样的? ……………… 236

8-7　溢流文氏管的构造和工作原理是什么? ………… 236

8-8　文氏管的构造和工作原理是什么? ……………… 237

8-9　静电除尘器的除尘原理是什么? ………………… 238

8-10　什么是湿法除尘? ………………………………… 238

8-11　什么是比绍夫（Bischoff）法精细除尘? ………… 240

8-12　脱水器的种类及工作原理是什么? ……………… 241

8-13　什么是旋流板脱水器，其作用如何? …………… 242

8-14　如何降低高炉煤气含尘量? ……………………… 243

8-15　如何降低高炉煤气含水量? ……………………… 243

8-16　什么是排水器，如何确定煤气设备水封的高度? … 244

8-17　复合式排水器的结构和水封下水原理是怎样的? …… 245

8-18　造成煤气管道排水器冒煤气的主要原因是什么，
如何处理? …………………………………………… 246

8-19　叶形插板的构造与作用是怎样的? ……………… 247

第2节　高炉煤气干法除尘………………………………… 247

8-20　干法除尘有何特点? ……………………………… 247

8-21　布袋除尘器干法净化工艺是什么? ……………… 248

8-22　湿法除尘器与干法除尘器的优缺点是什么? ……… 252

8-23　布袋除尘器单箱体停用如何操作? ………………… 253

8-24　布袋除尘器单箱体投用如何操作? ………………… 254

8-25　布袋除尘加压闭路反吹如何操作? ………………… 254

8-26　脉冲反吹如何操作? ………………………………… 255

8-27　布袋除尘器放灰如何操作? ………………………… 255

8-28　引风机升、降温如何操作? ………………………… 256

8-29　高炉正常生产时,布袋除尘器突然停电

　　　如何操作? ……………………………………………… 257

8-30　箱体防爆膜突然鼓破后如何操作? ………………… 257

8-31　如何进行更换布袋操作? …………………………… 257

8-32　什么是高炉煤气干式除尘,加热装置是怎样的? 258

8-33　使用荒煤气加热换热器应注意哪些问题? ………… 259

8-34　换热器荒煤气通路堵塞如何处理? ………………… 259

第3节　除尘器清灰操作………………………………………… 260

8-35　什么是灰铁比? ……………………………………… 260

8-36　高炉煤气灰的主要成分和粒度组成是怎样的? …… 260

8-37　除尘器清灰都有哪些要求? ………………………… 260

8-38　除尘器螺旋清灰装置构造是怎样的? ……………… 261

8-39　进除尘器内抠灰应注意哪些问题? ………………… 261

第4节　炉顶煤气取样操作……………………………………… 262

8-40　炉顶煤气取样的正确名称是什么,

　　　设在哪一部位? ……………………………………… 262

8-41　炉顶煤气取样的四个方向是怎样确定的,

　　　为什么? ……………………………………………… 262

8-42　炉顶煤气取样各点的位置是如何确定的? ………… 263

8-43　常见的炉顶取样煤气曲线是怎样的? ……………… 264

8-44　炉顶煤气取样与除尘器取样的目的和意义

　　　是什么? ……………………………………………… 264

8-45　炉顶煤气取样常见事故有哪些，如何处理？ ········· 265

8-46　如何制作炉顶煤气取样管？ ························· 265

第 5 节　高炉煤气的余压发电 ······························· 266

8-47　什么是 TRT？ ···································· 266

8-48　TRT 的基本工作原理和特点是什么？ ········· 266

8-49　TRT 的工艺流程是怎样的？ ··················· 267

8-50　国内高炉煤气余压利用的发展情况如何？ ········· 269

8-51　TRT 技术的优缺点有哪些？ ····················· 270

第 9 章　煤气事故案例与事故预防

第 1 节　煤气爆炸事故案例与事故预防 ················· 272

9-1　如何预防除尘器煤气爆炸事故？ ················· 272

9-2　如何预防除尘器芯管内的爆炸事故？ ········· 273

9-3　如何预防整个煤气系统的连续爆炸事故？ ········· 274

9-4　如何预防热风炉烟囱爆炸事故？ ················· 275

9-5　如何预防冷风管道内的煤气爆炸事故？ ········· 276

9-6　如何预防放风阀煤气爆炸事故？ ················· 277

9-7　如何预防炉顶煤气爆炸事故？ ··················· 278

9-8　如何预防燃烧器煤气爆炸事故？ ················· 279

9-9　如何预防洗涤塔煤气爆炸事故？ ················· 281

9-10　如何预防高炉炉内煤气爆炸事故？ ············· 282

第 2 节　煤气着火事故案例与事故预防 ················· 282

9-11　如何预防除尘器煤气着火事故？ ··············· 282

9-12　如何预防焦炉煤气管道着火事故？ ············· 283

9-13　如何预防倒流管烧红、着火事故？ ············· 284

9-14　如何预防切断阀不严、倒流管着火事故？ ········· 285

9-15　如何预防盲目动火引起煤气着火事故？ ········· 286

9-16 如何预防在生产中的煤气设备上动火造成
　　　煤气着火事故？ ……………………………………… 286

9-17 如何预防抽、堵盲板作业煤气着火事故？ ……… 286

9-18 如何预防电气设备漏电、煤气着火事故？ ……… 287

第3节　煤气中毒事故案例与事故预防………………… 287

9-19 检修高炉设备时，如何防止煤气中毒事故？ ……… 287

9-20 上高炉炉顶排除故障时，如何防止煤气中毒
　　　事故？ …………………………………………………… 288

9-21 处理高炉夹料故障时，如何防止煤气中毒事故？ … 288

9-22 突发煤气管道破裂时，如何防止煤气中毒事故？ … 288

9-23 高炉煤气压力导管漏煤气时，如何防止煤气中毒
　　　事故？ …………………………………………………… 289

9-24 在一次仪表室排除故障时，如何防止煤气中毒
　　　事故？ …………………………………………………… 289

9-25 在煤气设备上作业时，如何防止煤气中毒事故？ … 289

9-26 助燃风机停转时，如何防止煤气中毒事故？ ……… 290

9-27 煤气设备没有完全封闭时，如何防止煤气中毒
　　　事故？ …………………………………………………… 290

9-28 进入热风炉内作业时，如何防止煤气中毒事故？ … 291

9-29 煤气设备投产前，如何防止煤气中毒事故？ ……… 291

9-30 处理放散管燃烧器发生堵塞故障时，如何防止
　　　煤气中毒事故？ ………………………………………… 291

9-31 生活设施靠近煤气设施附近时，如何防止煤气
　　　中毒事故？ ……………………………………………… 292

9-32 进入洗涤塔检修喷嘴时，如何防止煤气中毒
　　　事故？ …………………………………………………… 292

第4节　其他煤气事故案例与事故预防………………… 292

9-33 如何防止洗涤塔被水封闭事故？ ………………… 292

9-34　如何预防翻斗汽车作业撞裂煤气管道事故？ ……… 294

9-35　如何预防煤气管道冻裂事故？ …………………… 294

9-36　如何预防煤气管道下坠引起焊缝开裂事故？ ……… 294

第 10 章　热风炉有关计算实例

10-1　煤气成分如何换算？ ……………………………… 295

10-2　煤气低发热值如何计算？ ………………………… 297

10-3　实际空气需要量如何计算？ ……………………… 297

10-4　空气过剩系数如何计算？ ………………………… 299

10-5　混烧高热值煤气如何计算？ ……………………… 300

10-6　理论燃烧温度如何简易计算？ …………………… 302

10-7　热风炉需要冷却水压力如何计算？ ……………… 303

10-8　热风炉热效率如何计算？ ………………………… 304

10-9　如何做高炉煤气发生量的理论计算与简易计算？ … 307

10-10　煤气标准状态下的密度如何计算？ ……………… 311

10-11　煤气流速如何计算？ …………………………… 311

10-12　烟道废气的流速如何计算？ …………………… 311

10-13　炉顶煤气取样管如何计算？ …………………… 312

10-14　煤气管道盲板与垫圈如何计算？ ……………… 313

附　录

附录 1　冶金生产工人技术等级标准、晋级考题及

　　　　参考答案 ………………………………………… 316

F1.1　冶金生产工人技术等级标准（五） …………… 316

　F1.1.1　热风炉工技术等级标准 …………………… 316

　F1.1.2　高炉清灰、煤气取样工技术等级标准 ……… 319

F1.2　热风炉工初、中、高级工理论知识测试题 ……… 320

　　　F1. 2. 1　初级热风炉工理论知识测试题·················· 320

　　　F1. 2. 2　中级热风炉工理论知识测试题·················· 327

　　　F1. 2. 3　高级热风炉工理论知识测试题·················· 334

　　F1. 3　热工工人技师晋升理论复习题及参考答案 ········· 343

附录2　常用数据 ···································· 359

　F2. 1　常用面积、体积计算公式 ······················· 359

　　F2. 1. 1　常用面积计算公式····················· 359

　　F2. 1. 2　常用体积计算公式····················· 361

　F2. 2　元素的物理性质 ····························· 362

　F2. 3　常用氧化物的若干物理性质 ····················· 366

　F2. 4　各种物质的密度和热学性能 ····················· 367

　　F2. 4. 1　常见固体、绝缘体和耐火材料等的密度和
　　　　　　　热学性能 ························· 367

　　F2. 4. 2　部分气体的密度和比热容················· 368

　F2. 5　空气及煤气的饱和水蒸气含量 ··················· 369

　F2. 6　冶金产品常用的量和单位 ······················ 371

　F2. 7　常用材料密度 ······························ 382

　F2. 8　各种耐火材料主要性能 ······················· 383

　F2. 9　盲板尺寸和质量一览表 ······················· 385

　F2. 10　常用燃料在空气中着火点温度 ·················· 386

　F2. 11　常用燃料发热值 ··························· 386

　F2. 12　部分气体和蒸汽与空气混合的爆炸浓度极限 ······ 387

　F2. 13　影响煤气发生量的因素 ······················ 387

　F2. 14　常用常数表 ······························ 388

　F2. 15　常用数学、物理、化学符号表 ················· 389

　F2. 16　拉丁字母及希腊字母表 ······················ 390

参考文献··································· 392

第 1 章　高炉热风炉基本知识

第 1 节　高炉炼铁基本知识

1-1　高炉生产的工艺过程是怎样的？

答：高炉是冶炼生铁的炉子。自然界中的铁大多数是以铁的氧化物形态存在于铁矿石中。高炉炼铁就是用还原的方法从铁矿石中提取铁。

高炉的形状是竖式近似圆筒形。所谓高炉炉型是指高炉内部空间形状，一般分为五段，即炉喉、炉身、炉腰、炉腹和炉缸。高炉炉型剖面如图 1-1 所示。炉缸部分设有铁口、渣口和风口。

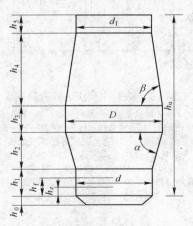

图 1-1　高炉炉型剖面

d_1—炉喉直径；D—炉腰直径；d—炉缸直径；α—炉腹角度；β—炉身角度；
h_1—炉缸高度；h_2—炉腹高度；h_3—炉腰高度；h_4—炉身高度；
h_5—炉喉高度；h_0—死铁层；h_f—风口中心线；
h_z—渣口中心线；h_u—有效高度

　　高炉的外面是用钢板制成的炉壳,里面用耐火材料砌筑内衬并镶有冷却装置。生产时从炉顶装入铁矿石、烧结矿球团、天然矿、燃料(焦炭)、熔剂(石灰石)等,从高炉下部的风口吹进热风。在高温下焦炭(包括可燃喷吹物,如重油、煤粉等)燃烧,生成一氧化碳和氢气以及固定碳将铁矿石中的氧夺取出来,从而得到铁,这个过程称为还原。还原出来的铁水由铁口放出。铁矿石和焦炭中的杂质与加入炉内的石灰石结合生成炉渣,从渣口排出。煤气从炉顶导出,经除尘后,供热风炉、转炉、焦炉、加热炉等作燃料用。高炉冶炼的工艺流程如图1-2所示。

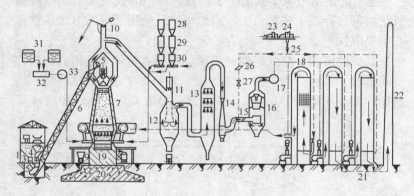

图 1-2　高炉生产工艺流程简图

1—贮矿槽;2—焦仓;3—称量车;4—焦炭滚筛;5—料车;6—斜桥;7—高炉本体;8—铁水罐;9—渣罐;10—放散阀;11—切断阀;12—除尘器;13—洗涤塔;14—文氏管;15—高压调压阀组;16—灰泥捕集器(脱水器);17—净煤气总管;18—热风炉;19—炉基基墩;20—炉基基座;21—热风炉地下烟道;22—烟囱;23—蒸汽透平;24—鼓风机;25—放风阀;26—混风调节阀;27—混风大闸;28—收集罐(煤粉);29—储煤罐;30—喷吹罐;31—储油罐;32—过滤器;33—油加压泵

　　高炉除本体外,还有上料系统、炉顶装料系统、送风系统、煤气清洗系统、喷吹系统和渣铁处理系统等。

1-2　高炉生产有哪些特点?

　　答:大高炉生产具有如下特点:

（1）大规模生产。一般称有效容积为 $800m^3$ 以上的高炉为大型高炉。一座容积为 $1515m^3$ 高炉日产生铁可达 3000t 以上，相应产出 1000～1500t 的炉渣和 600～700 万立方米的高炉煤气。日耗烧结矿和球团矿 5000～5500t，焦炭 1400～1500t 和以成百吨计的重油或煤粉，以及 6～9 万吨水和 20 万千瓦时电能……。

（2）连贯性生产中的一个重要环节。高炉生产是钢铁联合企业中的一个重要环节，高炉停炉或减产会给整个联合企业的生产带来严重的影响。因此，高炉生产要有节奏地、协调地进行。

（3）长期连续性生产。高炉从开炉到大修停炉（又称一代炉役）的 10 年左右时间内是不断地进行连续生产的。只有在设备检修或发生事故时才停止生产（休风）。原料不断地装入高炉，煤气不断地从高炉炉顶导出。聚积在炉缸内的生铁和炉渣定时排放。

（4）机械化、自动化程度高。由于上述特点，高炉要求有较高的机械化、自动化程度，这样不仅提高生产效益，降低成本，还可改善劳动条件和安全生产。

1-3　热风炉在高炉生产中的地位如何？

答：热风炉是炼铁生产过程中的重要设备之一，它供给高炉热风的热量约占炼铁生产耗热的 20%，它消耗的高炉煤气约占高炉产生的煤气的 40%，因此提高热风炉的热效率对降低能耗具有很大现实意义。合理组织热风炉的热交换过程和余热回收利用，充分挖掘潜力，可提高经济效益。热风炉的投资约占整个高炉基建投资费用的一半，减小热风炉的体积和质量，可节约材料，降低造价；延长热风炉使用寿命，提高蓄热能力，减少维修工作量和修理时间，对增加产量、降低成本都具有十分重要的意义。

高炉炼铁使用高风温是当今世界高炉炼铁技术发展的方向。据统计，热风温度每提高 100℃ 可降低焦比 4%～7%，同时可增产 3%～5%，还可允许每吨铁增加喷吹煤粉 40kg 或每吨铁增加喷吹重油 25kg，进一步降低焦比。随着氧煤强化炼铁新工艺的推广应用，高炉对高风温的需求更加迫切，因此，热风炉在高炉生产中的地位越来越重要。

1-4 高炉生产有哪些产品和副产品？

答：（1）生铁。生铁是高炉生产的主要产品。按其成分和用途可分为三类：一类是供炼钢用的制钢铁，另一类是供铸造用的铸造铁，还有一类是铁合金。高炉冶炼的铁合金主要是锰铁和硅铁。

（2）炉渣。炉渣是高炉生产的副产品，在工业上用途很广泛。按其处理方法分为：

1）水渣：用水急冷使熔渣粒化后成为水渣。水渣是良好的水泥原料，还可以用其作矿渣砖等，用于建筑业。

2）渣棉：用压缩空气或水蒸气（压力大于 0.5MPa）将液体炉渣吹成棉絮状的渣棉，作绝热材料，用于建筑业和生产中。

3）干渣块：炉渣未经任何处理冷凝后的渣块，破碎成一定规格的粒度，可代替碎石作建筑材料或用于铺路。

（3）高炉煤气。高炉煤气是高炉生产的另一种副产品。冶炼 1t 生铁可产生 $2000 \sim 2500 m^3$ 煤气。高炉煤气的发热值为 $3000 \sim 3400 kJ/m^3$ 左右，可作燃料用。高炉煤气除高炉热风炉消耗一部分外，其余可供炼钢、炼焦、轧钢均热炉等使用。

（4）炉尘（瓦斯灰）。炉尘是煤气上升时被携带出的细颗粒固体炉料。炉尘中含铁 $30\% \sim 50\%$，含碳 $5\% \sim 15\%$。炉尘回收后可供烧结厂作烧结配料，也可作为烧制水泥的配料等。

1-5 热风炉的发展过程是怎样的？

答：高炉采用热风操作经历了 100 多年的历史。第一座热风炉于 1828 年在美国开始使用。当时采用的是管式热交换器，构造很简单。空气从铁管中通过，用煤作为燃料，热风温度只能达到 315℃，但高炉炉况有显著改善，产量提高，焦比降低 35%。十几年后才开始使用高炉煤气作为热风炉的燃料。1857 年，考贝（Gowper）提出用蓄热式热风炉来代替换热式热风炉。蓄热式热风炉最初也用煤作为燃料。自考贝使用蓄热式热风炉以来，其基本原理至今没有改变，但热风炉的结构、设备及操作方法都有了重大改进。1972 年荷兰艾莫依登厂在新建的 3667m³ 高炉上对内燃式热风炉做了较大改进，较好地克服了传统考贝式热风炉的缺点。这种热风炉被称为霍戈文（Hoogovens）内燃式热风炉。

外燃式热风炉的构思是 1910 年由弗朗兹·达尔（Franz Dahl）提出并申请了专利。1928 年美国首先在卡尔尼基钢铁公司建造外燃式热风炉，但由于其表面积大，热损失大而没有得到发展。其后，在 1938 年科珀斯（Koppers）公司又提出专利，外燃式热风炉开始在化学工业中得到发展。科珀斯外燃式热风炉在 1950 年才应用到高炉上。1959 年使用了地得（Didier）式，1965 年在德国沃古斯特-蒂森（August Thyssen）公司使用了马琴（Martin 或 Pagenstecher）外燃式热风炉。新日铁外燃式热风炉是新日本钢铁公司于 20 世纪 60 年代末综合了科珀斯式和马琴式外燃式热风炉的特点，首先在新日铁八幡制铁所洞冈高炉上使用的。这些外燃式热风炉的特征，主要表现在拱顶及其连接方式上。

早在 20 世纪 20 年代哈特曼（Hartmann）就提出了顶燃式热风炉的设想，但未受到人们的重视，后来这种热风炉在化工部门得到了应用。我国首钢 1327m³ 的原 2 号高炉上使用了顶燃式热风炉，受到世界各国的重视。顶燃式热风炉不设专门的燃烧室，而是将拱顶空间作为燃烧室。由于这种结构形式的热风炉具有许多优点，它是高风温热风炉的发展方向。

近年来，俄罗斯卡鲁金（Калугин）顶燃式热风炉在我国得以应用。例如，莱钢 750m³、济钢 1750m³、淮钢两座 450m³，青钢两座 500m³ 和重钢高炉热风炉都采用此结构形式的热风炉。

球式热风炉也为顶燃式热风炉的一种,在中小高炉得到很好的应用。

1-6　什么是高炉有效容积?

答:高炉大钟开启位置的下缘到出铁口中心线间的高度称为高炉有效高度。在有效高度中间的空间称为高炉有效容积,常用符号 V_u 表示。高炉有效容积直接表征高炉的大小。

1-7　什么是高炉有效容积利用系数?

答:高炉有效容积利用系数是指每 $1m^3$ 高炉有效容积一昼夜生产生铁的吨数。例如,一座有效容积为 $1000m^3$ 的高炉,一昼夜生产 $2000t$ 生铁,那么,这座高炉的有效容积利用系数就是 $2.0t/(m^3 \cdot d)\left(\dfrac{2000t/d}{1000m^3}\right)$。它是衡量高炉生产率的一个重要指标。有时简称为利用系数。

1-8　什么是焦比,什么是综合焦比?

答:焦比是指冶炼 $1t$ 生铁所需要的焦炭量,单位用 kg/t 表示。如果喷吹燃料时,如重油、煤粉等,须加上喷吹燃料折合的焦炭量,计算出的焦比,称为综合焦比,又称燃料比。焦比是衡量燃料消耗和炼铁成本的一个重要指标。

1-9　什么是冶炼强度和综合冶炼强度?

答:冶炼强度是指每昼夜、每立方米高炉有效容积燃烧的焦炭量,单位用 t 表示。如果喷吹燃料时,须加上喷吹燃料折合的焦炭量,计算出的冶炼强度,称为综合冶炼强度。冶炼强度表示高炉作业强化程度的高低,它取决于高炉所能接受的风量。鼓风量愈大,燃烧的焦炭也就愈多,在焦比不变或增加不多的情况下,高炉利用系数也就愈高。

1-10　什么是焦炭负荷？

答：焦炭负荷是指每吨焦炭所配的矿石量。一般来说，焦炭负荷愈大，焦比愈低。

1-11　什么是休风率？

答：休风时间占规定作业时间（即日历时间减去按计划进行大、中修时间）的百分数称为休风率。休风率反映了设备维护和高炉操作的水平。实践证明，休风率降低1%，高炉产量可提高2%。

1-12　什么是标准燃料？

答：标准燃料可称为标准煤，是国内外采用的统一能源计量单位。规定1kg标准煤发热量为29.3MJ/kg。其他各项能源均可按发热量折算成标准煤。例如，1kg发热量为40.6MJ的重油折合成标准煤为1.386kg，1m³发热量为3200kJ的高炉煤气可折合成0.109kg标准煤等。各种能源折算成标准煤的折算系数见表1-1。

表1-1　各种能源折算成标准煤的折算系数

能源名称	热值/kJ·kg⁻¹或 m³	折成标准煤/ kg·kg⁻¹或 m³
粗　苯	42000	1.429
焦　油	38000	1.286
原　油	42000	1.429
重　油	42000	1.429
无烟煤	25000	0.857
动力煤	21000	0.714
焦炭（灰分13.5%）	28500	0.971
天然气	39000	1.330
焦炉煤气	18000	0.614
液化石油气	50000	1.714

能 源 名 称	热值/kJ·kg^{-1}或 m^3	折成标准煤/ kg·kg^{-1}或 m^3
电（千瓦）	16500	0.420
新　水	7500	0.257
环　水	4200	0.143
软　水	14200	0.486
风	900	0.030
压缩空气	1200	0.040
氧	12600	0.429

各种能源折算成标准煤计算：

以某公司某年生产数据为例，当年度产铁 313.4289 万吨，全年耗电 6648.2 万千瓦时，折合成标准煤：6648.2 万千瓦时 × 0.420 = 2.792 万吨标准煤。

1-13　钢与铁有何区别？

答：钢和铁都是铁碳的合金。钢是以生铁或废钢为主要原料，根据不同性能的要求，配加一定的合金元素炼制而成。其基本成分为铁（Fe）、碳（C）、硅（Si）、锰（Mn）、硫（S）、磷（P）等元素。

一般认为碳含量 2.0%❶是钢与铁的分界线。实际上，钢的碳含量一般在 0.04% ~1.7% 之间，而大多数都在 1.4% 以下。

通常把碳含量在 2.0% 以上的铁碳合金称为生铁。生铁除含碳外，还含有硅、锰以及磷、硫。生铁碳含量通常达 2.0% ~ 4.5%，故其性质很脆，没有韧性，在凝固后，只能切削加工，不能锻压变形。生铁按用途不同可分为三类，即制钢铁（含硅较低，又称白口铁）、铸造铁（含硅较高，又称灰口铁）和特殊生铁。

---

❶　本书凡未标注的百分含量均为质量分数。

1-14　什么是灰口铁，什么是白口铁?

答: 碳在铁中有两种形态: 石墨和碳化铁。石墨是碳的一种形态，是片状的碳，滑润柔软，像煤屑一样，很不坚固。散存在铁中的石墨将铁基体割裂，好像铁中有很多条状窟窿，破坏了铁的坚固性。这种以石墨状态存在于铁中的碳将铁染成灰色，故称其为灰口铁，如图 1-3a 所示。灰口铁因含柔软的石墨，用其制造机械零件时，很易切削。石墨在液态铁水中有"润滑"作用，使铁水流动性好，适合于作铸件，所以灰口铁也称为铸造铁。

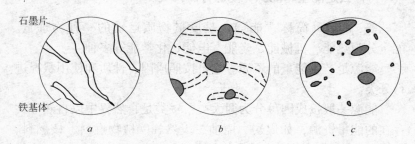

石墨片

铁基体

a　　　　b　　　　c

图 1-3　灰口铁与球墨铸铁

a—灰口铁; b—石墨片经球化处理后变成球状;
c—用镁和矽铁处理的球墨铸铁

碳化铁是白色的，又硬又脆，若数量过多，生铁就会像石头一样脆。用这种铁制作的零件，能被砸碎，砸开的断面是白色的，所以称白口铁。白口铁主要用来炼钢，又称为制钢铁。

然而，石墨和碳化铁是可以互相转化的，决定性的条件有两个: 一是铁水的化学成分，如果硅含量高，能促进碳化铁分解，变成石墨，所以铸造铁的硅含量总是高的; 二是铁水凝固的快慢，在成分合适时，如果冷得太快，铁中的碳化铁来不及分解，便成为白口铁; 如果冷得缓慢，碳化铁分解成碳和铁，就变成了灰口铁。

1-15 什么是球墨铸铁？

答： 在铸造铁中，因为片状石墨的存在而降低了强度，若将分布在铁中的长条状石墨收缩成圆球，那么石墨在铁中形成的长缝就变成了球形的小孔。经实验研究发现，在铸造铁中如果加入金属镁或稀土元素进行处理，可以使铸造铁中的条状石墨收缩成为球状，从而形成球墨铸铁。球墨铸铁强度较高，又有良好的切削性能，用途比较广泛，而且在有些地方可以用来代替钢。

1-16 什么是能量和能源，能源分哪几类？

答： 能量（简称"能"），是度量物质运动的一种物理量。能量分为热能、机械能、光能、电能、化学能等多种。

能源是产生能量的资源。它可按照成因、性质和使用状况进行分类。

能源一般按成因可分为两大类：一类是自然界中以自然形式存在的能量资源，如煤炭、原油、天然气、植物燃料、核燃料、水能、风能、太阳能、地热能等，称为一次能源，也称天然能源；另一类是由一次能源直接或间接转换为其他种类和形式的能源，如煤气、汽油、煤油、柴油、焦炭、电能、氢能、沼气、热水、酒精、余热、激光等，称二次能源，也称人工能源。

对天然能源进行加工和转换是因为天然能源（例如煤和石油）中含有很多有用的物质，经过加工和提炼能使这些物质分离出来，从而达到综合利用的目的，使能源的利用更为合理。

按其性质分类还可分为燃料能源和非燃料能源。按其使用状态可分为常规能源和新能源。

1-17 各种能量单位是什么，它们之间怎样换算？

答： 机械能、热能、光能、电能、化学能、核能等都是能量的不同表现形式，它们之间能够互相转换。

机械能的单位是焦［耳］，单位符号用 J 表示。

电能的单位也是焦［耳］。但实际使用上对电能而言焦耳的数值太小，人们把它扩大 360 万倍作为实用的电能单位，称为千瓦时（kW·h），俗称"度"。1 度电就是 1kW·h。

热能的单位是焦［耳］(J)。对热能而言，焦的单位也太小，通常以"千焦（kJ）"、"兆焦（MJ）"和"吉焦（GJ）"来表示。

1J 指 1 牛［顿］(N) 的力作用在物体上，并在力的方向上使物体移动 1 米（m）距离所做的功，$1J = 1N·m$。

大部分化学能是以热能的形式来表示的，所以化学能也以焦（J）或千焦（kJ）为单位。卡（cal）或千卡（kcal）是已废止的热量单位，它与焦（J）的换算关系为：$1kcal = 4182J$。

1-18 什么是能量守恒定律，什么是热平衡？

答：能量守恒定律的内容是：能量具有多种形式，它们能够互相转换，但不能自生，也不能消灭，其总量始终不变。

根据这一定律，任何一座炉窑或其他热工设备的热量收支是平衡的，即炉子的热收入诸项目的总和等于热支出诸项目的总和，这就是炉子热平衡。

编制炉子的热平衡是一项重要的工作。

1-19 质量、面积、体积是如何定义的？

答：(1) 质量：表示物体中所含物质的量。质量是常量，不因高度或纬度变化而改变。质量常用的单位名称（单位符号）是：吨（t）、千克（kg）、克（g）、毫克（mg）。

其之间换算关系为：$1t = 1000kg$；$1kg = 2$ 市斤 $= 1000g$；$1g = 1000mg$。

(2) 面积：表示物体所占平面或物体表面的大小。常用的单位名称（单位符号）是：平方米（m^2）、平方厘米（cm^2）、平方毫米（mm^2）。

其之间换算关系为：$1m^2 = 10000cm^2 = 1000000mm^2$。

（3）体积：表示物体所占空间的大小。常用的单位名称（单位符号）：立方米（m^3）、升（立升、公升）（L），毫升（mL）。

其之间换算关系为：$1m^3 = 1000L$；$1L = 1000mL$。

1-20 什么是质量分数？

答：某种物质（假设为 B 物质）的质量分数的定义是：B 的质量与混合物的质量之比。

某种物质（假设为 B 物质）的质量分数表示符号为：w_B 或 $w(B)$。

如在文字叙述中用"锰矿石中 MnO_2 的质量分数为 60%"，在公式、图、表中可用"$w_{MnO_2} = 60\%$"或"$w(MnO_2) = 60\%$"来表示。

1-21 什么是压强，其单位是什么？

答：压强的定义：垂直作用在物体单位面积上的力称为压力强度，简称压强，也称为压力。平时经常遇到风机的压力，油管内的油压，以及蒸气压、水压、煤气压力等都是指压力。

1994 年 7 月 1 日我国实施国际单位制。在国际单位制中规定压力的单位为"帕斯卡"，简称"帕"，以符号 Pa 表示。帕的定义是每平方米面积所受力的数值，牛（N）。除帕以外，其他压力单位已废除。

使用中依实际需要常用 Pa 或 MPa，$1MPa = 10^6Pa$，如根据炉子内的压力高低，蒸气压力、水压单位用兆帕（MPa）表示，而煤气压力、助燃空气压力单位就用帕（Pa）表示。

帕与其他压力单位❶的换算关系如下：

1 毫米水柱（mmH_2O）=9.81 帕（Pa）

---

❶ 指已废除的压力单位。这里给出其单位换算关系是为了方便读者对照使用。

$1kgf/cm^2 = 98100Pa$，或 98.1kPa

$1mmHg = 133.32Pa$，或 0.13332kPa

1 大气压 $= 101325Pa$，或 101.325kPa

1-22　什么是大气压、绝对压力、表压力和负压？

答：大气压：指大气的压强，其大小与高度、温度等条件有关。通常随着距离海面的高度增加而减小，如高空的大气压比地面上的大气压小。其值可用气压计测量。

绝对压力：指设备内部或某处的真实压力，即作用在单位面积上的全部压力，其中包括流体本身的压力和大气的压力：

$$p_绝 = p_表 + p_大气$$

表压力：指流体本身的压力，即设备内部或某处的真实压力与大气压力之间的差值。通常用仪表（压力计或压力表）测得的压力为表压力：

$$p_表 = p_绝 - p_大气$$

负压：当设备内部或某处的真实压力小于大气压力时，则此时仪表（真空表或真空计）测得的压力称为真空度或负压。

$$p_负 = p_大气 - p_绝$$

工业上使用的压力计，大部分都是当被测设备内部的压力超过大气压力时，压力计的指针才开始移动，也就是说，用压力计测得的压力是表压力。

1-23　流量、流速的定义与单位如何？

答：流量与流速是计量流体流动快慢的两个量。但这两个量的概念是不同的。

（1）流量：单位时间内通过一定截面的流体量称为流量。流量的单位以体积表示，有 m^3/h、L/min、m^3/h（标态）；流量的单位以质量表示，有 kg/h、t/h。

通常气体多用体积流量，液体多用质量流量。

（2）流速：流体在单位时间内流经的距离称为流速。单位通常用 m/s 表示。

1-24 什么是温度?

答：温度是用以表征物体受热程度的一种标量。为了衡量物体的温度，我们把纯水的二相（液、固）点规定为零度，沸点规定为 100℃，按这个规定来标定的温度称为摄氏温度，摄氏温度用符号"t"表示，其单位符号用"℃"表示。除摄氏温标外，还有列氏温标，单位符号为"°R"；华氏温标，单位符号为"°F"，开氏温标（又称绝对温度），单位符号为"K"。它们之间的换算关系见表1-2。

表 1-2 各种温标换算关系

开氏度(T)/K	摄氏度(t)/℃	华氏度/°F	列氏度/°R
$T = t + 273.16$	$t = (5/4)R$ $= (9/5)(F-32)$	$F = (9/5)C + 32$ $= (9/4)R + 32$	$R = (4/3)C$ $= (4/9)(F-32)$
水冰点 273.16	0	32	0
水沸点 373.16	100	212	80

1-25 气体的密度与相对密度有何不同?

答：密度：单位体积的气体所具有的质量称为密度，单位通常用 kg/m³ 表示。

相对密度：在标准状态下（1 个大气压，0℃）某气体的密度与空气密度之比，称为该气体的相对密度。在标准状态下空气的密度为 1.293kg/m³（标态）。

1-26 什么是气体状态方程式?

答：气体有两个特征：一是没有一定的外形，无论用什么形状的容器来装气体，气体分子都会充满整个容器；二是能压缩，如果在圆筒内装有气体，上面有一活塞，活塞与筒壁接触严密不漏气，若在活塞上施加压力，气体就会被压缩，筒内压力与温度就会上升，这说明气体的压力、温度和体积之间存在着一定关系。

如果温度不变，一定质量的气体的体积与压力成反比，即体积随着压力增大而缩小，随着压力减小而增大，用公式表示：

$$p_1 V_1 = p_2 V_2 \tag{1-1}$$

式中　p——气体的绝对压力；

　　　V——气体的体积。

如果压力不变，一定质量的气体的体积与温度成正比，即气体温度越高，则气体的体积也就越大，用公式表示：

$$V_1/T_1 = V_2/T_2 \tag{1-2}$$

式中　T——气体的绝对温度，K。

如果气体的温度、体积及压力同时改变，那么一定质量的气体，它们之间的关系为：

$$p_1 V_1/T_1 = p_2 V_2/T_2 \tag{1-3}$$

式（1-3）就是气体状态方程式。此式告诉我们一定质量的气体，其 pV/T 是个常数，这样只要知道其中任何两个数，就可以求得第三个数。因此为了比较各种气体的状态，必须使其中的两个条件相同，再从第三个数的大小来比较，其中较为简便的方法是在压力与温度相同的条件下来比较气体容积。在国际上已确定温度为 0℃ 和压力为 0.1MPa 为标准条件，任何气体处于这种标准条件下称为处于标准状态。

例　煤气温度为 40℃，管道内压力为 10kPa，测得实际流量为 10000m³/h，换算成标准状态下的流量是多少？

将上述数值代入气体状态方程式：

$$V_0 \times 0.1/273 = 10000 \times (0.1+0.01)/(273+40)$$

$$V_0 = 9594.25 \text{m}^3/\text{h}$$

因煤气中含有水分，所以当煤气温度改变时，应考虑其湿含量的变化。

1-27　什么是标准立方米（m³（标态））？

答：工业炉使用很多种气体，例如煤气、空气等都是以体积来计量的，而气体的温度与压力都是变化的，为了在计量上和计算上的方便，不管气体的实际体积是多少，都以标准状态下 1m³ 体积的气体为一个体积单位，称为 1 标准立方米，简称 "m³（标态）"。

在工程技术上，使用标准立方米来计量某些数值时须冠以"标"字，凡没有冠以"标"者都是指实际气体。例如，煤气发热量的单位为 "kJ/m³（标态）"，表示 1m³（标态）煤气的发热量；流速单位为 "m/s（标态）"，表示气体在标准状态下的流速，依此类推。

1-28　什么是煤气的发热量？

答：煤气的发热量：单位体积的煤气完全燃烧，并冷却到参加反应时的起始温度时所放出的热量称为煤气的发热量，又称热值或发热值。

根据燃烧产物中水分存在的状态不同又分为低发热量和高发热量。

低发热量：单位体积的煤气燃烧后，燃烧产物中的水蒸气不是冷凝成 20℃ 的液态水，而是冷却至 20℃ 的水蒸气所放出的热量。

高发热量：燃烧产物中的水蒸气冷凝成 0℃ 的液态水时所放出的热量。

实际上，燃烧产物的水蒸气不能冷凝成液态的水，所以广泛应用的都是低发热量。其计算煤气低发热量的公式为：

$$Q_{\text{低}} = 126.44\varphi_{CO} + 108.02\varphi_{H_2} + 358.81\varphi_{CH_4} +$$

$$636.39\varphi_{C_2H_6} + 598.71\varphi_{C_2H_4} + 234.46\varphi_{H_2S} \qquad (1-4)$$

式中，φ_{CO}、φ_{H_2}、φ_{CH_4}、$\varphi_{C_2H_6}$、$\varphi_{C_2H_4}$、φ_{H_2S} 为湿煤气各成分的体积分数，%；$Q_{低}$ 为煤气低发热量，kJ/m^3（标态）；各系数为 $1m^3$ 煤气中含 1% 体积的各个可燃成分的发热量，kJ/m^3（标态）。

1-29　什么是热容，什么是热含量?

答：单位质量的物质温度升高（或降低）1℃所需的热量称为该物质的热容❶，用符号 c 表示；其单位用 J/K 表示。

单位质量的物质从 0℃开始加热到 t℃所需的热量称为该物质在 t℃时的热含量。热含量 Q 与热容 c、温度 t 之间的关系为：

$$Q = ct \tag{1-5}$$

此式可以用于计算耐火材料、各种气体等携带的热量。

在定压和定容条件下，质量热容随温度而变化（常用物质的比热容可查阅附录 F2.4）。

1-30　什么是显热，什么是潜热?

答：显热：即在热交换中引起物质发生温度变化时所吸收的或放出的热量。

潜热：即在温度不变的条件下物质发生相变时所吸收的或放出的热量。如水的汽化和凝结潜热，金属熔化或凝固潜热等。

1-31　什么是反应热，什么是生成热，什么是燃烧热?

答：反应热是指由物质的化学反应所产生或吸收的热量，如石灰石分解成氧化钙和二氧化碳为吸热反应，二氧化硫加水成硫酸为放热反应等。

最常遇到的反应的热效应有生成热和燃烧热。

生成热：在 25℃ 和一个大气压下，由单质生成 1 摩尔（mol）的化合物时，所放出的或吸收的热量称为该化合物的生

---

❶ 过去将此物理量称为"比热"，现已废除。

成热。例如，水的生成热为 +286.38kJ；一氧化氮的生成热为 −90.43kJ。单质的生成热为零。

燃烧热：在25℃和一个大气压下，1mol 物质完全燃烧所放出的热量称为该物质的燃烧热。如

$$C + O_2 === CO_2$$

$$\Delta_r H_m^{\ominus} = +393.56kJ/mol$$

即碳的燃烧热为 393.56kJ，这个数值也就是 CO_2 的生成热。

1-32 什么是蒸气压?

答：把液体盛在留有空间的密闭容器内，在一定温度时，由于液体的蒸发和蒸气的凝结，液体和它所生成的蒸气之间将建立起平衡。平衡状态时的蒸气称为饱和蒸气，这时的蒸气压力称为饱和蒸气压或简称蒸气压。在一定温度时，各种体积的蒸气压不同。例如，20℃ 时水的蒸气压是 2.33kPa，酒精的蒸气压为 5.85kPa，乙醚的蒸气压为 58.9kPa 等。

蒸发是吸热过程。液体的蒸气压是随着温度的升高而增大的。下面是在不同温度时水的蒸气压：

温度/℃	0	25	50	75	100	120
蒸气压/kPa	0.6133	3.173	12.332	38.543	101.323	202.646

1-33 什么是结晶水、化合水、结合水?

答：结晶水：以中性分子形式参加到晶体结构中去的一定量的水。

化合水：即"结构水"以 OH^-、H^+ 或 H_3O^+ 等形式存在于矿物或其他化合物中的水。

结合水：吸附水和薄膜水的统称。吸附水也称"强结合水"，薄膜水也称"弱结合水"。

第 2 节　蓄热式热风炉的分类
及其基本工作原理

1-34　热风炉有几种类型？

答：热风炉分为以下几类：

（1）按燃烧室位置分：内燃式、外燃式和顶燃式。

（2）按燃烧入口位置分：低架式（落地式）和高架式。

（3）按燃烧室形状分：眼睛形、苹果形和圆形。

（4）按蓄热体形状分：板状、块状和球状。

1-35　什么是内燃式热风炉，有何特点？

答：热风炉的燃烧室（又称火井）和蓄热室同置于一个圆形炉壳内，并各处一侧的热风炉称为内燃式热风炉。内燃式热风炉又分为传统内燃式和改造内燃式。内燃式热风炉是目前应用最广泛的一种热风炉。图 1-4 所示的是传统内燃式热风炉结构示意图。

1-36　什么是外燃式热风炉，有何特点？

答：外燃式热风炉是蓄热式热风炉的另一种类型，是内燃式热风炉的进化与发展。它的燃烧室独立地砌筑于蓄热室之外，两个室的顶部以一定的方式连接起来，这种热风炉称为外燃式热风炉。

外燃式热风炉目前有 4 种类型，即地得式、科珀斯式、马琴式和新日铁式。各种结构形式示于图 1-5。本钢 5 号高炉热风炉为地得外燃式；鞍钢 6 号高炉热风炉为马琴-派根司特（Martin and Pagenstecher）外燃式；鞍钢 7 号、10 号高炉，宝钢所有热风炉都是新日铁（NSC：Nippon Steel Corporation）外燃式（详图见图 1-6 和图 1-7）。

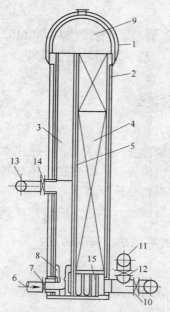

图 1-4　内燃式热风炉结构示意图

1—炉壳；2—内衬；3—燃烧室；4—蓄热室；5—隔墙；6—煤气管道；
7—煤气阀；8—燃烧器；9—拱顶；10—烟道阀；11—冷风管道；
12—冷风阀；13—热风管道；14—热风阀；15—炉箅子及支柱

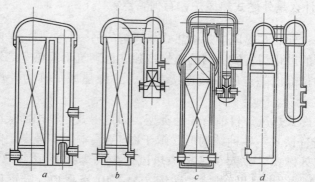

图 1-5　4 种外燃式热风炉结构形式

a—地得外燃式热风炉；b—科珀斯外燃式热风炉；

c—马琴外燃式热风炉；d—新日铁外燃式热风炉

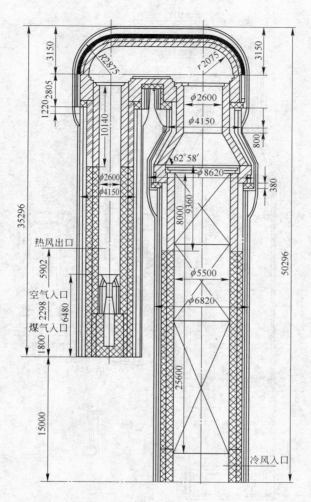

图 1-6　鞍钢 6 号高炉马琴-派根司特外燃式热风炉

外燃式热风炉具有如下特点：

（1）燃烧室与蓄热室单体分开，消除了燃烧室与蓄热室的隔墙受热不均现象，避免了由于砌体膨胀不同而引起的破损。

（2）燃烧室、拱顶与蓄热室各部砌体纵向都可以单独自由

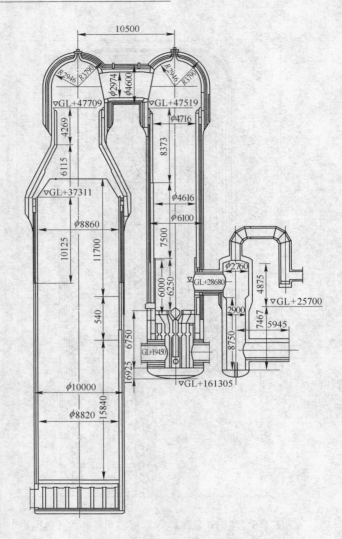

图 1-7　宝钢—高炉新日铁外燃式热风炉

膨胀，保证了拱顶结构的稳定性。

　　（3）燃烧室内呈圆形，有利于燃烧。

　　（4）拱顶的特殊连通结构形式，有利于气流在蓄热室的均匀分布。

（5）可以获得高温长寿。

外燃式热风炉存在的问题有：

（1）与内燃式比较，其存在占地面积大，投资高，消耗钢材量大等缺点。

（2）外燃式热风炉壳体的晶间应力腐蚀严重而易引起炉壳开裂。

1-37 什么是顶燃式热风炉，有何特点？

答： 顶燃式热风炉是蓄热式热风炉的另一种类型。这种结构的热风炉是将燃烧室设在热风炉的顶部，故称顶燃式热风炉。图1-8 为顶燃式热风炉结构示意图。

顶燃式热风炉具有如下优缺点：

顶燃式热风炉的优点：

（1）与内燃式热风炉比较：

1）顶燃式热风炉采用短焰燃烧器，直接在拱顶下燃烧，保证煤气在炉顶空间燃烧完全，减少了燃烧时的热损失。蓄热室蓄热面积增加25% ~30%，从而增加了蓄热能力。

2）顶燃式热风炉取消了侧面的燃烧室，从而根本上消除了内燃式热风炉的致命缺点。消除了燃烧室和蓄热室中、下部"短路"的可能性。

3）顶燃式热风炉炉顶是稳定对称结构，炉型简单，结构

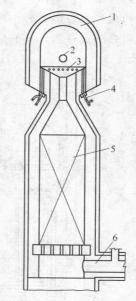

图 1-8 顶燃式热风炉结构示意图
1—拱顶；2—热风出口；3—燃烧孔；
4—混合道；5—高效格子砖；
6—烟道与冷风入口

强度好，受力均匀，结构对称，温度区分明。

4）节省了热风炉操作平台周围的空间。

（2）与外燃式热风炉比较：

1）占地小、投资少、效率高。

2）节省了热风炉周围操作平台的空间，特别是对已有的热风炉改造较为方便。

目前，随着热风炉整体技术的进步，各种结构形式的顶燃式热风炉的应用越来越广泛，许多厂收到了投资少，效率高的效果。

首钢（图1-9）、邯钢、石家庄钢铁公司的高炉配有十几座顶燃式热风炉，湖南冷水江3号高炉配有一座新型顶燃式热风炉。某些厂采用新型顶燃式热风炉，如承德自主研究开发的旋流顶燃式热风炉具有燃烧效率高，蓄热面积大，投资省，寿命长的特点，得到国内众多厂家的采用，见图1-10。

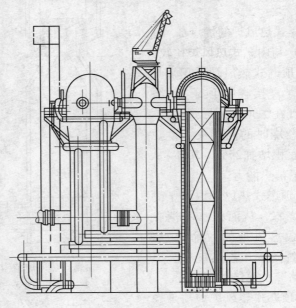

图1-9　首钢顶燃式热风炉立面结构图

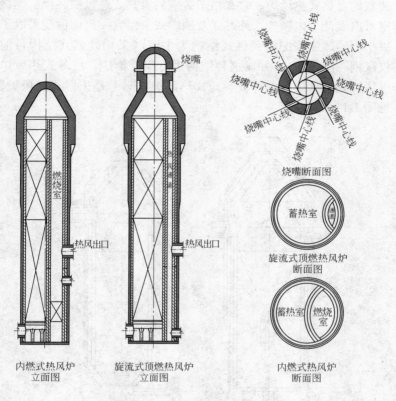

图 1-10　旋流顶燃式热风炉

近年来，俄罗斯卡鲁金（Калугин）顶燃式热风炉在我国得以应用。例如，莱钢 $750m^3$ 高炉、济钢 $1750m^3$ 高炉、淮钢两座 $450m^3$ 高炉、青钢两座 $500m^3$ 高炉和重钢高炉热风炉都采用此结构形式的热风炉。

球式热风炉也可划为顶燃式热风炉的一种，在河北新丰、广西柳钢、江苏兴澄和四川威远等中小高炉得到很好的应用。

1-38　什么是球式热风炉，有何特点？

答：球式热风炉是以自然堆积的耐火球代替通道规则的格子

砖室的蓄热式热风炉。它和格子砖室的蓄热式热风炉一样，燃烧室可以设计为内燃式、外燃式及顶燃式，但它一经面世就采取了以小巧的球床匹配的顶燃式结构为主流（采用外燃式结构目前仅汉钢一座高炉），并以这种结构进行广泛推广，故球式热风炉以顶燃式为其第一大特征。球式热风炉实际上是顶燃式热风炉，见图 1-11。

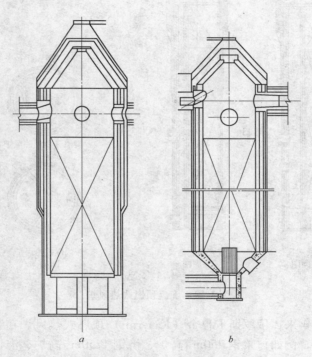

图 1-11　球式热风炉结构示意图

a—落地式；b—架空式

　　球式热风炉的根本在于球床代替了格子砖，而使蓄热室热过程和结构参数发生了显著变化。由于气体在球床或格子砖室内的运动是不规则紊流运动，其横向、纵向等多维断面都参与了热交换，故用单位体积球床或格子砖室所具有的能参与热交换的表面积表示的加热面积，见表1-3。球床为格子砖的 3～5 倍，传热系数比格子砖大 10 倍。因此在总加热面积相同的条件下，球式热风炉蓄热室的体积小得多，加之采用了顶燃式结构，故球式热风炉体积小成为其第二大特征。球床与格子砖室加热面积比较见表1-3。

表1-3　球床与格子砖室加热面积比较

耐火球直径/mm	25	30	35	40	45	50
1m³ 球床加热面积/m²	151	126	108	94.5	84	75.6
格孔尺寸/mm	七孔砖 φ45	65×45×30	波纹	五孔块状	45×45×40	80×80×45
1m³ 格子砖加热面积/m²	38.08	30.6	28.3	24.65	24.91	20.47

球式热风炉具有如下特点：

球式热风炉的热工特性明显改善，比高效内燃式热风炉更具优越性。第一，它比内燃式热风炉更容易获得高风温，因为球式热风炉单位鼓风的蓄热面积大，周期综合传热系数高达 80～90kJ/m²，热效率接近 80%，这使得送风温度和拱顶温度很接近，温差一般在 50～100℃之间。在相同的拱顶温度下，球式热风炉出口风温比内燃式热风炉的约高 70～100℃。第二，在可以获得同样高风温的条件下，球式热风炉比改进型高效内燃式热风炉可节省投资 30% 以上。由于球式热风炉的体积小，结构简单，材料用量大大少于内燃式热风炉，从而大大节省了投资。根据最近设计的 380m³ 高炉配 4 座球式热风炉与 4 座高效内燃式热风炉的投资概算结果对比，球式热风炉投资约 1850 万元，高效内燃式热风炉投资为 2830 万元，总体投资节省 980 万元，节省率达 35%，其中耐火材料节省约 40%，钢材节省约 21%。第三，球式热风炉作为一种顶燃式热风炉，将拱顶空间作为燃烧室，从根本上克服了内燃式热风炉燃烧室隔墙倾斜、倒塌、开裂的固有缺陷。

1-39　球式热风炉是如何发展起来的?

答: 球式热风炉技术始于 20 世纪 50 年代末期。为了提高风温, 1959 年和 1960 年人们在 3m³ 和 0.5m³ 高炉上进行了球式热风炉的系统试验, 研究证明球式热风炉可以获得 1000 ~ 1200℃ 的高风温。当时由于布袋除尘技术落后, 加上耐火球材质较差, 使球床寿命过短而未取得预期效果。

从球式热风炉配套的高炉容积的逐渐升级变化出发, 球式热风炉技术发展大致可分为三个阶段。

一是技术起步阶段: 1974 ~ 1982 年为球式热风炉的起步时期。1974 年在河北涉县铁厂 13m³ 同时采用球式热风炉和布袋除尘器, 试验取得了成功。到 1978 年发展到全国约 20 个省区 100 多座高炉, 配套高炉容积从 6m³、13m³、28m³ 到 55m³。万福铁厂从 1979 年开始在 73m³ 高炉上进行球式热风炉中间试验和工业试验的升级使用; 到 1982 年止, 升级应用成功, 获得了 1000℃ 左右的高风温, 使球式热风炉配套的高炉容积增加到了 73m³。

二是推广使用阶段: 1982 ~ 1992 年, 新建及改造的 100m³ 高炉上普遍采用了球式热风炉。如包头东风钢铁厂、千里山钢铁厂、江油钢铁厂、成都钢铁厂、大渡河铁厂、呼市铁厂等等, 尤其在四川发展很快, 特别是四川威远钢铁厂 185m³ 高炉球式热风炉于 1986 年 1 月建成投产, 获得了 1195℃ 的高风温, 且拱顶温度与热风温差值一般在 50 ~ 80℃, 使我国球式热风炉技术向中型高炉发展前进了一步。于 1991 年建成投入使用的成都钢铁厂 318m³ 高炉采用球式热风炉, 成为当时我国最大的球式热风炉, 这使得球式热风炉技术已进入中型高炉使用阶段。西安建筑科技大学于 1993 年进行了热平衡测定计算与分析研究工作。研究结果认为, 成钢球式热风炉达到且超过了设计风温 1050 ~ 1100℃ 的水平, 热风炉拱顶温度与热风出口温度之间的温差只有 72.36℃, 本体热效率达 74.18%。

三是成熟发展阶段: 1992 年以来球式热风炉技术的发展走

向成熟。从成钢、威钢的大中型球式热风炉使用经验来看，解决了复杂的技术问题，实现了机械化装卸球。1994 年 7 月汉钢 380m³ 高炉外燃式球式热风炉投产；1995 年 5 月威钢 318m³ 高炉球式热风炉投入运行；1996 年 7 月成钢 335m³ 高炉球式热风炉投产；1997 年 6 月涟源钢铁厂 318m³ 高炉球式热风炉投产；1997 年达钢 335m³ 高炉球式热风炉投产。2000 年 2 月及 8 月南昌钢铁厂 350m³ 高炉球式热风炉及津西钢铁厂 350m³ 高炉球式热风炉也分别投入运行；2001 年 4 月成钢 2 号高炉大修扩容至 345m³，配 4 座球式热风炉已投入运行；同年柳钢 350m³ 高炉也采用了球式热风炉，进而推广应用到 750m³ 高炉。国丰钢铁厂 350m³ 高炉球式热风炉、遵化 380m³ 高炉球式热风炉、威钢 350m³ 高炉配 4 座球式热风炉。到 2002 年止，已投产和即将投产的 300m³ 级高炉采用球式热风炉的厂家达 16 家，高炉 30 多座。随着国家淘汰 300m³ 级以下小高炉产业政策的实施，球式热风炉技术将会得到越来越多的中型高炉厂家的认同，有意向准备大修改造时配备球式热风炉的厂家将会不断增多。

1-40　荷兰霍戈文高风温热风炉有何特点？

答：荷兰霍戈文（Hoogovens）热风炉是集多项科学技术研究成果于一身，应用广泛的高效、长寿、高风温热风炉，如图 1-12 所示。国内已有武钢、唐钢、鞍钢大型高炉采用此种结构的热风炉，均获得成功。

荷兰霍戈文热风炉结构特点：

（1）改造内燃式；

（2）蘑菇状（悬链线型）拱顶，结构稳定性好，气流分布合理；

（3）眼睛形火井，矩形燃烧器；

（4）高效、块状圆孔蜂窝格子砖，上下砖层间限位交错咬砌；

图 1-12　霍戈文
热风炉外形

（5）复合型滑动隔墙；

（6）圆弧形炉底板；

（7）各旋口、三岔口应用组合砖。

1-41 卡鲁金顶燃式热风炉有何特点？

答：卡鲁金顶燃式热风炉是 20 世纪 70 年代苏联全苏冶金热工研究院研究开发出的一种顶燃式热风炉，并于 1982 年在下塔吉尔冶金公司的 1513m³ 高炉上建成。

该顶燃式热风炉的特点是：

（1）燃烧用的煤气和助燃空气的环集管安置在热风炉的炉壳内，这样可以节省热风炉组的占地面积。

（2）在热风炉球顶的基部设有一环形燃烧器，有数量很多（50 个）的小直径陶瓷质烧嘴，煤气与助燃空气混合良好，保证在 1.0～1.5m 的高度上完全燃烧，彻底消除了燃烧脉动。

（3）燃烧器上设有调节装置，可使各烧嘴燃烧产生的烟气流量均匀地分布到蓄热室的断面，其不均匀程度在 ±5% 以内，整个周期内，蓄热室横断面上的温度分布不均匀程度为 ±（2%～3%）。

（4）热风炉拱顶、炉墙、格子砖和炉壳加热均匀而且对称，拱顶只有一个热风出口孔，保证热风炉拱顶在高温下的稳定性。

该座热风炉在工作后，工作风温维持在 1150～1220℃。该炉在工作 4 年、10 年和 16 年时经 3 次凉炉观察和测定，表明炉子的拱顶、燃烧装置、格子砖等处于完好状态，预计该热风炉可在不做任何大中修的情况下工作 30 年。

这种结构热风炉的不足之处是：

（1）环形燃烧器各烧嘴处的砖型多而且复杂。

（2）为使环集管到各烧嘴的煤气量均匀分配，需要在热风炉投产前用调节装置进行调整，工作量大而且繁琐。

（3）热风炉的拱顶直径比一般内燃式热风炉大，不利于现在生产的内燃式热风炉的改造。

在 3 座这种结构热风炉工作经验的基础上，发明者卡鲁金对该结构做了改进，正式命名为卡鲁金型。

这种新结构的特点是：

（1）缩小了球顶的直径，适应现有内燃式热风炉的应用。

（2）改进了环形燃烧器煤气和助燃空气的供给方式，取消调节装置，改为微机控制的涡流供给。由于煤气的助燃空气混合很好，燃烧完全，烟气中 CO 含量仅为 0.0016%（20mg/m³），低于德国环保标准要求，是标准值的 1/5。

（3）热风炉火墙和燃烧器砖型简化。

（4）新设计格孔直径 30mm 的六边形格子砖（带有 19 孔），加热面达到 48.0m²/m³（圆孔）和 48.7m²/m³（锥孔）。这样蓄热室内的热交换系数提高了 1.5 倍，在热风炉功率保持不变的情况下蓄热室高度可降低 40%～50%。整个热风炉的投资可节约 50%。

这种结构的热风炉已在俄罗斯和乌克兰冶金工厂 1386～3200m³ 高炉上建造使用。

近年来，俄罗斯卡鲁金顶燃式热风炉已在我国得以推广应用。例如，莱钢 750m³ 高炉、济钢两座 1750m³ 高炉、淮钢两座 450m³ 高炉、青钢两座 500m³ 高炉和重钢高炉热风炉都采用此结构形式的热风炉。卡鲁金顶燃式热风炉如图 1-13 所示。450m³ 热风炉设计工艺参数见表 1-4。

1-42　卡鲁金顶燃式硅砖热风炉在砌筑方面有哪些主要特点？

答：（1）卡鲁金顶燃式硅砖热风炉整体上可分为蓄热室、拱顶和预燃室三大部分。青钢 500m³ 高炉采用的卡鲁金顶燃式硅砖热风炉标高 18.19m 以下为蓄热室；标高 18.19～28.34m 为拱顶；标高 28.34～33.70m 为预燃室。每两结合部均预留足够的膨胀、滑移缝。在实际生产中，形同金属膨胀节一样，各部可独立自由胀缩、滑移，而对另外部分，砌体不产生影响。拱顶和预燃室载荷均通过炉壳直接作用于炉底基础上。

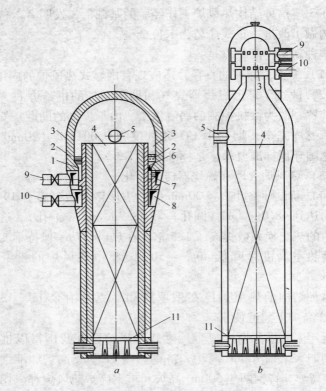

图 1-13 俄罗斯卡鲁金顶燃式热风炉

a—前苏联全苏冶金热工研究院设计；b—卡鲁金型顶燃式热风炉

1—助燃空气通道；2—助燃空气喷口；3—前室；4—格子砖室；5—热风出口；
6—煤气通道；7—助燃空气环集管；8—煤气环集管；9—助燃空气管；
10—煤气管；11—炉箅和支柱

表 1-4 卡鲁金 450m³ 热风炉热工参数

参 数 名 称	单位	计算结果	
		计算1	计算2
热风炉座数	座	3	3
一个工作周期	h	2.25	2.25
送风期	h	0.75	0.75

参　数　名　称	单位	计算结果	
		计算 1	计算 2
温度：			
拱顶	℃	1395	1270
热风	℃	1250	1150
冷风	℃	150	150
助燃空气	℃	200	30
高炉煤气	℃	200	50
烟气（平均）	℃	345	343
烟气（最大）	℃	450	450
消耗量：			
高炉冷风流量	m³/h	1500	1500
1 座卡鲁金热风炉煤气耗量	m³/h	25539	26342
全部热风炉煤气耗量	m³/h	51078	52684
1 座卡鲁金热风炉助燃空气耗量	m³/h	20518	21196
全部热风炉助燃空气耗量	m³/h	41036	42392
1 座卡鲁金热风炉燃烧产物	m³/h	46073	47556
全部热风炉燃烧产物	m³/h	92146	95112
格子砖加热面积	m²	17437	17437
格子砖质量	t	483.6	483.6
燃料低发热值	kJ/m³	3600	3600
过剩空气系数		1.105	1.107
高热值燃料附加	%	0.00	0.00
效率系数	%	76.57	74.20

（2）蓄热室部分根据温度要求不同采用自下向上 RN-42、HRN-42、YHRS 三种不同材质的 19 孔格子砖。在结合界面采用逐渐过渡、花砌的办法，以消除两种不同材质耐火砖因性能差异而出现的问题。

（3）卡鲁金顶燃式硅砖热风炉核心部分——预燃室（属专利产品），在设计上较为独特。预燃室分为煤气和助燃空气两大室。每个室均有两排多个通气孔道。除助燃空气有一排孔道沿垂直方向进入燃烧室外，其他孔道均按一定角度沿燃烧室切线方向进入。在燃烧室内气流形成螺旋状以达到煤气和助燃空气充分混合和完全燃烧的目的。在全高炉煤气作为燃料的情况下设计热风温度可达 1250℃。在材质上采用 ML-72（莫来石堇青石）、HRN-48（低蠕变黏土砖），并且在砌筑上根据不同部位、不同用途采用混砌的形式。

1-43　什么是落地式热风炉？

答：热风炉的燃烧口和热风炉操作平台都设在地面的热风炉称为落地式热风炉。

1-44　什么是高架式热风炉？

答：将热风炉的燃烧口抬高离开地面，高架起来的热风炉称为高架式热风炉。高架式热风炉的主要优点在于减小隔墙中、下部温差，可以大大地减少隔墙掉砖现象，提高热风炉的寿命。

1-45　什么是热风炉的热工参数？

答：所谓热风炉的热工参数就是对热风炉的送风形式、炉顶温度、废气温度、燃烧强度等操作制度的合理规定。鞍钢各热风炉的热工参数见表 1-5。

表 1-5　某厂热风炉的热工参数

炉别	送风形式	炉顶材质	规定最高炉顶温度/℃	规定最高废气温度/℃	燃烧用煤气量/m³·h⁻¹	助燃风机性能			
						型　号	流量/m³·h⁻¹	压力/Pa	台数
1	单	高铝	1350	<350	25000	9-28No. 11. 27	45238	6766. 59	3
2	单	高铝	1350	<350	30000	G₄-73-11No. 14D	65500	3648. 07	4
3	集中	高铝	1350	<350	30000	G₄-73No. 12D	147000	5531. 00	2

炉别	送风形式	炉顶材质	规定最高炉顶温度/℃	规定最高废气温度/℃	燃烧用煤气量/m³·h⁻¹	助燃风机性能		
						型　号	流量/m³·h⁻¹	压力/Pa	台数
4	单	高铝	1350	<350	35000	G_4-73-11 No. 11 D	65500	3648.07	3
5	单	高铝	1350	<350	35000	G_4-73-11 No. 11 D	65500	3648.07	3
6	单	硅砖	1350	<350	35000	G_4-73-11 No. 11 D	65500	3648.07	3
7	集中	高铝	1350	<350	80000	G_4-73-11 No. 20 D	197000	5687.86	2
9	集中	高铝	1350	<350	35000	G_4-73-11 No. 14 D	113000	6286.06	2
10	集中	硅砖	1400	<350	85000	9-73-11 No. 16 D	150000	15000	2
11	集中	高铝	1350	<350	80000	G_4-73-11 No. 14 D	164000	7348.77	2

1-46　什么是热风炉的全高?

答: 热风炉的全高是指从炉底板到炉顶人孔上沿的高度。它表明热风炉的大小。

1-47　什么是热风炉的总加热面积?

答: 热风炉的总加热面积包括: 燃烧室、拱顶及大墙和蓄热室总热面积之和。

1-48　什么是热风炉单位炉容加热面积?

答: 热风炉的单位炉容加热面积为: 一组热风炉(三座或四座)总加热面积之和与高炉有效容积之比, 即 1m³ 高炉有效容积具有的加热面积, 单位为 m²/m³。该数值表示热风炉蓄热能力的大小。

1-49　蓄热式热风炉的基本工作原理是怎样的?

答: 以内燃蓄热式热风炉为例, 热风炉构造图如图 1-14 所示。内燃蓄热式热风炉的外形是圆柱体, 炉顶是半球形。炉壳由钢板焊成, 炉壳里衬以耐火材料。炉内分成两个主要部分: 一部

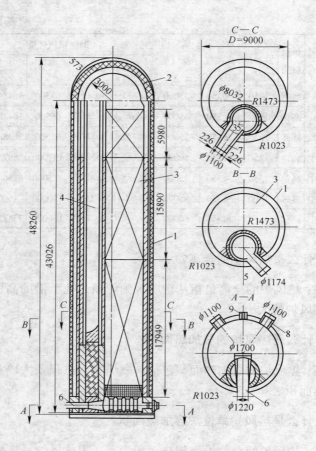

图 1-14　内燃蓄热式热风炉构造图

1—大墙；2—拱顶；3—格子砖；4—燃烧室；5—燃烧口；
6—冷风入口；7—烟道；8—热风出口；9—人孔

分是燃烧室（又称火井）；另一部分是蓄热室，即由耐火砖砌成的砖垛。燃烧室形状有圆形、眼睛形和苹果形，它们由耐火砖砌筑成的隔墙分开，各处一侧。燃烧室中间是空的。蓄热室是用格子砖砌成的砖格子垛。砖格子上有许多垂直的孔道，即格孔。砖格子由下边的铸铁炉算子和支柱托住。目前炉子使用的格子砖主要是整体穿孔砖和板状砖。

蓄热式热风炉是循环周期性工作的。在一个循环工作周期中，分燃烧期和送风期。

燃烧期：将热风炉烧热，此时冷风入口和热风出口关闭，将煤气和空气按一定的比例从燃烧器送入，煤气燃烧将热风炉（主要是其中的格子砖）加热，燃烧产物即烟气由烟气出口经过烟道从烟囱排掉，这样一直将热风炉加热到需要的温度，然后转入送风期。

送风期：将由鼓风机来的冷风加热后（一般在 1000 ~ 1200℃）送入高炉。此时燃烧器和烟气出口关闭，冷风入口和热风出口打开，由鼓风机经冷风管道送来的冷风进入热风炉，冷风在通过格孔时被加热，热风经热风出口和管道送入高炉。送风一段时间，热风炉蓄存的热量减少，不能将冷风加热到所要求的温度，这时就由送风期再次转入燃烧期。一座热风炉经过燃烧期和送风期即完成了一个循环，热风炉就是这样燃烧和送风不断循环地工作着。两座（或三座或四座）热风炉交替地燃烧和送风就保证了不间断地供给高炉热风。蓄热式热风炉的工作原理，简言之，就是在燃烧过程中热风炉的砖格子将热量储备起来，当转为送风后，砖格子又把热量传给冷风，把冷风加热后送至高炉炼铁。其实质是燃烧煤气的热量以砖格子为媒介传给高炉冷风的过程。

1-50　如何用图示法说明热风炉的工艺过程？

答：热风炉的工艺过程可用图 1-15a、b 的形式来表示。

1-51　一座高炉为什么要配备三座或四座热风炉？

答：由于蓄热式热风炉是燃烧（加热）和送风（冷却）交替工作的，为了保证向高炉连续不断地供给热风，每座高炉至少要配备两座热风炉。但由于设备维护、检修和提高风温的需要，一般每座高炉有三座热风炉。对于 2000m³ 以上的大型高炉，为

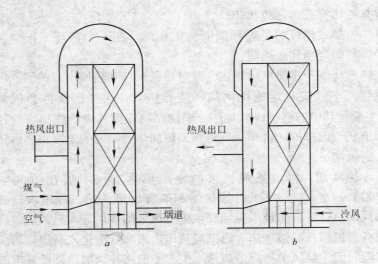

图 1-15　热风炉燃烧期与送风期

a—燃烧期；*b*—送风期

了避免设备结构过于庞大，同时考虑到工作的可靠性和交叉并联送风等技术的应用，每座高炉应配备四座热风炉。

1-52　什么是传热，传热有几种方式？

答：将两个不同温度的物体，放在与外界完全绝热的密闭容器内，不久便会发现高温物体的温度降低了，而低温物体的温度升高了。这说明有一部分热量从高温物体传到了低温物体，这种现象称为传热，也称为热传递。

进一步实验发现，不仅两个物体紧靠在一起时能够进行传热，不靠在一起也能够传热，这说明传热存在着多种形式。传热的形式有对流传热、传导传热和辐射传热。

（1）对流传热是依靠流体的流动来传播物体内能的传热方式。

（2）传导传热是由分子之间相互碰撞来传递内能的传热方式。

（3）辐射传热则是物体本身不断地以光的速度沿直线向周围传播辐射线来传递能量的传热方式。

1-53　热量在热风炉内是怎样传热的，哪种传热方式占主要地位？

答：传热在自然界中是一个很普遍的现象。钢铁工业离不开热工设备，因此离不开传热。从生产角度看，热风炉传热过程有两大类：一是用于加热的有益传热，如热风炉气体对格子砖与格子砖对气体的传热等；二是造成热损失的有害传热，如炉衬向炉壳及炉外的传热等。热风炉内壁的传热、正常工作的热风管道和烟道的内壁的传热均属于传导传热。热风炉蓄热室内的格子砖表面与烟气或空气间的传热、各种热风管道内气体与管壁表面间的传热、炉子外表面与大气空间的传热等均为对流传热。热风炉内烟气与格子砖间、烟道内烟气和烟道壁间、各种热设备的外壳与大气空间等都存在着辐射传热。

热风炉生产过程中的各种传热现象是由传导传热、对流传热和辐射传热三种基本传热方式组成的综合传热过程。但是，热风炉内，高温烟气与格子砖表面在燃烧期内对流传热时间长，烟气量大，在送风期内冷风与格子砖之间的热交换也是如此。所以说，对流传热是热风炉工作的主要传热方式。

1-54　什么是热风炉传热过程数学模型？

答：所谓数学模型就是针对某一特定的物理和化学过程而建立的一组代数和微分方程，它可以用来描述和预见某些特定的现象。众所周知，有关描述传热问题的微分方程常常是一组复杂的非线性偏微分方程。除了某些简单的情形外，很难获得这些偏微分方程的精确解。只有极小部分的实际问题能够用严密的形式求解，而且这些解常常含有无穷级数、特殊函数、特征值的超越方程等。因此，它们的数值计算可能是一个艰难的任务。早在 20 世纪 20、30 年代豪森（Hausen）等人对蓄热式热风炉热交换进行过研究，创立了蓄热式热交换第二理论，也提出了针对这一传热过程的简化模型。在他们的研究模型中，主要考虑了格子砖内部的导热传热过程。通过引入对流换热系数来研究对流换热过程，并把蓄热体作为当量厚度平板来考虑。这种模型不能真实地反映蓄热室内的传热过程，无法了解气流速度、温度分布以及对传热过程的影响。

部分研究人员对热风炉的描述往往采用近似模拟技术，把热风炉划分几个部分，分别完成各部分的热平衡。如果格子砖的起始温度和送风条件为已知时，就可通过采用热风炉运行的微分方程式的有限差分方法来求得热风炉实际条件下的近似情况。A. Schack、Z. Heiligenstaedt、W. Nusselt 和 K. Rummel 等人曾描述过使用模拟计算机进行这项工作的情况。A. Willmott 和他的同事发展了热风炉的物理模拟模型。这类计算机模拟的数据与来自工艺生产的热风炉运行数据进行对比和评价，证明在改进之后，物理模拟和计算机模拟技术在研究热风炉的设计和运行上确是一种很有价值的工具。

1-55 国内外对热风炉传热过程数学模型的研究现状如何？

答：在我国，对热风炉蓄热室传热模型的研究与应用方兴未艾。一些文献从不同侧面对热风炉操作与控制进行了积极探索，其中，有些模型已应用于实践。文献就热风炉系统单一的操作制度进行了讨论。张宗诚、苏辉煌应用热风炉不稳定态传热的数学模型较准确地计算出了热风炉内格子砖和气体沿着高度方向上随时间变化的温度分布，从而为预测热风温度、废气温度、送风时间和热效率，以及分析各种不同操作制度下的热工特征和选择最佳的设计与操作制度提供了可靠的手段。张建来根据热平衡方程及若干经验公式建立了热风炉热量控制燃烧数学模型，其要点是以热量控制热风炉的燃烧，根据下一周期的加热风量、风温来确定所需要的煤气化学热，以达到最佳燃烧。数学模型的建立为计算机有效控制燃烧提供了基础模型。根据不同的送风模型进行送风调节，获得了满意的结果。此外，热风炉换炉的自动控制系统、自寻最优化控制都是建立在不同的数学模型基础上的。宝钢高炉热风炉数学模型应用近20年的实践证明，用数学模型控制热风炉燃烧及有关操作制度，选择合理的热工参数，及时调整控制变量，可以达到节约能源、提高风温的效果。由此可见，可靠的数学模型对于热风炉的自动化操作和节能增效是十分有益的。

德国蒂森（Thyssen）公司也曾研究了一种可以模拟热风炉的操作方式的数学模型。

一般来说，已知热风炉的数学模型按照它的设计承担的任务可分为两类：第一类数学模型是把热风炉当作一个"黑匣子"（black box）来研究。这类模型多半是以整个热风炉的热平衡为基础，而不必了解格子砖室的局部温度。根据热平衡方程及若干经验公式建立热风炉热量控制数学模型，其要点是以热量平衡控制热风炉的燃烧，根据下一周期的加热风量、风温来确定所需要的煤气化学热，以达到最佳燃烧。然而，对未知的生产情况不靠其他帮助是不能做出推测的。第二类数学模型是把已知的热风炉模型分以格子砖微元的热交换为依据。在这种情况下局部热交换数学公式导出了一个联立的局部微分方程组，但不是线性的。按解方程系统的简化方法，这类模型可以分为如下几种不同的形式：（a）一维稳态模型；（b）一维非稳态模型；（c）二维非稳态模型；（d）三维非稳态模型。

为了模拟实际操作，模型（a）因为描述不够精确而没有实用价值，而一维非稳态模型（b）所描述的精确性很好，得到了普遍采用。模型（c）和（d）由于设计时间长，精确性更好，往往应用于纯粹的科研。

1-56　计算机技术在热风炉传热过程研究中的应用如何？

答：随着计算机计算的发展，各种数学模型的实际应用利用各种计算机语言，对热风炉蓄热室气体介质与格子砖之间的传热进行了研究。苏联与日本的研究对热风炉热交换过程中不同工作周期操作情况进行数学模拟，使用这种方法对最佳操作过程发出预报。为了适应相应的热风炉，需要一些基本参数和结构尺寸。格子砖的结构参数被认为是最重要的研究对象，它是热风炉传热过程的核心，研究的目的是使其结构最佳化。

在计算气体和格子砖之间的热交换时，把对流、辐射和热传导等作为在模拟程序中的传热过程来综合考虑是必要的，并且需对热交换介质材料特性与温度关系进行计算。借助于计算机程序可以计算出格子体温度和气体温度，格子砖室高度与时间的对应关系。这样取得的温度场可以确定燃烧期废气温度和送风期、预热期的热风温度与预热助燃空气温度的瞬时变化过程以及由此可以确定出热风炉的热效率。

人们对热风炉的传热过程数学模型的研究已有70年的历史。总的来看，苏联、日本和美国等国家做了大量研究工作，处于领先水平，也为我们提供了有益的借鉴。特别是，20世纪80年代初期苏联在热风炉格子砖热交换数学模型、温度场计算等方面有许多论文面世，推动了这一领域理论的发展。目前应用于实际的模型主要有三类：第一类是静态模型；第二类是通过简单传热机理，加上数学近似和人工经验建立的动态模型；第三类是应用传热机理，经数学推导和辨识建立的动态模型。其中第一类不能反映过程的动态情况；第二类对生产过程的描述比较粗糙，这些均无多大的推广价值；第三类模型目前对整个热风炉的几个工作周期的描述不够准确，特别是对辐射传热考虑不足，并忽视了边界层的影响，故适应范围有限，不能真实地反映其传热过程。特别是迄今为止所开发各类模型主要是针对局部和个别段的，未见有关全炉动态数学模型的研究报道。

在进行工艺研究的同时，进行理论探索是十分必要的，特别是采用过程数学模拟的方法进行创造性研究是具有重要意义的。科学技术的发展，需要对工艺生产进行理论化和系统化研究，特别是计算机技术的飞速发展和普及应用，使得数学模拟的方法在许多领域得以广泛应用。

第2章 热风炉结构

第1节 热风炉炉体结构

2-1 传统内燃式热风炉的通病是什么?

答:目前广泛采用的是燃烧室位于热风炉内一侧的内燃式热风炉。这种热风炉,当风温长期维持在 1000℃ 左右时,内部结构会遭到破坏,限制了风温的进一步提高。

传统内燃式热风炉有以下几大通病:

(1)燃烧室与蓄热室之间的隔墙,由于两侧温差太大和使用套筒式金属燃烧器产生严重的脉动现象,引起燃烧室产生裂缝、掉砖,甚至短路烧穿。

(2)拱顶坐落在大墙上的结构不合理。受大墙不均匀涨落与自身热膨胀的影响而产生拱顶裂缝、损坏。

(3)半球形拱顶当高温烟气由拱顶进入格子砖时分布很不均匀,局部过热,使蓄热室中心部位烧损严重和热风炉高温区耐火砖高温蠕变性能变差,造成火井向蓄热室侧倾斜,引起格孔紊乱。

(4)由于高炉大型化,风压越来越高,热风炉已成为一个受压容器,加之热风炉的炉皮随着耐火砌体的膨胀而上涨,将炉底板拉成"碟子"状,以致焊缝拉开,炉底板拉裂,造成严重漏风。

(5)由于热风炉存在着周期性的摆动和上下涨落运动,经常出现热风炉短管"烂脖子"现象。

由于存在上述通病,传统内燃式热风炉的风温低,寿命短。因此,必须进行必要的技术改造。

2-2 什么是改造内燃式热风炉?

答:改造内燃式热风炉是在传统内燃式热风炉的基础上进行

技术改造的内燃式热风炉。其主要特点有：采用圆形火井及新型隔墙；采用了陶瓷燃烧器和圆弧形炉底板；锥形拱顶、蘑菇顶等新技术。图 2-1 所示为鞍钢改造内燃式的 9 号高炉热风炉，也可以说是荷兰霍戈文热风炉技术的消化吸收应用。9 号高炉热风炉

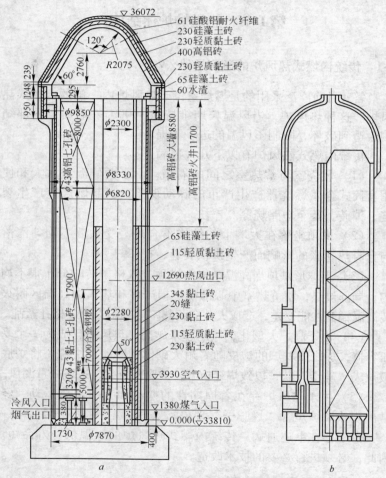

图 2-1　改造后的新型高风温内燃式热风炉

a—20 世纪 80 年代鞍钢 9 号高炉的改造型热风炉；

b—20 世纪 90 年代武钢 5 号高炉改造型内燃热风炉示意图

除了上述新技术之外，还有高效能七孔格子砖，热风出口改为喇叭口，地上烟道，焦炉煤气引射器，热管空气预热器和高风温热风阀等。

2-3　改造内燃式热风炉是如何克服传统内燃式热风炉的弊病的？

答：鞍钢改造热风炉起步较早，效果显著，影响很大。经过改造的 9 号高炉内燃式热风炉，经采用十余项的新技术，基本上克服了它原来的弊病：

（1）由于燃烧室隔墙采用了复合式结构，火井改为稳定性较好的圆形火井，选用了带预混装置的陶瓷燃烧器等新技术，基本上解决了火井掉砖、烧穿、短路问题。

（2）由于采用锥形拱顶，并坐落在箱梁上，与大墙分开，各自自由膨胀，改善了拱顶的稳定性，基本上解决了拱顶裂缝问题。1985 年高炉中修，检查拱顶完好无损。

（3）圆弧形炉底板的采用，再没有出现炉底板被拉裂漏风现象。

（4）热风出口改为喇叭口，起到了膨胀器的作用，再也没有出现热风炉短管"烂脖子"现象。

2-4　内燃式热风炉的火井有几种类型，各种类型火井的优缺点是什么？

答：内燃式热风炉的燃烧室（又称火井）结构形式基本上有三种：圆形、眼睛形和苹果形（又称复合形），如图 2-2 所示，其中以圆形结构最稳定，眼睛形结构最不稳定。

三种火井形式比较：圆形对于煤气燃烧较好，但蓄热室死角较大，如图 2-3 所示，从而相对减少了蓄热面积。眼睛形所占面积较少，与圆形比较蓄热面积较大，烟气流在蓄热室分布较均匀，但燃烧室当量直径小，烟气流阻力大，对燃烧不利，大多数厂热风炉大修之后，已全部淘汰了眼睛形火井。但荷兰霍戈文热风炉采用矩形燃烧器仍采用这种眼睛形火井。复合形集中了前两种火井的优点，设计上应用较广。复合形燃烧室砌砖和眼睛形燃烧室砌砖见图 2-4 和图 2-5。

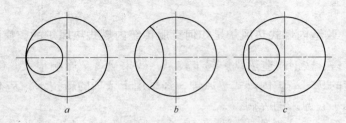

图 2-2　热风炉燃烧室的形状示意图

a—圆形；b—眼睛形；c—苹果形

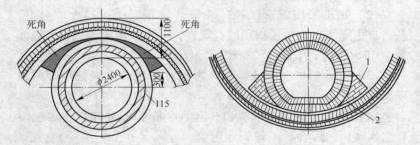

图 2-3　圆形燃烧室砌砖截面图

图 2-4　复合形燃烧室砌砖

1—填充耐火砖；2—填充耐火泥

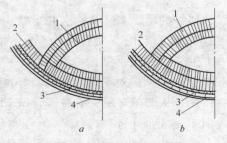

图 2-5　眼睛形燃烧室砌砖

a—奇数层；b—偶数层

1—燃烧室隔墙；2—炉墙；3—隔热砖；4—炉壳

2-5　热风炉的蓄热室是如何构成的？

答：热风炉的蓄热室是进行热交换的主要场所。它是用格子砖砌成的格子室，也可以说是一个庞大的格子砖垛。格子砖型有板状和整体穿孔两种。其格孔形状有圆形、三角孔形、方孔形、矩孔形和六角孔形。格子砖表面有平板的，也有波纹的。在多数情况下，蓄热室由不同孔型的格子砖砌成若干段。由于煤气含尘量不断降低，现代高风温热风炉要求进一步增加蓄热面积和格子砖的稳定性，所以格孔尺寸和厚度趋于缩小，热风炉尺寸加大，板状砖逐渐被整体穿孔砖所代替。

蓄热室的蓄热能力取决于格子砖几何尺寸和砖形、格子砖气体力学特性、耐火材料的导热性能、热容量和密度。

在蓄热能力及热交换性能方面，矩形格孔优于其他孔型，但是，蓄热室在结构上的稳定性是非常重要的，而圆形格孔的格子砖有强度高的优点，目前已被广泛采用。

2-6　热风炉的拱顶是如何构成的？

答：内燃式热风炉的拱顶形状多为半球形，改造内燃式热风炉的拱顶一般为锥形拱顶、悬链线形蘑菇顶。如鞍钢 1 号高炉热风炉的拱顶为悬链线形，9 号高炉和 11 号高炉热风炉的拱顶为锥形拱顶。这两种新型拱顶形状主要是改善了炉顶高温烟气的均匀分布和拱顶的稳定性。通常是拱顶砌体坐落在大墙上，拱顶是连接燃烧室和蓄热室的空间，它应在高温气体作用下保持结构稳定性，同时，也要满足燃烧时高温烟气流均匀地进入蓄热室的要求。旧式的热风炉拱顶为坐落在大墙上，内层砖厚度为 400 ～ 450mm。在高风温操作后，为了改善热风炉上部的绝热条件，人们又采用了半球形拱顶，如图 2-6a 所示，蘑菇形拱顶见图 2-6b。

在拱顶砖以上还有一层硅藻土砖为绝热层，拱顶是温度最高区域，为了减小热损失，可在硅藻土砖和高铝砖之间增加一层轻质黏土砖或轻质高铝砖以加强绝热。砌体和炉壳之间通常留有

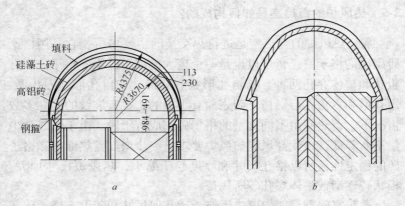

图 2-6　热风炉拱顶结构图

a—半球形拱顶（1200m³ 高炉热风炉）；b—蘑菇形拱顶

300 ~ 500mm 的膨胀缝，但外燃式和改造内燃式热风炉由于拱顶坐落在箱梁上，热风炉不留膨胀缝，只设40 ~ 50mm 的陶瓷纤维绝热层。

2-7　热风炉的隔墙是如何构成的?

答：所谓隔墙就是燃烧室与蓄热室之间的墙。它由内、外两环砖组成，内环 230mm，外环 345mm。由于传统内燃式热风炉的隔墙易造成隔墙烧穿、短路。在改造内燃式热风炉上对隔墙进行了改造，为了减小火井隔墙两侧的温差所引起互相影响，在隔墙中间加了一层厚为 113mm 的轻质黏土砖绝热层，在夹层靠蓄热室侧，加了大半圆周合金钢板，厚度 4mm，高 7m，材质为 1Cr18Ni9Ti；下面 5m 为普通钢板，共 12m，其目的是为了加强密封，防止短路，效果较好。热风炉隔墙结构见图 2-7。

2-8　热风炉的炉壳是如何构成的?

答：现代高风温热风炉的炉壳是用 8 ~ 20mm 厚度不等的钢

板连同炉底板焊成一个不漏气的整体，在其内部衬以耐火砌体，并用地脚螺丝将炉壳固定在炉基上。

随着高炉大型化，风压愈来愈高，热风炉成为名副其实的"受压容器"。因此对炉壳材质的选择和焊接工艺的要求越来越高，炉壳有向厚发展的趋势。考虑到热风炉为受热设备，具有受热上涨和周期摆动等特点，对垂直焊缝尽量采用圆滑过渡，如炉底板，目前采用了圆弧形炉底板，克服了传统内燃式热风炉炉底板被拉成"碟子"形，导致焊缝拉开严重漏风的弊病。

2-9　热风炉的炉基是如何构成的？

答：热风炉主要由大量的耐火砌体和附属设备所组成，具有相当大的荷重。这就要求热风炉必须有相应的基础，这个基础，称为炉基。热风炉的炉基分为两种形式，一是将一组热风炉建筑在同一个混凝土的基础上；二是每座热风炉有单独的基础。近年来，也有把块体基础改成壳体结构（空心基础），效果很好。总之，热风炉的炉基就是能承受全部荷重，并保持热风炉稳定。

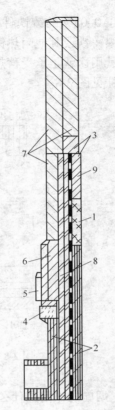

图 2-7　霍戈文式内燃热风炉燃烧室隔墙结构图
1—42% Al_2O_3 黏土砖；
2—45% Al_2O_3 黏土砖；
3—50% Al_2O_3 高铝砖；
4—55% Al_2O_3 高铝砖；
5—60% Al_2O_3 高铝砖；
6—66% Al_2O_3 高铝砖；
7—硅砖；8—隔热层；
9—耐热钢板

2-10　热风炉的支柱、炉箅子的材质和用途如何？

答：大、中型高炉的热风炉支柱和炉箅子的材质一般都是含硫低于0.05%的铸铁件。当废气温度较高时，可考虑用高硅耐热球墨铸铁或其他耐热铸件。

其用途就是承受蓄热室全部格子砖的载荷。热风炉铸铁算子和支柱见图2-8。

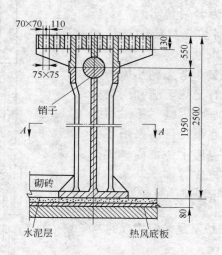

图 2-8　热风炉铸铁算子和支柱

2-11　烟囱的作用是什么，其工作原理如何?

答: 烟囱是热风炉必不可少的设备之一。要使热风炉能正常工作，保持炉内正常的气体流动和热交换过程，不仅要向炉内供给足够的燃料燃烧所需要的空气，还必须将燃烧生成的高温废气（烟气）从炉内排除。目前采用的排烟方法有两种：一种是用引风机或喷射器进行人工排烟；另一种是用烟囱进行自然排烟。烟囱排烟的优点是：工作可靠，不易发生故障，不消耗动力，能把烟气送到高空，减轻对附近空气的污染，不需要经常检修。目前热风炉工艺都要用烟囱排烟。只有当排烟系统阻力过大或废气温度低时，才采用引风机人工排烟，而且多与烟囱同时使用。

烟囱的工作原理:

烟囱为什么能排烟，这是首先需要了解的一个问题。下面用虹吸管原理加以说明：图 2-9 是一个虹吸管，如果事先从下端抽一下，使水充满管内，水就能够不断由虹吸管流出，而且虹吸管位置愈低，水流出愈快。

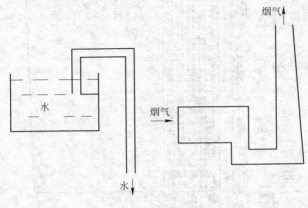

图 2-9　虹吸管原理

水比空气重，在空气中有自然下降的趋势；烟气比空气轻，在空气中有自然上升的趋势。因此，烟囱就是一个"倒置的虹吸管"。显然，类似于虹吸管的特点，烟囱出口位置越高，则排烟能力越强，虹吸管必须事先抽一下，使其中充满水，水才能不断流出；同样，烟囱必须先烘热，使其中充满热气体，才能排烟。图 2-10 为排烟系统示意图。

要使高温烟气从炉内排出，必须克服排烟系统一系列阻力。烟囱之所以能克服这些阻力，是由于烟囱能在其底部形成吸力（负压）。如果令炉后部的表压力为零，则炉子下部压力必须大于烟囱底部的压力（负压），在静压差的推动下热气体就可经排烟烟道流至烟囱底部，最后由烟囱排至大气中。

2-12　什么是热风炉炉壳晶间应力腐蚀？

答：热风炉的拱顶温度长时间在 1400℃以上，炉壳会发生晶

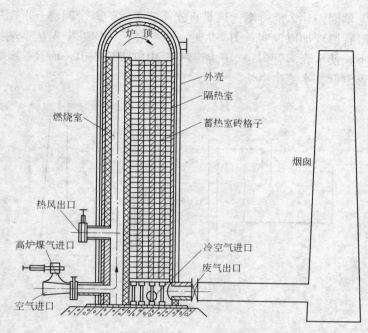

图 2-10　热风炉排烟系统示意图

间应力腐蚀。晶间应力腐蚀是炉壳钢材与腐蚀介质接触，在钢材表面形成电解质，具有高的电势。在电化学作用下，钢板对应力腐蚀有更高的敏感性，晶界的碳化物是腐蚀应力集中之处，引起钢板破裂，裂缝沿晶界向钢材母体延伸扩大。

2-13　如何预防热风炉炉壳晶间应力腐蚀?

答: 造成炉壳晶间应力腐蚀的原因和预防措施见表 2-1。

风温在 1200℃ 以上的热风炉应采取防止晶间应力腐蚀的措施如下。

宝钢 1 号高炉热风炉炉壳的防止晶间应力腐蚀措施为:

(1) 蓄热室、燃烧室的拱顶和连接管处采用韧性耐龟裂钢板 (SM41CF) 焊接后用电加热局部退火，以消除焊接应力。

表 2-1 炉壳发生晶间应力腐蚀的原因及预防措施

原 因	预 防 措 施
1. 拉应力超过钢材的屈服点：外燃式热风炉顶部都是不对称结构，压炉壳组装、焊接及热风炉操作（包括送风、燃烧、换炉、闷炉等）都会发生内应力。根据德国资料，热风炉关时，膨胀圈的内应力，可能超过钢材屈服点的50%； 2. 使用了敏感性钢材：钢材对不同介质有不同的敏感，就热风炉而言主要是对硝酸盐和硫酸盐的敏感； 3. 存在腐蚀环境：热风炉内的温度超过 1300℃ 时，氧与氮和硫发生化学反应生成 NO_x 和 SO_x，再与烟气中的水蒸气因温度降低到露点以下而冷凝的水作用，变成硝酸和硫酸。当存在拉应力时，化学侵蚀破坏钢板晶间的结合键，产生晶间应力腐蚀	1. 减少应力的产生和消除应力：在设计时应按压力容器的原则，进行低应力设计，避免出现应力和应变峰值，焊接后焊缝应消除应力； 2. 改善钢材性能，使用抗应力腐蚀的钢材：使用含锰、铝的镇静细晶粒钢。现在德国使用钢种有 STE36WSTE36，Cr-Ni-Mo 奥氏体钢；日本使用的有 SM51ASR41 等。近期中国北京科技大学研制的含 Mo 低合金钢内涂层（CR-b 涂料）耐应力腐蚀性能更好； 3. 改善环境： （1）控制钢壳周围温度在露点上，在热风炉高温区外部加绝缘罩，一般用铝板制成内置绝缘材料，使炉壳温度在 150～300℃ 范围内，防止冷凝物生成； （2）在炉壳内表面涂防腐层或在炉壳与衬砖间置填料，防止腐蚀介质与炉壳接触。涂料一般为：1）环氧树脂；2）防腐蚀的胶质水泥；3）由石墨、树脂和黏结剂组成的 ACT20 的抗酸涂层；4）煤焦油环氧树脂； （3）炉壳内表面镶型块； （4）气体燃料脱水和脱硫

（2）蓄热室拱顶下部、圆锥体下部、燃烧室拱顶下部用曲面结构，以减小局部应力集中。

（3）高温区炉壳外面用 0.5mm 铝板包覆，铝板与炉壳间填充厚 3mm 保温毡，使炉壳温度保持在 150～250℃，防止内表面结露，也防止突然降温（如暴雨）使炉壳急冷而产生应力。

（4）炉壳内表面涂硅氨基甲酸乙酯树脂保护层，防止 NO_x 与炉壳接触。

鞍钢 10 号高炉热风炉在改行大修中，热风炉采取了预防晶间应力腐蚀的措施：

（1）拱顶炉壳采用鞍钢特殊研制的含钼 AC1 抗晶间应力腐蚀钢板。焊接后用电加热局部退火。

（2）热风炉炉壳拐点均采用曲面结构。

（3）在钢壳内表面涂有耐腐蚀涂料。

第 2 节　热风炉的配置

2-14　什么是燃烧器，热风炉所用燃烧器分为几种？

答：燃烧器（又称烧嘴）是用来混合煤气与空气，并把其混合气体送入热风炉燃烧室内进行燃烧的装置。

热风炉目前使用两种燃烧器：一种是机械（金属套筒）燃烧器；另一种是陶瓷燃烧器。

2-15　机械（金属）燃烧器有何弊病？

答：现在使用的炉外金属燃烧器存在着两个固有的缺陷：一，煤气和助燃空气混合不均匀，燃烧不稳定，火焰呈脉动，火焰与未燃烧的混合物在燃烧室中呈"之"字形前进，使设备和结构发生振动。二，从燃烧器出来的火焰和混合气体与燃烧室轴向成垂直90°，火焰直接冲刷燃烧室隔墙，在燃烧室内产生剧烈的温度差及隔墙内形成温度梯度，特别是低架式燃烧室尤为突出。这些是导致燃烧室隔墙掉砖、短路、格子砖倒塌的重要原因之一。因此，炉外金属燃烧器已不适应高风温热风炉的发展，必须用陶瓷烧器来代替金属燃烧器。

2-16　什么是矩形燃烧器，其有何特点？

答：性能优良的燃烧器是实现热风炉操作指标的重要保证。矩形陶瓷燃烧器是与眼睛形燃烧室相适应的一种特殊形式的燃烧器。引进荷兰霍戈文与眼睛形燃烧室匹配的矩形陶瓷燃烧器这一技术，有利于推进我国内燃式热风炉技术。图 2-11 所示为矩形燃烧器的断面形状。

矩形燃烧器能有效地利用眼睛形燃烧室的断面积，它的性能优于圆形燃烧器。矩形煤气通道，使气流呈片状，厚度小，有利

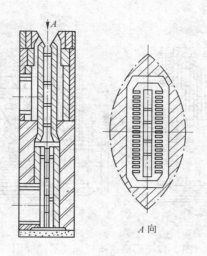

图 2-11 矩形燃烧器断面

于空气充分切割。空气出口对称布置在煤气出口两侧,由多个小口排列组合,出口有一倾角,使空气与煤气交叉混合。每两个对称的空气口组成一个小单元,每个单元与煤气进行有效的混合,形成一个小的燃烧嘴,由这些小燃烧嘴组成一个燃烧器,汇成一个长方体的混合流股,改善了混合效果,提高了燃烧温度。燃烧器燃烧强度大,效率高,自调性能好,能适应大范围燃烧功率的变化;而且在燃烧功率变化的情况下,保持燃烧废气中 CO 的含量为零,空气过剩系数最小。矩形陶瓷燃烧器比三通式圆形陶瓷燃烧器结构简单、体积小、砖型少,是内燃式热风炉合理的选型。

2-17 什么是陶瓷燃烧器,陶瓷燃烧器有何特点?

答:用耐火材料砌筑的燃烧器称为陶瓷燃烧器。它安装于燃烧室下部,其轴向与燃烧室一致。图 2-12 和图 2-13 分别为栅格式陶瓷燃烧器和套筒式陶瓷燃烧器剖面图。

目前国内外使用的陶瓷燃烧器主要有两种,即栅格式和套

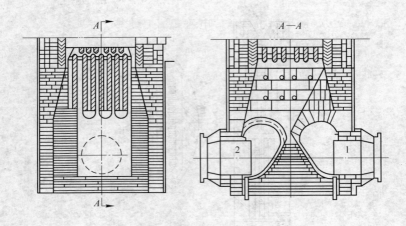

图 2-12　栅格式陶瓷燃烧器剖面图
1—煤气通道；2—空气通道

筒式。

　　栅格式的特点是将庞大的煤气流和
空气流分成许多细小流股，在燃烧前交
叉混合，而后在上部的耐火材料的表面
着火燃烧。它混合好，燃烧强度大，但
结构复杂，砌筑质量要求高。在生产过
程中易被上部脱落的砖头堵塞或打坏格
孔。这种燃烧器多用于高架燃烧室的热
风炉。

　　套筒式的特点是环隙的气流多为小
流股，中心气流多是速度低的粗流股。

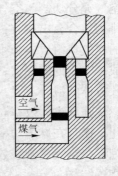

图 2-13　套筒式陶瓷
燃烧器剖面图

煤气、空气的混合是利用其交角、速度差及细流股等办法。该燃
烧器结构简单，广泛被采用。鞍钢炼铁厂热风炉采用的是套筒式
陶瓷燃烧器。煤气走中心，空气走环隙。但 10 号高炉热风炉采
用空气预热后，空气走中心，煤气走环隙。目前使用的陶瓷燃烧
器有用小块砖砌筑的发展趋势。

2-18　热风炉助燃风机马达停电应如何处理？

答： 热风炉正常燃烧时，如遇到停电、助燃风机停转。应按下列程序处理：

（1）关焦炉煤气；

（2）关煤气闸板；

（3）切断电源；

（4）查找原因；

（5）处理后再进行点炉。

2-19　什么是集中鼓风？

答： 所谓热风炉集中鼓风就是用一台大功率的助燃风机，通过管道输送一组（两座）热风炉燃烧所需的助燃空气，从而取代了一炉一机的操作，以便于维护和实现热风炉烧炉自动化。一般需要两台风机，一台运转，一台备用。

2-20　鼓风机有几类，为什么有时输出风量不足？

答： 鼓风机有两类，一类是定容风机，另一类是定压风机。定容风机也称容积式风机，它在不同工况下的鼓风量变化不大，而风压则随外界阻力的改变而改变，这种风机在热风炉上不常使用。定压风机则相反，不同工况下的风压变化不很大，而风量则随外界阻力变化而有很大变化。离心式风机和轴流式风机均属此类，热风炉上供燃烧用的风机一般都选用离心式风机，供通风（如捧煤气）用的风机都采用轴流式风机。

生产中使用的风机经常出现铭牌风量与实际风量不符的情况。从燃料消耗空气量来看风机铭牌有富余。但实际情况却是风量严重不足。这种铭牌与实际不符的情况主要是鼓风燃烧系统（包括风管道、流量孔、燃烧器等）阻力过大，没有与风机特性匹配造成的。离心式风机的输出风量是可变的，它随鼓风系统（即管道系统）阻力变化而变化。鼓风系统阻力大，风机的输出风量就变小；阻力小则输出风量增大。因此铭牌风量仅仅是一个参考值，实际输出风量不经测定是不能确知的。

送风系统的压力损失（如果忽略位差的影响）是与送风量的平方成正比。设鼓风机的铭牌风量为 $22000m^3/h$，风压为 $10.5kPa$，并已知鼓风系统的鼓风量在 $10000m^3/h$ 的压力损失为 $5.50kPa$，那么当压力损失与鼓风机风压相适应时，鼓风系统的送风量为 $10000\sqrt{(10500\div5500)}=13800m^3/h$，因此鼓风机输出风量不决定于铭牌风量，而决定于鼓风系统的阻力与风机的鼓风压力相等时的风量。当风机的工作条件与风机的要求有差别时，也会使风机性能改变而达不到铭牌风量，例如空气的温度、压力、马达的转数与规定不符等。

2-21　什么是液压传动，液压传动有何特点？

答：液压传动是用液体的压力传递动力的一种方式。具体地说，就是用油作工作介质来传递动力，完成设备正常运转的传动形式。

其优点为：

（1）机构小巧，使设备质量大大减轻，节约电能，节约投资。

（2）传动平稳，可免除冲击和振动，很容易实现无级调速。

（3）容易实现自动化，而且能有效地防止过载，自动润滑，因而寿命长。

（4）容易维护，元件基本上已经标准化，系列化。

其缺点为：

（1）相对运动表面不可避免地有泄漏，阻力损失大，特别是管路长，流速大时更为严重。系统总效率一般为80% ~90%。

（2）油温过低或过高会影响对流运动，速度不易保持稳定。

（3）零件加工和部件装配精度高、价格高，使用维护技术水平要求高。

由以上特点可见，液压传动特别适合于设备较大而行程较短的机构，热风炉就属这一机构。

2-22　什么是引射器，它的工作原理是什么？

答：如果一个气体喷口位于另外一个较粗管子的端部，则此气体（喷射介质）喷出时能将周围的气体（被喷射介质）带入较粗的管内；并在粗管的入口端造成一定的负压，使外部气体通过粗管的开口被吸入管内，这种装置称为引射器（又称喷射器）。它的用途在于输送气体（被喷射介质），或者使两种气体（被喷射介质与喷射介质）互相混合。

在热风炉净煤气系统上安装混烧焦炉煤气的装置，就应用了这种喷射器。它是利用高压高炉煤气的剩余压力能抽带低压焦炉煤气的装置，从而达到节省加压设备和投资，混合均匀，操作方便，安全可靠的目的。图 2-14 为引射器结构与工作原理图。

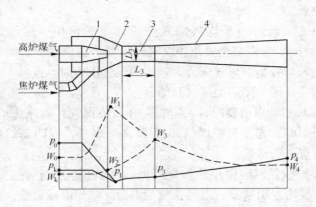

图 2-14　引射器工作原理图
1—喷嘴；2—吸入室；3—混合室；4—扩张管

引射器的构造包括喷嘴、吸入室（收缩管）、混合室和增压室（扩张管）四个部分。喷嘴为渐缩形，是实现高炉煤气静压转变为速度的装置。高炉煤气在喷嘴前压力为 p_0，流速为 W_0，经过喷嘴流动至出口时压力变为 p_1，流速变为 W_1。在吸入室中，由于喷射流股的射流作用，产生一定的负压，从而将压力较低的焦炉煤气吸引进来，入口流速为 W_2，并且不断地伴流而增加焦炉煤气流速。两种煤气共同进入混合室，在混合室中两种不同流速的流股，由于内摩擦、撞击和紊流作用，实现能量交换，使混合室入口处的 W_1、W_2 两流股混匀至混合室末端达到 W_3，并且获得较高压力 p_3。在扩张管（增压室）中实现混合流速由 W_3 减少到 W_4 的过程，而且静压由 p_3 增加到 p_4 的过程，实质是动压头转变为静压头的过程。这一系列的转变，就使得低压的焦炉煤气与高压高炉煤气充分混合，达到利于热风炉燃烧的目的。

2-23　使用引射器时应注意哪些问题？

答：焦炉煤气引射器应用于高炉热风炉上，对于混烧部分高发热值的焦炉煤气、提高风温起到了积极的作用。但在使用过程中要注意如下几个问题：

（1）要严防高炉煤气窜入焦炉煤气管网中。热风炉停烧（排空）时，一定要全关焦炉煤气开闭器。在正常生产时如发现混合室入口处高炉煤气压力大于焦炉煤气压力时，或抽不进焦炉煤气时，立即关闭焦炉煤气开闭器。

（2）启动引射器时，一定要先开高炉煤气，后开焦炉煤气。停止引射时，先关焦炉煤气，后关高炉煤气，以防高炉煤气窜入焦炉煤气管道。

（3）较长时间停用焦炉煤气时，高炉煤气一定要走正常管道，不要再经引射器，以延长喷嘴寿命。如短时间撤炉、停烧焦炉煤气，高炉煤气走引射管网。

（4）在启动或停止引射器操作过程中，热风炉一定要停止烧炉。

2-24　热风炉波纹管膨胀器的作用是什么？

答：在温度和风压的作用下，外燃式热风炉燃烧室与蓄热室两拱顶间会产生周期性的相对位移，造成拱顶连接管和拱顶连接处应力集中，严重时使该处焊缝开裂漏风。两拱顶间的相对位移，还影响到砌体的结构稳定，造成耐火砖脱落，降低热风炉寿命。

在热风炉上使用波纹管膨胀器的主要部位有热风总管及热风炉热风出口里、外短管，外燃式热风炉燃烧室和蓄热室两球顶的连接管等。其作用在于吸收设备因温度和压力变化而引起的膨胀和收缩。

采用 1Cr18Ni9Ti 合金薄钢板制成吸收量为 ±16mm。波纹膨胀器的示意图见图 2-15。

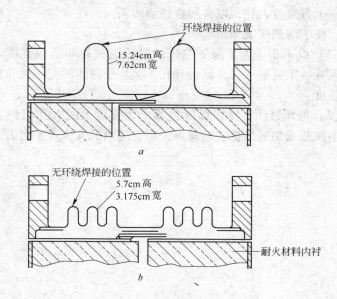

图 2-15　波纹膨胀器

a—现存膨胀连接器剖面：波纹管材质，4.76mm（3/16″）厚，304 不锈钢；

b—新型膨胀连接器剖面：波纹管材质，3.175mm（1/8″）厚，

316 抗压弹性极限不锈钢

波纹管还具有减振、抗振、抗冲击和进行位移补偿的功能。特别是不锈钢波纹管兼有耐腐蚀、不易老化、结构质量轻、强度

高和有足够柔性的优点。

外燃式热风炉两室之间设金属波纹管补偿器用以吸收部分不均匀膨胀而产生的应力，以保证拱顶结构的稳定性。近年来有许多实际应用例子，如热风炉热风出口里、外短管，高炉鹅颈管也有采用波纹管补偿器的。

2-25 热风炉及管道上安设人孔的作用是什么？

答：热风炉及管道上安设人孔的作用是：

（1）便于检查、清灰和维修等操作。如热风炉拱顶部分在蓄热室上方设置人孔，以备检查格子砖表面。在蓄热室下方设置人孔，便于清理积灰和废物。

（2）设人孔是为了保证热风炉砌体完整性和结构强度。如没有人孔，需要进人时，就得开孔，破坏了砌体的完整性和整体结构强度。

（3）通风赶压，在撵煤气过程中，管道上的人孔起到自然对流通风或安装通风机强制通风，将管道内的气体置换出去。

第3章 热风炉附属设备

第1节 热风炉的阀门

3-1 热风炉都有哪些主要阀门和管道?

答: 热风炉系统主要阀门有: 热风阀、冷风阀、冷风小门、煤气阀、燃烧阀、煤气调节阀、空气阀、空气调节阀、煤气放散阀、烟道阀、废风阀、冷风闸、混风调节阀、倒流休风阀等。

主要管道有: 冷风管道、热风管道、净高炉煤气管道、焦炉煤气管道、助燃空气管道(指集中鼓风的热风炉)、主烟道管道(指高架烟道的热风炉)、废风管道等。

图 3-1 为热风炉平面布置示意图,清楚地表明了各阀门和管道的位置。

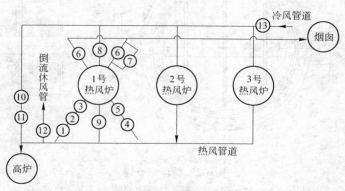

图 3-1 热风炉平面布置示意图

1—煤气调节阀;2—煤气阀;3—煤气燃烧阀;4—助燃风机;5—空气阀;
6—烟道阀;7—废风阀;8—冷风阀;9—热风阀;10—冷风大闸;
11—冷风温调节阀;12—倒流阀;13—放风阀

3-2 什么是闸式阀，常用在热风炉哪些部位？

答：阀门的开闭方向和气流方向垂直，主要用于切断洁净气体的阀称为闸式阀，如热风阀、冷风阀、燃烧阀、煤气阀、烟道阀和废风阀等。

3-3 什么是盘式阀，常用在热风炉哪些部位？

答：阀门的开闭方向和气流方向平行，主要用于切断含尘气体的阀称为盘式阀，如放散阀、烟道阀等。

3-4 什么是蝶式阀，常用在热风炉哪些部位？

答：阀板可以在阀体内旋转，常用于调节气体流量，严密性较差，不宜用于切断部位的阀称为蝶式阀，如空气调节阀、煤气调节阀、混风调节阀等，见图3-2。

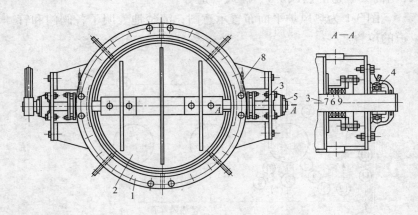

图 3-2　蝶形调节阀

1—阀体；2—阀板；3—转动轴；4—滚动轴承；5—轴承座及盖；
6—填料；7—集环；8—给油管；9—油环

煤气调节阀，安设在与燃烧器连接的煤气支管上。当热风炉在燃烧期，燃烧阀（又称燃烧闸板）和煤气阀（又称煤气闸板）

全开后，打开调节阀，通过调节阀开启的不同角度来调节煤气量。自动燃烧的热风炉，该阀由电气控制，可根据热风炉所需煤气量，进行自动调节。空气调节阀，安设在与燃烧器连接的助燃空气管道支管上，用以调节热风炉燃烧所需的助燃空气量。混风调节阀，安装在冷风管道与热风管道联络管上，一般与一台隔断阀（又称冷风大闸）配套使用，用来调节风温。

3-5　什么是热风阀，常用在热风炉哪些部位，其构造怎样？

答： 热风阀是一个闸式阀，安装在热风出口和热风主管之间的热风短管上，用于热风炉燃烧期隔断热风炉和热风管道。

由于热风炉热风阀处于高温下工作，所以必须进行冷却。一般为水冷，也有采用汽化冷却的。过去的热风阀全部为金属结构，最近采用的热风阀改进为带耐火材料衬，以延长其使用寿命。

3-6　新型高风温热风阀有何特点？

答： 热风阀是高炉热风炉的重要设备之一。热风阀经常处于高温环境下，不仅损失热量，而且缩短工作寿命。鞍钢在吸收国外热风阀设计的先进经验，如耐火衬、新型材质、浮动密封、包覆垫片等的同时，根据我国的实践经验提出了与国外不同的阀箱结构形式，采用阀箱全体的耐火衬，使热损失较日本、德国产品减少了 50%，阀门设计寿命为 10 年。该阀门还专门设计了行星减速机构，能方便地实现自动和手动，优于日本久保田型气动热风阀，寿命也超过该阀门。新型热风阀如图 3-3 所示。新型高风温热风阀的特点是用耐火材料层把热风阀体与热风隔开，这样，热风阀体温度下降，变形相应减少。因此，漏风少，寿命长。另外，因耐火材料隔热，减少了风温损失。德国蒂森公司开发的热风阀，由水冷改成风冷。冷风由冷风管道分出加压后进热风阀，然后回到热风中，热风阀散出的热量被热风收回。

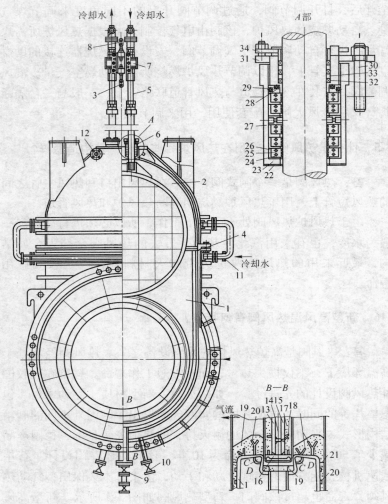

图 3-3　新型热风阀

1—阀体；2—阀盖；3—阀板；4—垫片；5—阀杆；6—密封装置；7—固定横梁；
8—链板；9—排水阀；10，11—冷却水入口；12—冷却水出口；13，15—钢阀板；
14—隔板；16—水圈；17，19—不定形耐火材料衬；18，20—锚固件；21—膨胀缝
垫片；22—密封圈；23—密封盒；24—环状圈；25—迷宫环；26—弹簧圈；
27—油环；28—附加环；29—O 形密封圈；30—双头螺栓；31—密封盖
填料盒；32—石棉填料；33—聚四氟乙烯填料；34—填料盖

3-7 什么是冷风阀，常用在热风炉哪些部位，其构造怎样？

答：热风炉的冷风阀也是一个闸板阀，它安装在冷风进入热风炉前的冷风支管上，在热风炉燃烧期关闭，使热风炉与冷风隔开，一般为两种安装方式：齿条传动的卧式水平安装；使之关闭得较为紧密和带大挺杆的一般立式安装，另设冷风小门。冷风阀的构造如图 3-4 所示，它由齿条传动。在开启之前，由于两侧压

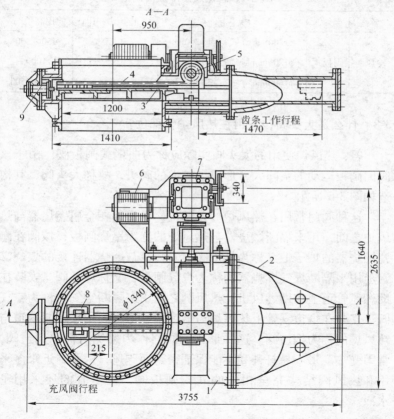

图 3-4 电动的冷风阀

1—阀体；2—阀盖；3—主阀板；4—齿条；5—小齿轮；6—电动机；
7—减速机；8—均压小阀；9—弹簧缓冲器

差很大，须先均压，这样做也能有效地避免高炉风压激烈波动。因此在主体阀上有一个小的均压阀（又称冷风小门），在主体阀开启之前先将它打开，待热风炉内缓缓充满冷风后，开主体阀。其传动方式有手动和电动两种。立式的冷风阀没有这样的冷风小门，它需在阀的前后设旁通的冷风小门。常见的冷风阀尺寸见表3-1。

表 3-1   各热风炉冷风阀规格

名称	形式	规　格	工作压力/MPa	使用高炉/m³
冷风阀	闸板式	φ1100mm 立式行程 1200mm	0.25	450 ~ 800
		φ1200mm 卧式行程 1300mm	0.25	1000
		φ1600mm 立式行程 1800mm	0.50	2200 ~ 2500

3-8   什么是大头阀，它用在热风炉何部位？

答：热风炉使用的大头阀实际应称为曲柄式闸板阀。由于该阀门阀板运动的空间大，形成了较大的阀头，故称大头阀，其构造如图 3-5 所示。

这种阀门常用在热风炉的各部位，如安装在金属燃烧器与热风炉之间，用来隔断燃烧器与热风炉的称为燃烧闸板，该阀在陶瓷燃烧器的炉子上又称为煤Ⅰ阀。安装在与燃烧器连接的煤气支管上用来隔断煤气燃烧器的称为煤气闸板，又称煤Ⅱ阀。安装在助燃风管道上在助燃风机与热风炉之间用来隔断空气的称为空气阀。安装在烟道支管上热风炉与烟道主管道之间用来隔断烟道与热风炉的称为烟道阀。这种形式的阀门作为燃烧闸板和烟道阀，常因受热变形不易打开和不能保证密封而跑风，因此，近来多采用和热风阀结构完全相同的立式闸板阀，甚至有的还采用了水冷。

3-9   什么是冷风大闸，它有何作用？

答：冷风大闸是安装在冷风管道与热风管道之间靠近热风主

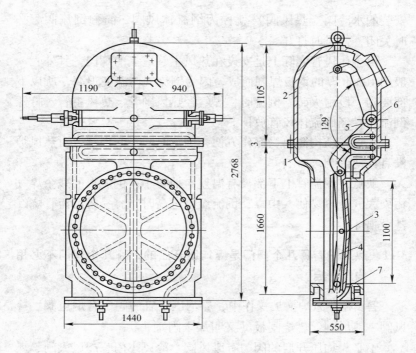

图 3-5 曲柄式闸板阀

1—阀体；2—阀盖；3—阀盘；4—杠杆；5—曲柄；6—轴；7—阀座

管侧的隔断阀。冷风大闸现多采用与热风阀一致的结构，采用水冷。

它的作用是向热风管道内加入一定量的冷风，使送风温度保持不变或必要的降低。另一个作用就是为了避免当冷风管道内压力降低时，热风（倒流时则是煤气）进入冷风管道，用冷风大闸做很好的隔断。

3-10 什么是倒流阀，它的作用是什么？

答：高炉倒流休风，以前都是通过烧热的热风炉进行，既不安全，又易烧损热风炉和堵塞蓄热室格孔。20 世纪 60 年代出现了专门用于休风倒流高炉残余煤气的倒流休风管。倒流休风管前安装的水冷阀（热风阀）就称为倒流休风阀，简称倒流阀。平时关闭，休风时打开。

倒流休风管实际上是安设在热风主管道上的烟囱。其外壳一般用10mm厚的钢板焊制而成，因为倒流气体温度很高，所以下部要砌一段耐火砖。倒流时，煤气经热风围管、热风主管，打开倒流阀，经倒流体风管放掉。

优点：结构简单，操作方便，倒流时间不受限制，对热风炉没有任何影响。

缺点：倒流管上下部没有温差，抽力小；倒流出的残余煤气污染大气，容易使人中毒；倒流温度过高时，容易将倒流管烧红甚至损坏。

3-11 热风炉有哪几个阀门是靠均压开启的，哪几个阀门不必用均压开启？

答：在热风炉换炉操作中，靠均压开启的阀门有烟道阀、冷风阀、热风阀、燃烧闸板（又叫煤Ⅰ阀）。

不必靠均压开启的阀门有废风阀、冷风小门、冷风大闸、煤气闸板（又叫煤Ⅱ阀）。

第2节 热风炉的检测仪表

3-12 热风炉自动化包括哪些内容？

答：热风炉自动化包括：（1）自动换炉；（2）自动燃烧；（3）风温调节；（4）煤气热值自动调节；（5）交叉并联自动控制；（6）热风炉系统所有温度、压力、流量的检测、处理、打印、报表及报警。

3-13 什么是"三电"系统？

答："三电"系统是指生产过程中计算机控制系统、电气传动控制系统和仪表控制系统。三个自动控制系统经常被总称为"三电"。"三电"系统是现代化大型冶金设备不可缺少的重要组成部分。

3-14 热风炉热工仪表自动测量包括哪些项目?

答:热风炉热工仪表自动检测,按对象来分可分为:

(1) 温度检测:炉顶温度、废气温度、热风温度、煤气温度、助燃空气温度等。

(2) 压力检测:煤气压力、助燃空气压力、冷风压力、冷却水压力等。

(3) 流量检测:煤气流量、助燃空气流量、冷风流量等。热介质的流量计量有待进一步研究开发。

其他还有液位检测,如余热锅炉的液位及汽化冷却的汽化液面等。

3-15 热风炉炉顶温度、废气温度、热风温度、净煤气压力、净煤气流量的取出口位置在何处?

答:热风炉炉顶温度、废气温度、热风温度、净煤气压力、净煤气流量的取出口位置如下:

(1) 热风炉炉顶温度:在热风炉炉顶,分顶插:顶部人孔处;侧插:旁侧人孔处。

(2) 废气温度:热风炉各烟道支管热风炉侧。两个烟道支管,只在一个烟道上设置。

(3) 热风温度:高炉热风围管与热风主管三岔口处。

(4) 净煤气压力:煤气压力调节机翻板热风炉侧。

(5) 净煤气流量:各热风炉煤气支管上。

3-16 热电偶的测温原理是什么?

答:热电偶的测温系统由三部分组成,如图 3-6 所示,即热电偶、连接导线、显示仪表。

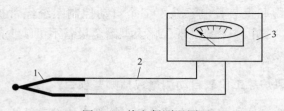

图 3-6　热电偶测温原理
1—热电偶；2—连接导线；3—显示仪表

　　把两根不同的金属导线组成一封闭的线路，把它的一个接点加热（称热端），而另一个接点保持常温（称冷端），则在此封闭的线路中将产生直流电，其电势的大小与两连接点的温差成正比。热电偶的测温就是测量这一电势的大小，以电势的大小来表示热端温度的高低。

　　理论和实践都证明，在冷端温度不变的情况下，将冷端分开接入第三种材料的导体时，其电势不发生变化。因而只要冷端温度保持不变，将冷端接一温度显示仪表，如电位差计，就可以直接显示出热电偶所产生的电势。在线路电阻一定时，也可以用一毫伏表来显示。人们就可以根据不同材料的热电关系将电信号转换成温度示数。

3-17　常用热电偶是什么材料制作的？

　　答：可以产生热电效应的材料很多，但并不都能有稳定的热电关系而适用于作热电偶材料。目前热电偶材料已标准化，并已测出了它们的热电关系。有的显示仪表是直接和热电偶配套的，可以直接从表上读出温度的示数。当没有配套的显示仪表时，可由一般的毫伏表或电位计读出示数再查热电偶的热电关系表，换算成温度。

　　常用的热电偶主要有以下几种：

　　（1）铂铑—铂，代号 LB，主要用来测量 800 ~ 1600℃温度。

　　（2）镍铬—镍硅，代号 EU，测量 1000 ~ 1300℃以下的温度。

（3）镍铬—考铜，代号 EA，测量 600 ~ 800℃以下温度。

（4）铂铑—铂铑，代号 LL，是两种成分不同的铂铑合金所做成的一种新型热电偶，测温可高达 1800℃，一般也称为双铂铑热电偶。

3-18　化学式气体分析器（奥氏气体分析器）用什么化学药品作吸收剂，这种方法有何特点？

答：一般化学式气体分析器是将各种吸收剂分别放在若干玻璃瓶内，将气体顺序通过各种吸收液，根据每种液体吸收一种成分后气体容积的减小来确定该气体的成分。常用吸收剂如下：吸收 CO_2，是用 KOH（氢氧化钾）溶液，浓度为 30% ~ 50%；吸收 CO 是用 Cu_2Cl_2（氯化铜）碱性溶液；吸收 O_2 是用焦性没食子酸的碱性溶液；吸收 C_mH_n 是用发烟硫酸，然后用 KOH 溶液把硫酸蒸气吸收掉；吸收 H_2 则是以铜为氧化剂在 300℃条件下使 H_2 氧化成 H_2O，再用稀硫酸溶液吸收这些水分；吸收 CH_4，是在 800℃下通过氧或空气，以铂为催化剂，将 CH_4 燃烧生成 CO_2 和 H_2O，然后再分别吸收 CO_2 和 H_2O。

由于这种分析方法是靠化学反应，可以进行得很充分，并能直接读出示数，比其他仪器分析准确可靠，到目前为止是精确度最高的一种方法。

这种方法一般是靠人工操作，如常用的奥氏气体分析器，分析一个样品需要较长的时间，不能像另外几种分析方法那样可以连续显示气体的成分。

也有利用化学吸收的原理连续测量气体成分的仪表，不过都只限于测量单一成分，如连续测量 CO_2 的仪表。

3-19　氧化锆定氧仪是怎样分析烟气中氧含量的？

答：氧化锆是一种固体电解质，当材料两面有不同浓度的氧存在时，氧含量高的一侧的氧离子将通过电解质中的氧空穴向低浓度氧侧迁移。由于浓差化学势的存在而导致浓差电动势，因此根据电动势的大小即可直接测出浓度的差值。

大多数情况下以空气为参考氧气浓度，即浓差电池的一侧是容积氧含量为 21% 的空气，另一侧是被测的烟气。这样根据已知的换算关系，即可测得电势求出烟气中的氧含量，或者在二次仪表上直接把氧的浓度显示出来。

这种测量方法没有滞后，但应注意测量元件的"中毒"和损坏。

3-20　燃烧振动是怎样的，如何消除？

答：管道的振动涉及到很多的工程领域。对于大型高炉热风炉的振动问题，目前国内研究得还不多。高炉热风炉是向高炉冶炼提供热风的重要大型换热设备。热风炉出现振动，估计有几种引发因素：一是以脉动燃烧为主引发的振动；二是管路系统的振动；三是二者耦合产生的振动。热风炉的管路系统，主要是用来输送煤气、助燃空气、冷和热空气以及烟气等。就管路系统的振动来说，需要有激振力的作用才能发生。除了燃烧脉动力的作用之外，更关键的是气源动力的影响，如助燃风机运转动力、煤气压力，还有管路系统结构与流场之间的相互作用力等。当激振力的频率与管路系统结构的固有频率接近或相重合时，就会出现复杂的耦合频率效应，即达到管路系统的共振。其结果不仅影响到热风炉的运转指标，更为严重的是对热风炉和管路系统造成破坏，使生产时刻存在安全隐患。

有焰燃烧强度及燃烧稳定性与煤气、空气的混合情况及着火条件密切相关。热态试验时，当煤气、空气的质量流量一定时，随着空气预热温度的提高，循环区体积增大，高温的回旋区产物进入主流区，使局部混合好的空气、煤气迅速被加热燃烧，燃烧产物向四周膨胀。这不仅使紊流增加，而且使断面压差增大。瞬间燃烧所生成的高温燃烧产物横向运动，使回旋区被压缩变窄。此时回旋区气体量减少，主流区着火条件变弱，燃烧温度下降。这时回旋区又回到原来的状态，较多的回旋区高温产物又进入主流区，重复上述过程。这种周期性的燃烧变化使火焰峰面必是周期性的变化曲面。曲面的波峰、波谷时大时小，故产生了燃烧噪声。曲面波动剧烈时就是不稳定燃烧，或称脉动燃烧，严重时就为燃烧振动。

许多热风炉在正常生产时出现燃烧振动，对热风炉管路系统、助燃风机及其燃烧器等相关要害部位，都造成损害。

关于燃烧振动问题，17 世纪 70 年代 B. Higging 曾进行过专门研究。后来，L. Rayleigh 也对热气柱现象进行了系统研究。他们认为火焰发声是管内气柱致密时受热，气柱稀疏时被夺走热量产生振动所致；反之，则衰减。这种振动与燃料供应管道的长度有关。通过实验和理论分析认为安装黑尔姆霍兹（Helmholtz）共鸣器，对防止单纯的燃烧振动是通常采用的简单切实的方法。

图 3-7 是燃烧室下部空气、煤气在均未预热条件下，用五孔探针测得的气流速度矢量分布图。从图中看出，燃烧室中心气流速度大。随着向上发展，中心气流速度减小，整个截面气流速度趋于均匀，而下部环状回旋区内（其边界由零压线而定）气流由上向下运动。回旋区底部有一气体出口（一般称为点火源）。在回旋区底部边缘，还存在着小的环状回旋区，因内部气体回旋周期长，几乎不参与燃烧，称为死区。回旋区底部的点火源可将回旋区内部的热量带给可燃气体，并使之点燃。因此，在热风炉燃烧室的燃烧过程中，点火源起着极为重要的作用。

图 3-8 为模拟煤气预热到 100℃、空气预热到 600℃时测得的燃烧室气体速度矢量图。空气预热到 600℃时，体积约是常温的 3 倍，因而气体流速增加较大，但速度场形式不变。此时回旋区高度变短，宽度加厚，气体回流速度加剧。热态试验结果表明，空气预热后，回旋区温度也大大提高。当助燃空气预热到 600℃时，点火源带出的气体温度可达 800℃，使点火条件变好，导致火焰高度明显降低。集中于燃烧室底部的强化燃烧使燃烧过程的低频振动加强，这种低频振动对热风炉的寿命影响甚大，因此必须采取一定措施加以克服。燃烧室内火焰短，对于提高拱顶

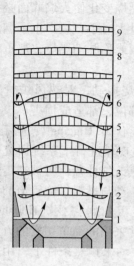 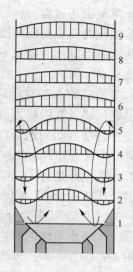

图 3-7　空气、煤气未预热时　　图 3-8　空气、煤气预热后
　　　　速度场　　　　　　　　　　　　速度场

温度、降低废气中 CO 含量十分有利。但过短的火焰（指有焰燃烧）将导致燃烧过程中的低频振动，且火焰越短，振动越强烈。因而设计一个适当高度的火焰对提高拱顶温度、降低由强化燃烧引起的低频振动是十分必要的。

一般来说，消除振动的方法有以下几种：

（1）在设计之初，一定要进行热风炉燃烧器的冷态和热态模型实验，目的在于找出不同燃烧能力、不同空气预热温度时燃烧室内温度分布、废气成分、火焰长度及燃烧稳定性等，找到解决燃烧振动的方法。

（2）加设减振环。

（3）改变燃烧介质的热工参数，如流量、压力等。

3-21　什么是减振环，有何作用？

答：所谓减振环就是在燃烧器出口处设置的一个特殊环状装

置,见图 3-9。其作用是:(1)破坏燃烧
器或燃烧介质(煤气、空气或烟气)的固
有频率,消除共振的可能性;(2)减振环
的设置有效地抑制了侧向气流,高温的回
旋区产物进入主流区,使燃烧产物顺畅地
向上运动。

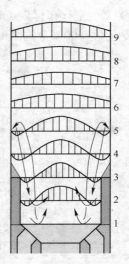

图 3-9 为燃烧器上部加了一级减振环
后,燃烧室下部气流速度矢量图。可以看
出,加减振环后,回旋区内气流发生很大
变化。由于减振环顶部对气流的阻碍作
用,原来回旋区底部单环点火源成为双
环,这里称加环后的点火源为双级点火
源。双级点火源的各级点火强度及其之间
距离与环的几何尺寸有关。当环的高度增
加、厚度加大时,则第二级点火环的位置

图 3-9　加减振环后
速度场

升高、点火强度增大,反之亦然。两级点火源可使燃烧室内的可
燃气体逐步预热并点燃,拉长了火焰长度,减轻了集中于燃烧室
底部由于强化燃烧引起的低频振动,稳定了燃烧过程。

在陶瓷燃烧器加单级减振环的基础上,对加多级环也做了模
拟试验。环的总高度为燃烧器中心通道出口直径 d 的 2~6 倍,
厚度为 d 的 0.2~0.5 倍。多级环的形式是阶梯式的,下厚上薄,
每级环的高度与厚度根据把回旋区内的高温气体所带的热量均匀
地分配给各级点火源的需要而定,从而使燃烧过程更稳定。

3-22　热风炉陶瓷燃烧器热态模型试验是怎样的?

答:以鞍钢 10 号高炉热风炉陶瓷燃烧器为研究对象。热模
型与实物尺寸比为 1∶12.5。材质为高铝堇青石,燃烧室高 5m,内
衬为磷酸盐耐热混凝土捣打成型。沿燃烧室高度设 9 个测孔,用
以测量和窥视。整个装置与地面垂直安装。燃料用高炉煤气,其
发热值为 3000kJ/m³。助燃空气由风机供给,预热温度从常温到

600℃。空气在直热式电加热器中加热，其功率为115kW，预热温度在0～600℃范围内可调。整个燃烧器热态试验流程见图3-10。

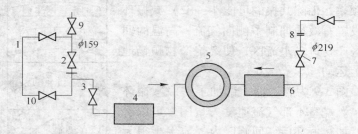

图3-10　热态试验装置工艺流程图

1—高炉煤气主管道；2—煤气流量孔板；3—煤气开闭器；4—煤气预热器；
5—陶瓷燃烧器模型；6—助燃空气电加热器；7—空气开闭器；
8—空气流量孔板；9—煤气吹扫管；10—煤气排水管道

沿燃烧室高度测6层温度，每层在半径方向测4点，个别测8点。一次元件用K型或S型电偶，二次仪表用电子电位差计。在燃烧室高度方向取3层烟气样，每层在半径方向上取4个样，同时在煤气管道上取一个煤气样。煤气样用全自动SP-2305E型气相色谱分析仪分析。煤气和助燃空气均用双孔板，信号用电子电位差计记录。在燃烧室下部的开孔处，燃烧信号由RTP-550磁带记录仪记录，再用HP-3562A动态信号分析仪处理并打印。

热风炉陶瓷燃烧器热态模型试验可以对燃烧器温度场、浓度场、燃烧能力及火焰长度和燃烧过程的稳定性进行理论分析，寻求燃烧能力和空气预热温度与脉动燃烧的关系。根据科研数据有针对性地预防或减少燃烧器脉动燃烧的发生，给设计部门提供工艺参数。

第3节　换热器及余热回收

3-23　什么是热管，什么是热管换热器？

答：热管的定义：把蒸发潜热与多孔体的毛细管作用加以巧

妙配合的密封的、两相的热力系统。

热管的构造非常简单，主要由 3 部分组成：

（1）管壳。一般为金属管，大多数情况下使用光管或附有翅片的管子（附有翅片主要作用是增大换热面积）。

（2）吸液芯。吸液芯是具有毛细管结构的金属丝网、金属纤维、烧结金属等密着于管壳内壁而成的，但也有管壳与吸液芯做成一体的，如槽道型吸液芯。重力式热管没有吸液芯。

（3）工作液体，又称工质，是反复进行蒸发和冷凝以移送热量的流体。

把吸液芯紧贴于管内壁，并把管内抽成高度真空后，封入工作液体，就成了一个单独的热管。管内真空度越高，性能越好，此时工作液体越易蒸发，传输热量，并凝结放热。

由多根这样的热管组成的热管束就成了热管换热器。

3-24　热管的工作原理是什么？

答：热管的工作原理示意图见图 3-11。

在加热热管的蒸发段，管芯内的工作液体受热蒸发，并带走热量，该热量为工作液体的蒸发潜热，蒸汽从中心通道流向热管的冷凝段，凝结成液体，同时放出潜热，在毛细力的作用下，液体回流到蒸发段。这样，就完成了一个闭合循环，从而将大量的热量从加热段传到散热段。

当加热段在下，冷却段在上，热管呈竖直放置时，工作液体的回流靠重力足可满足，无需毛细结构的管芯，这种不具有多孔体管芯的热管被称为热虹吸管。热虹吸管结构简单，工程上广泛应用。鞍钢炼铁厂 3 号、9 号高炉热风炉烟道余热回收的热管换热器（空气预热器）就采用了这种重力式热管。

3-25　热管及热管换热器有哪些优点？

答：热管及热管换热器作为一种新的节能设备，与其他传统的换热设备相比，具有以下几方面的优点：

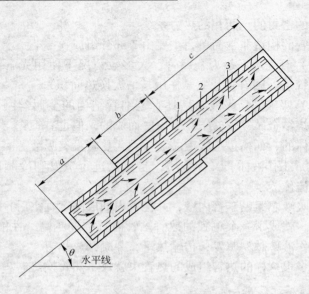

图 3-11　热管工作原理示意图
a—蒸发段；*b*—传输段；*c*—凝结段
1—外壳；2—吸液芯；3—蒸汽空间

（1）传热系数高，如热管空气预热器比列管式预热器的传热系数高 3 ~ 10 倍。

（2）传热温差大。热管式空气预热器可实现冷、热流体的纯逆向流动，而一般的预热管则不能。

（3）结构紧凑。金属消耗量少，占地面积小，无运动部件，工作可靠。

（4）热管换热器的传热元件具有单根可拆换性。

（5）热管换热器具有较高的抗露点腐蚀能力。

（6）热管换热器中的冷、热流体都是管外换热，便于清理和维护。

3-26　热管空气预热器的换热能力和主要性能如何？

答：热风炉采用的大型气—气型烟气余热回收热管空气预热

器选用碳钢管，工质为水，无吸液芯的重力式热管换热器。换热能力为 7.96GJ/h。该换热器安装于总烟道上，其工艺流程图见图 3-12。

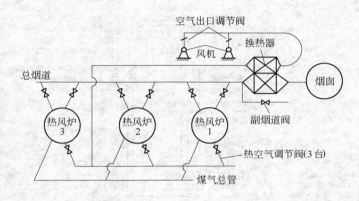

图 3-12　鞍钢 9 号热风炉热管烟气预热器工艺流程图

换热器箱体内组装 11 排、40 列（叉排）共有 434 根单支热管。管径 φ48mm × 2mm，管长 4680mm，其中加热段长 2720mm，绝热段长 100mm，冷凝段长 1860mm，管外附有翅片，翅片直径 80mm，加热段有 180 片，翅片间距 13.1mm，冷凝段有 200 片，片距为 7mm。

3-27　分离式热管是如何工作的？

答： 分离式热管换热器工作原理及特点如下：

工作原理：分离式热管换热器是由热管换热器演变的一种新型换热设备，可分别设置在热风炉的烟道、煤气管道和助燃空气管道上。当热风炉排出的烟气通过烟气换热器时，其管内的工质吸收了烟气的余热后汽化，产生的工作蒸汽汇集到烟气换热器的上部，经蒸汽导管分别送到空气和煤气换热器，蒸汽冷凝放出的汽化潜热将管外流体（空气或煤气）加热。冷凝后的工作液体汇集在该换热器的下部，在位差作用下通过回流导管流回到烟气换热器继续蒸发。这样反复循环进行，完成了热量由热端到冷端的输送，如图 3-13 所示。

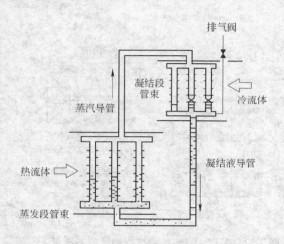

图 3-13　分离式热管换热器工作原理

　　分离式热管换热器基本结构及特点：分离式热管换热器是由若干根高频翅片管组焊成、彼此独立的热管束组成。它具有良好的导热性能，冷、热端相对应的各片管束通过蒸汽导管和回流导管连接，构成各自独立的封闭管路系统，如图 3-14 所示。

　　该系统具有以下特点：

　　（1）加热箱体（烟气换热器）和冷却箱体（煤气换热器与空气换热器）可相互独立，并有效地进行汇合、气源分隔，实现远程传热，便于现场灵活布置。

　　（2）工作介质的循环是依靠回流液的位差和重力作用，无需外加动力，无机械运行部件，没有密封和磨损问题，从而增加了设备运行的可靠性，也极大地减少了运行费用。

　　（3）加热箱体与冷却箱体彼此独立，易于实现流体分隔密封，故能适用于易燃、易爆等危险流体的换热，并且也可实现一种流体与多种流体的同时换热。

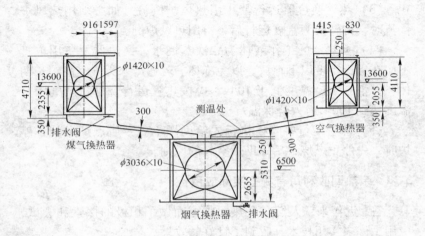

图 3-14 分离式热管换热器立面布置图

（4）换热器冷、热端束可根据冷、热流体的性能及工艺要求选择不同的结构参数和材质，从而有效地解决设备的露点腐蚀和积灰问题。

梅山 3 号高炉（1250m³）的热风炉安装了分离式热管换热器，利用烟气余热对烧炉用的低发热值高炉煤气和助燃空气进行预热。高炉投产后不到 3 个月，于 1996 年 3 月 12 日投入运行。一般情况下烟气温度可降低 100℃以上，煤气温度可提高 100℃以上，空气温度可提高 130℃以上，日均热风温度可达 1160℃以上，月均风温达到了 1143℃。在没有富氧鼓风的条件下，每吨生铁的喷煤量达到了 101kg，这说明热风炉采用双预热技术后取得了显著的效果。

3-28 使用热管换热器应注意哪些问题？

答：使用热管换热器应注意以下几个问题：

（1）通过抽烟机的废气温度不得大于 200℃。

（2）抽烟机在运行过程中，轴承温升不得大于 40℃，表温不得大于 80℃，并随时注意电动机温度和轴承箱的油位。

（3）热管换热器运行禁止用热风炉倒流。如必须用热风炉倒流时，待转换为常规运行后，再用热风炉倒流。

（4）换热器的工作液体为二次蒸馏水，换热器及备用单管不应在摄氏零度以下存放，以免冻坏。若遇严寒天气，高炉长期休风，烟气入口温度低于 10℃，应按热管运行烧炉。烟气入口温度达到 100℃时停烧保温。

（5）热管运行要严格执行先给助燃空气，后点炉燃烧；停炉时，先停止燃烧，后停助燃空气的原则。

3-29　余热回收利用有哪些实际应用？

答：近年来，人们在余热回收方面做了积极的探索和尝试，应用了许多实用技术，收到了良好的效果。

在热风炉烟气余热回收方面，许多厂家成功地应用了热管空气预热器、管式换热器，将其安装在热风炉烟道上，可用来预热煤气和助燃空气。此外，利用烟气余热供给煤粉烘干作干燥气和惰性气氛；利用高炉煤气、转炉煤气等发电；将高炉冲渣余热水用于生活采暖；利用高炉煤气余压、余热发电。

另外，利用工业余热回收锅炉，产生蒸汽，用于采暖和提供热水。

3-30　高炉荒煤气加热装置有何作用？

答：由于现代高炉生产全部为冷料入炉，特别是焦炭水分比较高时，高炉炉顶煤气温度偏低，有时低于 100℃。这样的煤气进入干式除尘布袋箱会有结露现象，造成除尘布袋黏结，影响净化煤气效果，甚至损害设备。为此，对高炉煤气必须进行加热。

从高炉出来的荒煤气，流经重力除尘器，经粗除尘后，进入管式换热器。在管式换热器中，荒煤气（走管内）与热风炉烟气（走管外）进行换热，被预热后的荒煤气进入干式除尘布袋箱。

这种换热器的主要特点在于，在换热过程中，完全靠烟气的余压和余热，不需任何二次能源，即可连续进行热量交换。

第 4 章 热风炉用耐火材料

第 1 节 热风炉用耐火材料的性能

4-1 什么是耐火材料，耐火材料的性能指标有哪几项？

答：凡在高温下（耐火度大于 1580℃ 以上），能够抵抗高温骤变及物理化学作用，并能承受高温荷重作用和热应力侵蚀的材料，称为耐火材料（又称耐火砌体）。

耐火材料用于各种高温设备中，它受着高温条件的物理化学侵蚀和机械破坏作用。耐火材料的性能应满足如下要求：

（1）耐火度要高。在高温作用下具有不易熔化的性能。

（2）高温结构强度要大，荷重软化点要高。

（3）热稳定性要好，当温度急剧变化时不致破裂和剥落。

（4）抗渣性能强。能抵抗炉渣、金属及炉气等的化学侵蚀作用。

（5）具有一定的高温体积稳定性。

（6）外形尺寸规整、公差要小。

实际上并非所有的耐火材料都具有上述全部性能，应根据具体条件合理地选用耐火材料。

4-2 什么是耐火度，它对砌体的使用有什么影响？

答：耐火度是耐火材料承受高温而不熔化也不软化的性能。耐火度以材料开始软化并失去自己形状时的温度来表示，是指材料在高温下抵抗熔化的性能指标。

耐火材料的耐火度随其化学成分不同而不同，如含 Al_2O_3 大于 40% 的普通黏土砖的耐火度为 1730℃，而含 Al_2O_3 为 30% 的黏土砖耐火度则为 1610℃，含 Al_2O_3 大于 48% 的高铝砖的耐火度则为 1750 ~ 1790℃。

耐火度并不是使用温度，一般来说，耐火制品的最高允许使用温度都要比耐火度低得多。

4-3 什么是荷重软化温度，它对砌体的使用有什么影响？

答：耐火制品在一定的压力（0.2MPa）下加热，直至其发生一定变形（如压缩 4% 或 40%）和坍塌，这时的温度称为荷重软化温度（又称为荷重软化点）。它是指耐火制品在高温下对荷重的抵抗性能，是耐火制品的一个重要指标。荷重软化点越高，耐火制品所能承受的使用温度也越高。一般耐火制品的使用温度应不高于它的荷重软化温度。

当热风炉的炉顶温度超过耐火制品的荷重软化温度时，软化变形的砌体表面受到损坏，有时甚至会使砌体表面熔化下流，使炉体受到严重破坏。

4-4 什么是耐火材料的抗热震性，它对耐火制品的使用有什么影响？

答：耐火制品抵抗因温度急剧变化而不开裂或剥落的能力，称为抗热震性（曾称热稳定性或耐急冷急热性），又称热震稳定性。

往往由于耐火制品的抗热震性不好，在使用过程中砌体产生剥落而影响其使用寿命。在易受急冷急热的地方要选用热稳定性好的材料砌筑。另外，应采取措施，尽量减少砌体受急冷急热的影响，使砌体在较稳定的温度下工作。

抗热震性以能经受加热和急剧冷却的次数表示。

测定耐火制品的抗热震性的方法是将其加热至 850℃，然后立即投入 10 ~ 20℃ 的流水中冷却，如此反复进行，砖块因受急冷急热而一层层剥落，直至砖块损失质量达到原有质量的 20% 为止。这样进行的次数作为耐火制品的抗热震性的指标。

普通耐火黏土砖的抗热震性较好，为 5 ~ 25 次；而硅砖则较差，为 1 ~ 4 次。

4-5 什么是耐火材料的抗渣性？

答：耐火材料在高温下抵抗熔渣侵蚀作用，炉料的化学、物理作用的能力称为抗渣性。

抗渣性之所以重要，是因许多作为炉衬的耐火材料被破坏，是由于炉渣、炉料、灰尘、炉气等作用的结果。

4-6 热风炉蓄热室所用的格子砖分几类，各有什么特点？

答：热风炉蓄热室所用的格子砖基本上可以分为两大类：一类是板状格子砖，另一类是块状穿孔格子砖。

板状格子砖，外形尺寸为 170mm × 150mm × 50mm，砖型简单，制造容易，但稳定性差，容易变形、错位和倒塌，常用于中、小高炉热风炉上，大高炉热风炉一般不用。板状格子砖可以砌成方形格孔，为了增加蓄热面积，可以做成波纹形。这主要是热风炉下部由于温度低，高温烟气流速低，对流给热减弱，所以在下部主要是提高格子砖的热交换能力。因此，在下部采用波纹砖和截面交变的格孔，或者在格孔中填砖芯等增加紊流程度的办法，以显著改善下部对流给热作用。

块状穿孔砖，一般是在整体上穿孔。应用较广泛的是五孔砖和七孔砖，见图 4-1 和图 4-2。这种砖具有稳定性好、砌筑快等优点，但制造费用较高，成品率低，有的厂采用的蜂窝砖也属于这种类型。

一般大高炉热风炉应用的格子砖主要有：矩五孔（50 × 70），切角波纹（60 × 60），方五孔（52 × 52），矩五孔（62 × 42），圆七孔（ϕ43）等。表 4-1 列出了国内常用格子砖的热工特性。

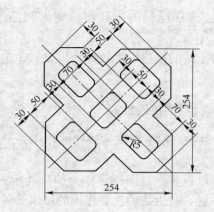

图 4-1　矩五孔砖

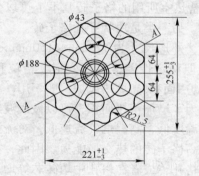

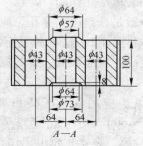

图 4-2　七孔砖

表 4-1　国内常用格子砖热工特性

序　号	1	2	3	4	5	6	7	8
格子砖形式	矩 5 孔黏土	方 5 孔高铝	方 5 孔硅砖	高效7 孔砖高铝	高效19 孔砖	高效37 孔砖	高效37 孔砖	高效37 孔砖
格孔尺寸/mm	50×70	52×52	55×55	$\phi43$	$\phi30$	$\phi28$	$\phi24$	$\phi20$
格砖活面积 $\Psi/m^2 \cdot m^{-2}$	0.432	0.33	0.410	0.4093	0.398	0.3533	0.3156	0.3537
$1m^3$ 格子砖加热面积 /m^2	28.73	24.65	30.60	38.07	55.14	63.14	66.63	73.36
格子砖当量厚度 S/mm	39.53	38.00	38.60	31.02	23.0	23.0	23.0	23.0
$1m^3$ 格子砖质量/kg	1250	1809	1120	1536				
填充系数 $1-\Psi$	0.568	0.670	0.59	0.591				
格子砖单重/kg·块$^{-1}$	7.04	9.30	5.20	7.84				
水力学直径 $d_{当}/mm$	60.13	53.81	53.2					

4-7　什么是格砖活面积？

答：$1m^2$ 格子砖横截面积中，格孔通道的面积称为格砖活面积，又称单位格子砖的有效通道面积，用 Ψ 表示，单位为 m^2/m^2。它影响着气体流动状态和对流传热。

4-8　什么是 $1m^3$ 格子砖加热面积？

答：$1m^3$ 格子砖体积中，全部接触高温烟气的蓄热面积称 $1m^3$ 格子砖加热面积，用 σ 表示，单位为 m^2/m^3，又称单位格子砖的蓄热面积，它决定着蓄热室的大小。

4-9　什么是充填系数？

答：$1m^3$ 格子砖中，砖所占的体积称为充填系数，用 $1-\Psi$ 表示。它是蓄热的热容量指标，决定着一个燃烧期内蓄热室内格砖能贮存多少热量。

4-10 什么是格子砖当量厚度？

答：格子砖的当量厚度 S（m 或 mm），$S = (1 - \Psi)/(\sigma/2)$ 或 $S = 2(1 - \Psi)/\sigma$，它是将砖完全平铺在蓄热面之间形成的砖厚，由于格子砖是两面工作的，所以要除以 2，它说明格子砖在热交换中的利用程度，S 越小，利用得越好。

4-11 什么是格子砖格孔的当量直径？

答：是异型孔换算成相当于圆孔时的直径称为格孔的当量直径或水力学直径 $d_{当}$，单位为 mm。

4-12 热风炉内衬的合理砌筑结构是怎样的？

答：热风炉的整体结构是热风炉技术水平的重要标志。要求热风炉的寿命达到 20 ~ 30 年，每个部位的结构都要可靠，即使是一个小的破损也会影响结构的稳定性，危及热风炉的操作效果。高温热风炉内衬结构的显著特点是合理的膨胀结构和滑动结构。膨胀缝和滑动缝形状各异，作用不同。膨胀缝吸收耐火材料的膨胀位移；滑动缝可使耐火砌体局部或整体移动不受约束。膨胀缝和滑动缝的设置，部位要准确，结构要合理，作用要可靠，而且不影响砌体的密封性。图 4-3 是滑动结构的几种方式。

耐火砖的相互锁紧结构，是加强内衬整体稳定性的重要措

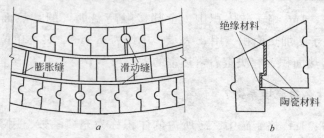

图 4-3 滑动结构的几种方式

施。根据受力情况，可在每一块耐火砖的一个面和几个面上设置形式不同的锁紧结构，图 4-4 是其中的两种形式。左图为燃烧器煤气通道隔墙的一个断面，砖的上面有圆柱形凸台或梯形槽，砖的两侧分别有梯形凸台和梯形槽，各层砖之间上下左右相互锁扣。图 4-4 的右图为锁紧（槽舌）结构。

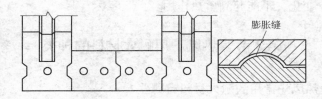

图 4-4 耐火砖锁紧结构

在热风炉和热风管道各开口处，采用组合砖砌筑，加强砌体的整体稳定性和密封性，消除内衬开裂和塌落现象。

蓄热格子砖必须是热工特性好的高效格子砖。格子砖采用错砌形式，在每块格子砖上设有凸凹结构，保证格子砖准确定位，防止格子砖水平移动和旋转运动。格子砖砌筑必须留有足够的膨胀缝，防止格子砖膨胀时错位、相互挤压。

根据热风炉各部位的工作温度、结构、受力情况及化学侵蚀等特点，分别选用不同性能的耐火材料，这是一条重要原则。高温热风炉特别重视耐火材料的高温使用性能，对高温蠕变性能指标的选定要适宜，过高的要求会造成热风炉投资增加。热风炉的高温区采用高温热稳定性好的硅砖，使用性能好，又经济。但硅砖在低温区的膨胀变形大，它的使用温度不得低于 700℃，燃烧室热风出口上部是安装硅砖的临界部位。临近硅砖部位的次高温区，采用低蠕变率的致密砖。工作温度 1000℃ 以下的区域，砌筑黏土质耐火材料。

4-13 格孔大小的规定主要依据是什么，格孔是否愈小愈好？

答：热风炉蓄热室格子砖格孔的大小，主要取决于燃烧所用煤气的净化程度，煤气含尘量较高时使用小格孔易将格孔堵塞，不易清灰。同时，也要考虑到蓄热面积、鼓风机能力等因素。

减少格孔面积可以使气流流速相应增加，能改善下部传热。但是，单纯地减少格孔必然要增加格子砖的当量厚度，而这在下部是不恰当的，因为在周期性的温度变化中，格子砖中心部分温度很少变化，不能起到蓄热作用。

第 2 节　热风炉用耐火材料的种类

4-14　热风炉常用的耐火材料有哪些?

答：热风炉常用的耐火材料主要有：黏土砖、高铝砖、硅砖。另外，还有矾土耐热混凝土、磷酸盐泥浆、陶瓷纤维等。

4-15　什么是黏土砖，常用在热风炉何部位?

答：凡含三氧化二铝（Al_2O_3）在 30% ~48% 范围内的耐火制品，称为黏土质耐火制品，即黏土砖。黏土砖是由耐火黏土及其熟料经粉碎、混合、成型、干燥和烧结等工序而制成的耐火制品。黏土砖按理化指标分为三种牌号，即 NZ-40、NZ-35 及 NZ-30。黏土砖一般常用于热风炉的下部，作砌筑大墙、各旋口砖和格子砖用，即用于热风炉的低温部和中温部。各种耐火材料的主要特性详见附录 F2.8。

4-16　黏土砖分为几级，每级三氧化二铝含量是多少?

答：热风炉用黏土砖一般分为三级，一级 Al_2O_3 含量不小于 40%，二级 Al_2O_3 含量不小于 35%，三级 Al_2O_3 含量不小于 30%，详见表 4-2。

4-17　黏土砖的荷重软化温度一般是多少?

答：黏土砖的荷重软化温度一般为 1250 ~1400℃。

表 4-2　热风炉用黏土质耐火制品理化指标

指　标	牌　号　及　数　值		
	RN-42	RN-40	RN-36
Al_2O_3 含量(不小于)/%	42	35	30
耐火度(不低于)/℃	1750	1670	1610
0.2MPa 荷重软化开始温度(不低于)/℃	1400	1250	1250
重烧线收缩率(1350℃加热 2h)/%	0~0.4 (1450℃)	0~0.3 (1350℃)	0~0.5 (1350℃)
显孔隙率(不大于)/%	24	24	26
常温耐压强度(不小于)/MPa	29.4	24.5	19.6
热稳定性/次数	10	10	10

注：平均线膨胀系数为 $(4.5~6.6) \times 10^{-6}℃^{-1}$；蠕变率不大于 0.8~1.0 (1200℃)。

4-18　什么是高铝砖，常用在热风炉何部位?

答：凡是 Al_2O_3 含量大于 48%（国外规定 46%）的硅酸铝质耐火制品统称为高铝质耐火制品，即高铝砖。

高铝砖以高铝矾土为主要原料，配入软质生黏土作结合剂，成型后并经 1500℃ 左右高温烧成。

普通高铝砖有三个牌号，即 LZ-65、LZ-55 及 LZ-48。

高铝砖常用于热风炉上部格子砖、拱顶旋砖及大墙，即用于热风炉的高温部位，其性能详见附录 F2.8。

4-19　高铝砖的荷重软化温度一般是多少?

答：高铝砖的荷重软化温度不低于 1400~1530℃。Al_2O_3 含量大于 95% 的刚玉质高铝砖，荷重软化温度更高。

4-20　高铝砖分为几级，每级三氧化二铝含量是多少?

答：高铝砖按其 Al_2O_3 的含量不同分为三级：Al_2O_3 含量大于 75% 的为一级，Al_2O_3 含量在 60%~75% 的为二级，Al_2O_3 含量在 48%~60% 的为三级。详见表 4-3。

表 4-3   热风炉用高铝质耐火制品理化性能指标

指　标	牌 号 及 数 值		
	RL-65	RL-55	RL-48
Al_2O_3 含量(不小于)/%	65	55	48
耐火度(不低于)/℃	1790	1770	1750
0.2MPa 荷重软化开始温度(不低于)/℃	1500	1470	1420
重烧线收缩率(1400℃加热3h)/%	+0.1 ~ -0.4 (1500℃)	+0.1 ~ -0.4 (1500℃)	+0.1 ~ -0.4 (1450℃)
显孔隙率(不大于)/%	24	24	24
常温耐压强度(不小于)/MPa	49.0	44.1	39.2
热稳定性/次数	8	8	8

注：平均线膨胀系数为 $(5.5 \sim 5.8) \times 10^{-6}$℃$^{-1}$；蠕变率≤0.8 ~ 1.0(1350℃)。

4-21　什么是硅砖，其荷重软化温度是多少？

答：二氧化硅（SiO_2）含量在 93% 以上的耐火制品称为硅砖。

硅砖是以石英岩为主要原料，用结合剂成型并经 1350 ~ 1430℃的高温烧成。

我国生产的硅砖有三个牌号，即 GZ-95、GZ-94 和 GZ-93。

硅砖常用于高温热风炉的拱顶和上部格子砖。

硅砖属于酸性耐火材料，它具有良好抵抗酸性渣侵蚀的能力。它的荷重软化温度高，可达 1640 ~ 1690℃，接近其耐火度，这是它的最大优点，且在热风炉上部高温区硅砖抗高温蠕变性能好。

硅砖在 600℃以上没有晶形转变，线膨胀系数小，体积变化小，所以用硅砖砌筑的炉体在烘炉初期阶段必须注意缓慢升温。硅砖性能详见附录 F2.8。

4-22　硅砖热风炉的日常维护要注意哪些问题？

答：鞍钢炼铁厂 6 号高炉热风炉于 1976 年重建，改造建成三座马琴外燃式热风炉，采用硅砖拱顶。

根据硅砖的理化性能，其荷重软化温度较高，可达1650℃以上。蓄热室上部、拱顶及大墙高温区采用抗高温蠕变性能好的硅砖。表4-4为6号热风炉采用的硅砖的理化性能，表4-5为硅砖在不同温度下的最大膨胀率。

表4-4 硅砖的理化性能

砖号	使用部位	化学成分/%						耐火度/℃	荷重软化点/℃		显孔隙率/%	体积密度/g·cm^{-3}	真密度/g·cm^{-3}	线膨胀系数(20~120℃)/K^{-1}
		SiO$_2$	Al$_2$O$_3$	Fe$_2$O$_3$	CaO	MgO	烧碱		开始点	溃裂				
Z-2	球顶	93.02	0.45	1.36	4.07	0.46	0.34	1710	1670	1690	21	1.87	2.36	12.7×10^{-6}
Z-7	拱顶直段							1690~1710	1670	1680	22	1.82	2.34	13.7×10^{-6}
Z-10	缩口												2.34	12.2×10^{-6}
R-4	大墙												2.40	12.1×10^{-6}

表4-5 硅砖在不同温度下最大膨胀率 （%）

砖号 \ 温度/℃	150	250	350	400	600	700	900
Z-2	0.24	0.69	1.1	1.17	1.36	1.44	1.47
R-4	0.26	0.64	0.89	0.98	1.12	1.25	1.37
Z-7	0.20	0.74	1.13	1.17	1.35	1.42	1.59
Z-10	0.28	0.72	1.03	1.09	1.23	1.29	1.38

硅砖在600℃以下体积稳定性不好，为了维护好硅砖热风炉，要求硅砖砌体温度不低于600℃。因此，在日常维护中要注意以下几个问题：

（1）在更换阀门时，应尽量缩短各口的敞开时间，防止硅砖砌体温度的大幅度降低。

（2）在日常生产中，要经常注意热风炉的燃烧情况，严禁出现助燃风机空转现象。

（3）换炉操作过程中，要严防大量的冷空气抽入炉顶。

（4）具有硅砖热风炉的高炉，应特设倒流休风装置。高炉休风时禁止用硅砖热风炉倒流。

（5）高炉长时间的封炉检修，视情节应采取必要的保温措施。

4-23　我国热风炉用耐火材料有哪些进步？

答：20 世纪 50 年代，我国热风炉用耐火材料主要是黏土砖，格子砖是片状平板砖，品种也比较单一，基本上满足了当时 800～900℃风温要求。60 年代，由于高炉喷吹技术的应用，风温有了很大的提高，在热风炉的高温部开始用高铝砖砌筑。格子砖也由板状砖发展到整体穿孔砖，基本上满足了风温 1000～1100℃的要求。70 年代，开始将焦炉用硅砖移植应用到热风炉，使热风炉的耐火材料又上升了一个新台阶。80 年代和 90 年代，热风炉耐火材料又有了新的长足进步和发展。具体情况叙述如下：

（1）低蠕变高铝砖的开发与研制；

（2）陶瓷喷涂料的应用；

（3）组合砖与异型砖的应用；

（4）用耐火球代替格子砖的应用。

4-24　什么是低蠕变砖，它有何特点？

答：在 20 世纪 80 年代，我国绝大部分热风炉的高温部位使用的耐火材料是高铝砖，这种高铝砖虽具有较高的荷重软化温度，但抗高温蠕变性能较差，Al_2O_3 含量为 65%～75%的高铝砖，在 0.2MPa 的压力下，1400℃、50h 的蠕变率高达 1%～2%，致使热风炉格子砖下沉、格子砖变形、大墙不均匀下沉和裂缝等，造成热风炉破损的现象较为普遍。认识到对热风炉用耐火材料抗高温蠕变性能要求的重要性，90 年代初河南、山西的耐火材料厂家，开始研制我们自己的低蠕变高铝砖。

河南凭借自己丰富的高铝矾土资源，采用以天然原料为主，辅以部分精料（莫来石、刚玉、硅线石、红柱石、蓝晶石），生产出各种档次的低蠕变高铝砖。

山西阳泉地区则选用当地高纯度的铝矾土天然原料，加入少许的添加剂，生产出高纯度、高密度、低价格的低蠕变高铝砖。

河南、山西开发的低蠕变高铝砖各项指标见表4-6。

表4-6　河南、山西低蠕变高铝砖指标

厂　家	$w(Al_2O_3)$/%	$w(Fe_2O_3)$/%	耐火度/℃	荷重软化开始温度/℃	重烧线变化/%	显孔隙率/%	常温耐压强度/MPa	蠕变率(0.2MPa,50h)/%
河南低蠕变高铝砖的典型数据	68~70	1.2~1.4	>1790	>1600	+0.2 -0.2/1500℃×2h	18~20	78.4	0.4~0.6 (1500℃)
山西阳泉地区低蠕变高铝砖的典型数据	81	1.4	>1790	>1630	+0.1 -0.2/1500℃×2h	17	171	0.69 (1400℃)
宝钢高铝砖 H21（日本引进）	80.40	0.26	>1790	>1710	0/1500℃×2h	15.5	73.2	0.6 (1550℃)
宝钢高铝砖 H26（日本引进）	64.00	1.27	>1790	>1490	0/1400℃×2h	20.3	63.9	1.0 (1300℃)
国家标准热风炉用高铝砖	≥65	—	>1790	≥1500	+0.1 -0.4/1500℃×2h	≤24	≥49	

上述开发研制的低蠕变高铝砖，由于使用的时间短，最后的结果尚未出来。鞍钢10号高炉热风炉使用山西阳泉的低蠕变高铝砖，已使用6年，风温始终在1200℃的水平，已初见成效。首钢高炉热风炉使用河南中州低蠕变高铝砖也取得了很好的结果。

目前国内对蠕变率的检验方法、计算方法尚不统一，常用的方法有50h蠕变率小于1%和20~50h蠕变率小于0.2%两种：

（1）在0.2MPa压力下，1550℃，50h蠕变率小于1%（高档品）；

在0.2MPa压力下，1450℃，50h蠕变率小于1%（中档品）；

在0.2MPa压力下，1350℃，50h蠕变率小于1%（低档品）。

（2）在 0.2MPa 压力下，1550℃，20～50h 蠕变率小于
0.2%（高档品）；

在 0.2MPa 压力下，1450℃，20～50h 蠕变率小于 0.2%
（中档品）；

在 0.2MPa 压力下，1350℃，20～50h 蠕变率小于 0.2%
（低档品）。

0.2% 是 50h 和 20h 蠕变率小于 0.2% 的差值。

现在多用 20～50h 蠕变率小于 0.2%，来评价高铝砖的抗高
温蠕变性能。

4-25 什么是陶瓷纤维，它有何特点？

答：陶瓷纤维是一种新型轻质耐火材料。它是将耐火材料配
料在 2000～2200℃ 电炉内熔化，当熔融的配料液体流出小孔时，
用高速、高压的空气或蒸汽喷吹，使液滴在极短的时间内迅速被
吹散、拉长而获得的松散絮状物。

陶瓷纤维可直接以絮状物充填工业炉窑砌体的空隙作为绝热
层，但更多的是制成陶瓷纤维毡、毯、带、绳等使用。

陶瓷纤维具有如下优点：质量轻、绝热性能好、热稳定性
好、化学稳定性好、加工容易、施工方便。

缺点是：既不耐磨又不耐碰撞，不能抵抗高速气流的冲刷，
不能抵抗熔渣的侵蚀。

4-26 组合砖用在热风炉的什么部位，异型砖的作用是什么？

答：热风炉砌体的开口部位，如人孔、热风出口、燃烧口等
处是砌体上应力集中、容易破损的部位，这些部位广泛地使用组
合砖，使各口都成为一个坚固的整体。

人们开发了带有凹凸口的能上下左右咬合的异型砖。这种砖
可以起到相邻砖之间自锁互锁作用，可增强砌体的整体性和结构
强度。

4-27　热风炉各部位所用耐火材料的选择依据是什么？

答：热风炉各部位所用耐火材料的选择依据是以它所在位置的加热面温度为准，并能在承受载荷的条件下，长期稳定地工作。

当前我国热风炉的耐火砌体结构基本是（从高温区到低温区）：

第一种结构：硅砖—低蠕变高铝砖（中档）—高铝砖—黏土砖。

第二种结构：低蠕变高铝砖（高档）—低蠕变高铝砖（中档）—高铝砖—黏土砖。

以上两种结构中以第一种结构为好，因为硅砖具有很好的抗高温蠕变性能和高温下的热稳定性，而且价格又便宜。

4-28　热风炉炉顶温度的上限是根据什么决定的？

答：热风炉炉顶温度最高不应超过该炉炉顶耐火材料的最低荷重软化温度，也就是说，炉顶温度的上限是由炉顶耐火材料的荷重软化温度决定的。

为了防止因测量误差和调节不及时等原因造成炉顶温度过高的现象，热风炉的最高炉顶温度应限制在低于炉顶耐火材料的最低荷重软化温度 $30 \sim 40℃$。

4-29　什么是轻质黏土砖，它用在何部位？

答：轻质黏土砖是一种高温绝热耐火材料。它以耐火黏土熟料为原料，以可塑黏土为结合剂，加入适量可燃物或起泡剂经过烧制而得到的，其理化指标见表 4-7。轻质黏土砖用于热风炉各部位的绝热层，作绝热材料。

4-30　什么是轻质高铝砖，它用在何部位？

答：轻质高铝砖也是一种高温绝热材料。它是采用熟料为高铝矾土和生料结合黏土制成的，其理化性能见表4-8。

表 4-7　轻质黏土砖理化指标

指标 / 牌号	(QN)-1.3a	(QN)-1.3b	(QN)-1.0	(QN)-0.8	(QN)-0.4
体积密度/g·cm⁻³	1.3	1.3	1.0	0.8	0.4
耐火度/℃	1710	1670	1670	1670	1670
重烧线收缩率/% 1400℃，2h，不大于	1.0				
1350℃，2h，不大于		1.0	1.0		
1250℃，2h，不大于				1.0	1.0
常温耐压强度/MPa	4.5	3.5	3.0	2.0	0.6

表 4-8　轻质高铝质制品的理化性能

性能	限制	牌号及数值		
		PM-1.0	PM-0.8	PM-0.6
$w(Al_2O_3)$/%	不小于	48	48	48
$w(Fe_2O_3)$/%	不大于	2.0	2.0	2.5
体积密度/g·cm⁻³		1.0	0.8	0.4
常温耐压强度/MPa	不低于	4.0	3.0	0.6
耐火度/℃	不低于	1750	1750	1730
荷重软化开始温度(0.1MPa)/℃	不低于	1230	1180	1050
重烧线收缩率/%	不大于	0.5	0.6	1.0
试验温度(2h)/℃		1400	1400	1350

轻质高铝砖用于热风炉上部大墙绝热和拱顶绝热等。

4-31　什么是硅藻土砖，它用在何部位?

答：硅藻土是一种中、低温绝热材料。硅藻土是古代藻类有机物腐败后形成的松软多孔的矿物，主要成分是非结晶的二氧化硅（SiO_2），并含有机物、黏土等杂质，以及 1%～10% 的化合水，其理化指标见表4-9。它常用于热风炉中、下部作绝热填料。

表 4-9 硅藻土砖理化指标

指　标　＼　牌　号		A 级	B 级	C 级
体积密度/g·cm⁻³		0.50	0.55	0.65
耐火度/℃		1280	1280	1280
常温耐压强度/MPa		0.45	0.68	1.10
孔隙率/%		78.25	76.25	73.14
导热系数/ W·(m·K)⁻¹	50℃	0.070	0.082	0.095
	350℃	0.123	0.137	0.140
	550℃	0.150	0.165	0.184
线膨胀系数/%		0.9×10^{-6}	0.94×10^{-6}	0.97×10^{-6}

4-32　陶瓷喷涂料的作用是什么?

答:在热风炉炉壳内侧喷涂一层约 60mm 的陶瓷喷涂料。热风炉投产后在高温作用下,喷涂料可与钢壳结成一体,有保护钢壳和绝热的双重作用。热风炉的各个不同部位采用不同的喷涂料。高温区(蓄热室上部和拱顶)采用耐酸性喷涂料;中、低部位采用一般的陶瓷喷涂料。

4-33　什么是矾土耐热混凝土?

答:以矾土水泥和低钙铝酸盐水泥等为胶结材料,耐火熟料为骨料和掺和料制成的水硬性耐火混凝土称为矾土耐热混凝土,其理化性能指标及化学成分见表 4-10 和表 4-11。矾土耐热混凝土预制块砌筑热风炉的燃烧室及陶瓷燃烧器,具有砖型简单、砌筑容易、施工进度快等特点,并且使用寿命长。但在砌筑时要对成型、养护、烘烤等予以注意。

表 4-10   矾土耐热混凝土理化指标

| 强度/MPa | | | 孔隙率/% | 容重/t·m⁻³ | 高温强度(700℃)/MPa | 重烧线收缩率(1400℃,2h)/% | 抗热震性(850℃)/次 | 荷重软化点/℃ | | 耐火度/℃ |
3昼夜	7昼夜	28昼夜						KD	4%	
22.0	31.0	36.5	17.82	2.20	322	0.30	>20	1330	1420	>1730

表 4-11   矾土耐热混凝土化学成分

| 名   称 | 化学成分/% | | | | | |
	SiO_2	Al_2O_3	CaO	Fe_2O_3	MgO	烧损
矾土耐热混凝土	43.24	48.68	2.38	1.35	微量	0.97

4-34   什么是磷酸盐耐火混凝土？

答：以磷酸盐为胶结材料，耐火熟料为骨料和掺和料制成的热硬性耐火混凝土称为磷酸盐耐火混凝土。它的主要特点是加热后强度高，耐火度高，韧性好，热稳定性良好和具有耐磨性等特点，但价格高。这种耐火混凝土常用来制作热风炉的陶瓷燃烧器（上部）的预制块。

第 5 章　热风炉燃料及其燃烧

第 1 节　热风炉用燃料种类与特性

5-1　什么是燃料?

答: 凡是在燃烧时能够放出大量的热量,且该热量又能有效地、合理地被工业或其他方面利用的物质统称为燃料。

现阶段,自然界中可供工业生产用的燃料资源,主要是各种天然燃料,即煤、石油和天然气。这些燃料都可以直接作为燃料使用,也可进行加工转化,合理再用,如煤制成煤粉、炼焦,石油经过提炼等。燃料的分类见表 5-1。

表 5-1　燃料的分类

燃料的物态	燃料的来源	
	天然燃料	人造燃料
固体燃料	木柴、泥煤、褐煤、烟煤、无烟煤、油页岩等	木炭、焦炭、煤粉、煤砖等
液体燃料	石油	汽油、煤油、重油、煤焦油、合成燃料等
气体燃料	天然气	高炉煤气、焦炉煤气、转炉煤气、发生炉煤气、地下煤气等

热风炉用的燃料为气体燃料,主要是高炉煤气、焦炉煤气等。

5-2　气体燃料有哪些优点?

答: 气体燃料有以下优点:

（1）与固体燃料相比较，煤气与空气能很好地混合，从而保证在最小的过剩空气系数下完全燃烧，有较少的化学和物理热损失。

（2）燃烧装置简单，可以灵活而且自动地调节燃烧过程，保证工艺要求和热工制度。

（3）可以大大减轻操作工人的劳动强度和改善劳动条件。

（4）输送简单方便，节省人力或动力消耗。

（5）减少环境的污染。

（6）方便企业的统一管理。

5-3　气体燃料中哪些为可燃成分，哪些为不可燃成分？

答：气体燃料是由一些单一的气体混合而成，其中可燃成分有 CO、H_2、CH_4 及其他碳氢化合物；不可燃气体成分有 CO_2、N_2 和一些水蒸气。气体燃料的发热量随所含可燃成分的多少而异，波动于 $3000 \sim 50000 kJ/m^3$（标态）之间。

5-4　什么是煤气的着火点？

答：煤气开始燃着的温度称为煤气的着火点，又称燃点。不同煤气的燃点有所不同（参看表 7-2 煤气的主要性质）。

5-5　煤气的燃烧有什么特点？

答：任何一种煤气的燃烧，都要经历三个阶段，即煤气与空气的混合、混合气体的活化和燃烧。

煤气与空气混合阶段，是指煤气中的可燃成分与空气中的氧分子相接触的过程。混合的目的是为进行化学反应提供条件。在实际燃烧中，由于煤气与空气的混合条件不同，燃烧速度也不同，因而火焰的形状和结构也有所不同。

混合气体的活化阶段是指混合物从开始接触并发生化学反应起，温度逐渐升高达到开始剧烈反应（着火）之前的一段过程，这一过程可以靠外热源加热到着火点，也可以靠自身化学反应热的积累达到着火温度。实际燃烧室内的燃烧都是靠高温外热源实现着火的。

燃烧阶段是指从着火开始到完成化学反应这一过程，在热风炉这种高温环境中，燃烧阶段一般是极为迅速的。

综上所述，可以认为在热风炉内混合过程是一个主要环节，燃烧过程的速度主要决定于混合阶段的长短。

5-6 燃烧 $1m^3$ 煤气理论上需要多少空气?

答: 煤气中的可燃成分为 CO、H_2 和 CH_4 等，它们燃烧的化学反应方程式为:

$$H_2 + \frac{1}{2}O_2 \longrightarrow H_2O$$

$$CO + \frac{1}{2}O_2 \longrightarrow CO_2$$

$$CH_4 + 2O_2 \longrightarrow CO_2 + 2H_2O$$

$$\vdots$$

每 $1m^3$ 煤气(标态)燃烧需要的理论空气量 $L_0(m^3)$:

$$L_0 = \frac{100}{21} \times \left[\frac{1}{2}\varphi(CO) + \frac{1}{2}\varphi(H_2) + 2\varphi(CH_4) + 3\varphi(C_2H_4) + \right.$$

$$\left. \frac{3}{2}\varphi(H_2S) - \varphi(O_2) \right] \times \frac{1}{100}$$

已知发热量时的近似计算公式:

高炉煤气(m^3/m^3(标态)) $L_0 = \dfrac{0.85Q_{低}}{1000}$

焦炉煤气(m^3/m^3(标态)) $L_0 = \dfrac{1.075Q_{低}}{1000} - 0.25$

天然气(m^3/m^3(标态)) $L_0 = \dfrac{1.105Q_{低}}{1000} - 0.05$

5-7 燃烧 $1m^3$ 煤气理论上生成多少烟气?

答: 燃烧 $1m^3$ 煤气（标态）生成的烟气体积（m^3）:

$$V_0 = \left[\varphi(CO) + 3\varphi(CH_4) + 4\varphi(C_2H_4) + \varphi(CO_2) + \varphi(H_2) + \right.$$
$$\left. 2\varphi(H_2S) + \varphi(N_2) + \varphi(H_2O) \right] \times \frac{1}{100} + 0.79 L_0$$

已知 $1m^3$ 煤气（标态）发热量的近似计算公式：

$$V_0 = L_0 + \Delta V$$

高炉煤气 $\qquad \Delta V = 0.98 - \dfrac{0.13 Q_{低}}{1000}$

焦炉煤气 $\qquad \Delta V = 1.08 - \dfrac{0.1 Q_{低}}{1000}$

天然气 $\qquad \Delta V = 0.38 + \dfrac{0.075 Q_{低}}{1000}$

5-8　如何计算实际的空气需要量和燃烧产物量？

答：在实际情况下，燃料燃烧时都采用一定量的过剩空气，实际的空气需要量和燃烧产物体积分别为：

$$L_n = n L_0$$

式中，L_n 的单位为 m^3/kg-燃料（标态）或 m^3/m^3-燃料（标态）。

$$V_n = V_0 + (n-1) L_0$$

式中，V_n 的单位为 m^3/kg-燃料（标态）或 m^3/m^3-燃料（标态）。

另外，以上的计算都是按干空气计算的，但供给燃烧的空气都含有一定量的水分，因此在计算供风量时应考虑这部分水的体积。

5-9　什么是热风炉的热效率，如何计算热风炉的热效率？

答：热风炉支出的有效热量与热风炉燃烧煤气带入总热量的百分比，称为热风炉的热效率，用符号 η 表示。计算公式：

$\eta = $ [周期风量(热风热容 × 风温 − 冷风热容 ×
　　冷风温度)]/[周期煤气量(煤气热值 + 煤气热容 ×
　　$t_{煤气}$) + 周期助燃风量 × 助燃风比热容 × $t_{风}$] × 100%

即 $\quad \eta = \left[V(c_{2风} t_2 - c_{1风} t_1) \right] / \left[V_煤 Q_{低} + V_煤 ct + \right.$
$$\left. V_空 c_空 t_风 \right] \times 100\%$$

5-10　什么是煤气消耗定额?

答:煤气消耗定额是指冶炼 1t 生铁由热风炉等所消耗的煤气量,单位为 GJ,这一数值是反映热风炉烧炉能耗的重要指标,目前一般来说 1t 生铁为 2.4 ~ 2.8GJ。

第 2 节　燃烧与燃烧计算

5-11　什么是煤气质量?

答:所谓煤气质量就是对煤气的发热值、煤气温度、含水量、含尘量等的合理评价。

5-12　什么是过剩空气系数?

答:在实际生产条件下,为了保证燃料的完全燃烧,一般都要供给比计算出的理论空气需要量多一些的空气。实际供给的空气量与理论需要空气量的比值,称为过剩空气系数或称空气系数,一般用 n 表示。

在烧煤气时,因混合条件不同,n 值也应当不同,一般 $n = 1.05 ~ 1.10$。

5-13　什么是理论燃烧温度?

答:燃料燃烧时,热量的主要来源是燃料的化学热,即燃料的 Q_{DW}。若空气或煤气预热,还包括这部分的物理热 Q_a 和 Q_g。当这些热量全部用来加热燃烧产物,没有其他热损失时,燃烧产物可以达到的温度就是理论燃烧温度。但在高温下由于 CO_2 和 H_2O 有一部分产生热分解,因此,理论燃烧温度比预想的要低一些,理论燃烧温度计算公式为:

$$T_f = \frac{Q_{DW} + Q_g + Q_a}{V_P c_P} \tag{5-1}$$

式中　Q_{DW}——煤气的低发热值，kJ/m^3；

$\quad\quad Q_g$——煤气的物理热，kJ/m^3；

$\quad\quad Q_a$——空气的物理热，kJ/m^3；

$\quad\quad V_P$——燃烧产物体积量，m^3；

$\quad\quad c_P$——燃烧产物的比热容，$kJ/(m^3 \cdot ℃)$。

由于在实际燃烧过程中，燃烧发出的热量有一部分散失于周围环境中，也可能有些燃料并没有完全燃烧，故实际炉子所能达到的温度要比理论燃烧温度低。

5-14　提高 Q_a 和 Q_g 对理论燃烧温度有何影响？

答：根据能量平衡原理，在不借助富化煤气来提高其热值的条件下，欲获得1200℃以上的高风温，预热燃烧介质、提高燃烧介质的温度，进而提高理论燃烧温度是获得高风温的有效方法。

由式（5-1）可知，在 Q_{DW} 一定的情况下，煤气的物理热 Q_g、空气的物理热 Q_a 与理论燃烧温度 T_f 均成正比。因此，把常温下的助燃空气和煤气预热，使 Q_g、Q_a 增加，无疑会提高 T_f。T_f 的高低决定了热风温度的高低。

提高 Q_a 的影响：一般来说，对于热值在 $3700kJ/m^3$ 高炉煤气燃烧时，助燃空气温度提高100℃，约提高理论燃烧温度35℃。若将理论燃烧温度由1350℃提高到1500～1600℃，则需将助燃空气温度预热到700～800℃。表5-2是几种热值的煤气在不同助燃空气温度时的理论燃烧温度 $t_理$。

表5-2　几种热值的煤气在不同助燃空气温度时的理论燃烧温度 $t_理$　　（℃）

助燃空气预热温度/℃	20	100	200	300	400	500	600	700	800
煤气（$Q_{DW}=2931kJ/m^3$）	1185	1208	1237	1266	1296	1326	1357	1389	1421
煤气（$Q_{DW}=3349kJ/m^3$）	1294	1319	1351	1383	1416	1449	1483	1518	1553
煤气（$Q_{DW}=3768kJ/m^3$）	1394	1421	1466	1491	1526	1563	1599	1634	1673

注：高炉湿煤气[$\varphi(H_2O)=5\%$]，空气过剩系数 $n=1.10$。

提高 Q_g 的影响：预热煤气的效果要优于预热助燃空气，这是由于煤气的体积大于助燃空气的体积，即空气与煤气之比小于 1。同样，要使 T_f 提高到 1600℃，将煤气预热到 600℃ 就可以了。每提高 100℃ 煤气温度，理论燃烧温度 T_f 可以提高 48℃。表 5-3 是几种热值的煤气在不同预热温度时的理论燃烧温度 $t_{理}$。

表 5-3　几种热值的煤气在不同预热温度时的理论燃烧温度 $t_{理}$　　（℃）

煤气预热温度/℃	35	100	200	300	400
煤气（$Q_{DW} = 2931\,kJ/m^3$）	1185	1219	1270	1322	1375
煤气（$Q_{DW} = 3349\,kJ/m^3$）	1294	1325	1373	1422	1472
煤气（$Q_{DW} = 3768\,kJ/m^3$）	1394	1424	1469	1515	1562

注：高炉湿煤气[$\varphi(H_2O) = 5\%$]，空气过剩系数 $n = 1.10$。

5-15　助燃空气预热和煤气预热有何不同，它们对理论燃烧温度有何影响？

答： 对于发热值为 $3000\,kJ/m^3$ 的高炉煤气，其温度每升高 1℃，将吸热 $1.4512\,kJ/m^3$，而燃烧该热值的 $1m^3$ 高炉煤气所需要的空气量仅吸热 $0.8306\,kJ/m^3$。在这种情况下，高炉煤气温度升高到 250℃，会使理论燃烧温度升高 130℃，而助燃空气温度升高到 250℃，理论燃烧温度仅升高 73℃。

助燃空气和煤气双预热：助燃空气和煤气两者都预热时，提高理论燃烧温度的效果为两者分别效果之和。当燃烧高炉煤气时，若将空气过剩系数 n 从 1.10 降为 1.05，理论燃烧温度 $t_{理}$ 还将提高约 20℃。

5-16　理论燃烧温度与炉顶温度的关系是怎样的？

答： 由于炉顶、炉墙的散热损失和燃料燃烧的不完全性，实际上，炉顶温度低于理论燃烧温度 70～90℃。燃烧条件好和蓄热能力强的炉子一般为 100～150℃。

5-17　炉顶温度与风温的关系是怎样的？

　　答：热风温度与烧炉时的炉顶温度有关，因此，提高炉顶温度可以提高风温。一般认为热风温度要比炉顶温度低 150 ~ 200℃，而燃烧条件好和蓄热能力强的炉子要低 100 ~ 150℃。

5-18　废气温度与风温的关系是怎样的？

　　答：提高废气温度可以提高热风炉的蓄热量，减少周期风温降落，进而可以提高热风温度。在当前的条件下，当废气温度在400℃以下，提高 100℃ 废气温度，大约可提高 40℃ 风温。

5-19　炉顶温度超出规定如何控制？

　　答：一般说来，高铝砖热风炉的炉顶温度规定小于 1350℃，硅砖热风炉的炉顶温度规定小于 1450℃。因故超出规定，可采用停烧焦炉煤气或减少煤气量或增大空气量的办法来控制，决不可采用增加煤气量的办法来控制。这主要是煤气增加后，煤气不能完全燃烧，从烟道排出，浪费了能源，同时也不安全。

5-20　预热助燃空气和煤气对理论燃烧温度各有何影响？

　　答：预热助燃空气和煤气对理论燃烧温度有以下影响：

　　（1）助燃空气预热温度对理论燃烧温度的影响。表 5-4 列出了几种发热量的煤气，在不同助燃空气预热温度时的理论燃烧温度 $t_理$ 值。

表 5-4　几种发热量不同的煤气在不同助燃空气预热温度下的 $t_理$　　（℃）

助燃空气预热温度/℃	20	100	200	300	400	500	600	700	800
煤气（$Q_{DW} = 3000 kJ/m^3$）	1211	1233	1263	1293	1323	1352	1385	1417	1449
煤气（$Q_{DW} = 3400 kJ/m^3$）	1303	1328	1360	1402	1424	1458	1491	1526	1562
煤气（$Q_{DW} = 3800 kJ/m^3$）	1395	1420	1451	1488	1524	1560	1596	1634	1673

　　注：高炉煤气（$\varphi(H_2O) = 5\%$），$n = 1.10$。

从表 5-4 中可见，助燃空气温度在 800℃ 以内，每升高 100℃，相应 $t_{理}$ 提高 30 ~ 35℃，一般按 33℃ 计算。

（2）煤气预热温度对理论燃烧温度 $t_{理}$ 的影响。表 5-5 列出了几种不同发热量的煤气在不同预热温度下的 $t_{理}$ 值。

表 5-5　几种不同发热量的煤气在不同预热温度下的 $t_{理}$　　（℃）

煤气预热温度/℃	35	100	200	300	400
煤气（$Q_{DW} = 3000\text{kJ/m}^3$）	1211	1243	1293	1344	1398
煤气（$Q_{DW} = 3400\text{kJ/m}^3$）	1303	1333	1381	1429	1479
煤气（$Q_{DW} = 3800\text{kJ/m}^3$）	1395	1422	1467	1514	1561

注：湿高炉煤气（$\varphi(H_2O) = 5\%$），$n = 1.10$。

由表 5-5 中可看出，煤气预热温度每升高 100℃，$t_{理}$ 提高约 50℃。

（3）助燃空气和煤气同时预热对理论燃烧温度的影响。助燃空气和煤气同时都预热，提高理论燃烧温度的效果为两者分别预热效果之和。例如燃烧 $Q_{DW} = 3400\text{kJ/m}^3$ 的煤气，助燃空气预热到 200℃ 时可提高 $t_{理} = 1360 - 1303 = 57℃$；煤气也预热到 200℃，可提高 $t_{理} = 1381 - 1303 = 78℃$。$t_{理}$ 提高的总效果为 57 + 78 = 135℃。

第6章 热风炉操作

第1节 热风炉的烘炉与凉炉

6-1 为什么高炉、热风炉在开炉之前要进行烘炉?

答: 开、停炉是高炉冶炼工艺过程的始终, 是高炉、热风炉生产的重要内容之一, 它不仅关系到炉体寿命、产量、质量及设备利用率, 而且对安全、经济地经营生产也具有十分重要的意义。因此, 应予以足够的重视。

烘炉的主要作用是缓慢地去掉炉衬中的物理水和结晶水, 以增加砌筑砖衬的固结强度, 避免水气逸出过快使砖衬产生爆裂和膨胀而损坏。另外, 缓慢加热炉体, 为生产创造必要条件。新建、大修或长期停止使用的热风炉, 投产之前必须烘炉。烘炉方法和时间, 依其砌体材质而定。

6-2 热风炉烘炉以前应做哪些准备工作?

答: 烘炉以前需做好如下准备工作:

(1) 热风炉的修建和检修工作全部完成, 并达到质量要求。

(2) 热风炉系统各阀门必须进行全部联合, 联锁试车, 各机电设备运转正常。

(3) 热风炉冷却水通水正常, 各保温蒸汽正常通气。

(4) 各仪器、仪表必须正常运转, 保证准确可靠, 特别是炉顶温度表、废气温度表、煤气压力表必须保证好用。

(5) 各热风炉试漏合格, 漏处处理完毕。热风炉地脚螺丝松开。

(6) 一切烘炉设施全部安装完毕。

（7）高炉煤气、焦炉煤气引到热风炉前。

（8）如热风炉烘炉期间，高炉内常有人施工，热风炉与高炉必须做彻底的隔断。

（9）准备工作要求充分、严格、全面。

6-3　什么是烘炉曲线，为什么要制订烘炉曲线？

答： 烘炉时必须遵守的升温速度、保温时间，以时间—温度来表示的图表称为烘炉曲线。烘炉曲线是为了保证烘炉质量，在烘炉过程中有可以遵循的标准而制订的。烘炉时炉温上升速度应符合事先制订的烘炉曲线的规定，做到安全烘炉。当然在烘炉过程中想使炉温上升完全符合理想的烘炉曲线是比较困难的，实际炉温上升总会有波动，但不应偏离烘炉曲线太远，否则可能产生不良后果。

6-4　耐火黏土砖和高铝砖砌筑的热风炉的烘炉曲线有何不同用途？

答： 用耐火黏土砖和高铝砖砌筑的热风炉的烘炉曲线如图 6-1 所示。这种烘炉曲线是比较常用的烘炉曲线，也比较简单。

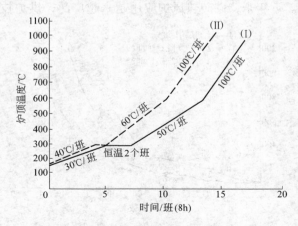

图 6-1　黏土砖、高铝砖热风炉烘炉曲线

大修或新建的热风炉按图 6-1（Ⅰ）烘炉曲线烘炉。先用木柴或焦炉煤气盘烘烤，其炉顶温度不应超过 150℃，以后改用高炉煤气，炉顶温度每 8h 提高 30℃，达到 300℃恒温 16h，以便排除砌体中的水分。以后每 8h 升温 50℃，达到 600℃后，每 8h 提高 100℃。如果炉子比较潮湿，砌体中的水分较多时，可考虑在 600℃再恒温 3～4 个班（24～32h）。总共烘炉时间为 6～7 天。

中修或局部修理的热风炉，烘炉曲线按图 6-1（Ⅱ）进行，烘炉初期炉顶温度不应超过 150℃，以后每 8h 提高 40℃，炉顶温度达到 300℃时，保温 8h，以后改为每 8h 升温 60℃，达到 600℃后，每 8h 提高 100～150℃，烘炉时间一般为 3～4 天。

6-5 硅砖热风炉烘炉曲线有何用途？

答： 鞍钢 6 号高炉热风炉共有三座马琴外燃式热风炉，在结构上炉顶和上部高温区采用了硅砖砌筑。在烘炉过程中试验了两种烘炉方式。2 号和 3 号热风炉采用了加热炉烟气烘炉，实际烘炉时间 3 号炉为 40 天，2 号炉为 34 天，而计划烘炉为 35 天。1 号炉采用高炉热风烘炉，整个烘炉过程需时 25 天。2 号炉和 3 号炉计划和实际烘炉曲线如图 6-2 所示，1 号炉烘炉曲线如图 6-3 所示。近年来，硅砖热风炉应用越来越广泛，烘炉技术不断

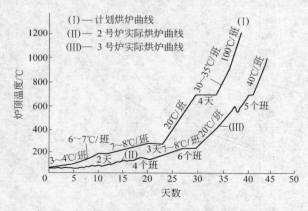

图 6-2　6 号高炉热风炉的 2 号和 3 号硅砖热风炉烘炉曲线

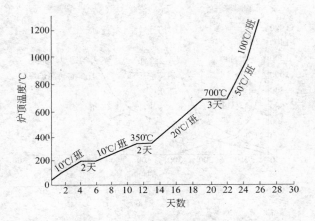

图6-3　1号热风炉计划烘炉曲线

提高，烘炉时间大大缩短，图6-4～图6-6是近年来国内几个硅砖热风炉实际烘炉曲线。

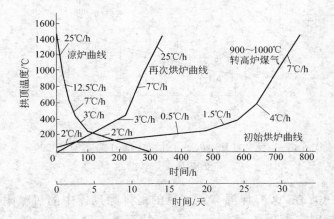

图6-4　卡鲁金顶燃式硅砖热风炉烘炉曲线
（青钢5号高炉（500m³））

硅砖热风炉的烘炉曲线是最复杂的一种。这些恒温阶段的作用如下：

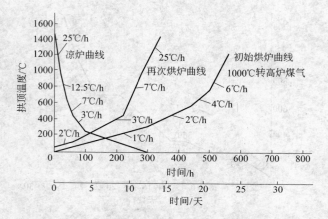

图 6-5　改进后卡鲁金顶燃式硅砖热风炉烘炉曲线

（青钢 6 号高炉（500m³））

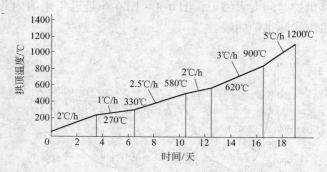

图 6-6　霍戈文（Hoogovens）供鞍钢新 1 号高炉（3200m³）

硅砖热风炉烘炉曲线

（1）在 200℃保温 2 天，目的是排除砌体中的机械附着水分，同时也兼顾了 γ-鳞石英向 β-鳞石英，继而向 α-鳞石英的转化。

（2）在 350℃保温 3 天，有利于继续排除砌体深度上的水分。此外，在这个温度附近砖中可能存在 β-方石英向 α-方石英的转化，它伴随着产生较大的体积膨胀，保温时间长可以减少砌体厚度方向上的温度差，避免砌体损坏。

（3）在700℃保温4天，可以适应砖中可能残存的β-石英向α-石英的转化。同时，可使距离高温面较远的砖中的结晶水析出，以及 SiO_2 完成晶形转化。

由于在小于600℃时，硅砖有较大的体积膨胀率，所以低温阶段升温速度尽可能控制得慢些。高温阶段（700℃以上）可适当加快升温速度。

6 号高炉硅砖热风炉的烘炉是成功的，应注意的是：烘炉时间较长，实际上可缩短时间。缺乏烘硅砖热风炉的经验，三座热风炉烘炉阶段的转换温度波动大，应加以避免。在700℃恒温阶段，由于烟道抽力不足（特别是两座高炉共用一个烟囱的情况），促使燃烧器自动灭火而引起温度波动较大。

6-6　陶瓷燃烧器的烘烤曲线是怎样的?

答：在装有陶瓷燃烧器的热风炉上，在热风炉烘炉以前，必须对陶瓷燃烧器进行单独的烘烤。一般采用焦炉煤气盘烘烤陶瓷燃烧器。煤气盘如图 6-7 所示。这种煤气盘直径的大小，要依据燃烧器和火井的直径而定，一般分 φ800mm、φ600mm、φ400mm、φ200mm、弯头等。

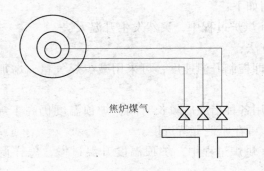

焦炉煤气

图 6-7　烘炉用煤气盘

用 φ38mm 无缝钢管，管壁上钻 φ4mm 孔若干个，放置在陶瓷燃烧器的煤气道中，从陶瓷燃烧器的点火孔插入燃烧室一支镍铬—考铜热电偶测温。

内燃式热风炉（4 号高炉热风炉）陶瓷燃烧器烘烤曲线如图 6-8 所示。烘炉时应特别注意火焰不要直接接触预制块。

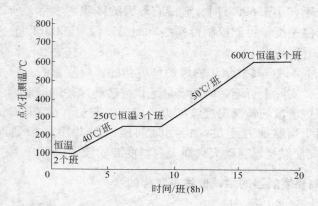

图 6-8　4 号高炉热风炉陶瓷燃烧器烘烤曲线

6-7　烘炉过程中会有哪些异常情况出现，如何处理？

答： 在热风炉烘炉过程中，会有许多异常情况出现，常见情况举例说明如下：

（1）在烘炉过程中，突然发生升温太快。

处理方法：

1）立即控制升温速度，可采用减少煤气量，增加空气量来达到；

2）采用各种措施后较长时间，炉顶温度仍高于规定，不要强制压回，可在原地等待进度。

（2）在烘炉过程中，炉顶温度升温过慢，怎样调节也达不到规定进度。

处理方法：

1）停止一味地强烧；

2）找达不到规定进度的原因，观察煤气量使用情况，检测设备是否准确；

3）待原因查清后，再按烘炉曲线升温。

（3）在烘炉过程中，自动灭火。

处理方法：

1）重新点火；

2）如点不着火要查找原因，分别给予处理。若烟道积水，那么抽净即可；若烟道温度低，无抽力，一般发生在烘炉初期，可启动助燃风机，吹 3~5min，使烟道中的气体流动起来；也可在烘炉以前烘一下烟囱；若是烘炉后期灭火，主要是烟囱高度不够，抽力不足或是两座高炉共用一座烟囱，互相影响所致，可采用强迫燃烧烘炉，若炉顶温度上升得太快，可用间歇烧炉的方式烘炉。温度应大致控制在烘炉曲线要求的范围内。

（4）在烘炉过程中，突然出现煤气中断或助燃风机停转。

处理方法：

1）立即将热风炉的各阀门关闭，只开废风阀保温；

2）故障排除后再恢复烧炉。

6-8　烘炉过程中应注意哪些问题？

答：在烘炉过程中应注意以下问题：

（1）烘炉连续进行，严禁停歇。

（2）烘炉废气温度不大于350℃。

（3）炉顶温度大于900℃，可向高炉送风烘高炉。在烘高炉过程中，是烘热风炉的继续，炉顶温度应逐渐升高，严禁过快。

（4）烘炉时，应定时分析废气含水量。根据水分的情况决定各恒温期的长短。

（5）烘炉时，应严密注视炉壳膨胀情况，避免损坏设备。

（6）开始烘炉时，应采用木柴或焦炉煤气引燃，防止煤气爆炸。

（7）装有陶瓷燃烧器的热风炉烘炉，为保证炉顶温度稳定上升，烘炉初期可采用炉外燃烧的废气进行烘烤或采用煤气盘烧焦炉煤气烘烤。

6-9　什么是试漏，热风炉系统如何试漏？

答：新建或大修的高炉竣工投产前必须对热风炉和高炉主体设备进行的检测称为试漏，即对施工中遗漏的设备缺陷及时消除，确保阀门不漏风、冷却设备不漏水、管道系统不漏气，各种设备性能良好，为安全顺利开炉奠定好基础。

热风炉系统试漏前，要做好如下准备：

（1）试漏前热风炉各阀门必须经过单机试车和联合试车，运转正常。

（2）每座热风炉装一块压力表，监测压力。

（3）试漏前将冷风阀、热风阀及冷风大闸关上，同时关上燃烧阀、烟道阀和废风阀，使每座热风炉处于单体密封状态，即"闷炉"状态。

试漏程序：

（1）热风炉试漏一般都是采用鼓风机拨风的办法，在做好准备之后，将冷风小门打开，逐渐提高冷风压力，使压力达到 0.15~0.2MPa。

（2）当压力达到 0.15MPa 以上时，试漏工作人员用肥皂水刷擦各种阀门、法兰、管道和炉皮焊缝等，将缺陷部位打上记号，待试漏后处理。

（3）每种设备经检查确定缺陷后，打开废风阀，将冷风放掉，即停止试漏，并通知鼓风机室停止拨风。

（4）每座热风炉试漏可单独进行。经试漏后的热风炉具备了烘炉条件，有时也可以在烘炉后进行试漏。

6-10　什么是热风炉的保温？

答：热风炉的保温，是指在高炉停炉或热风炉需要检修时对热风炉进行保温，重点是硅砖热风炉的保温。如何保持硅砖砌体温度不低于 600℃，而废气温度又不高于 400℃，需根据停炉时间的长短与检修的部位和设备，可采用不同的保温方法。鞍钢的经验是：

（1）高炉 6 天以内的休风，热风炉又有较多的检修项目，在休风前将热风炉烧热，将炉顶温度烧到允许的最高值即可。

（2）高炉 10 天以内的休风，热风炉又没有检修项目，在高炉休风前将热风炉送凉，特别是将废气温度压低，保温期间炉顶温度低于 700℃就烧炉，可以保持 10 天废气温度不超过 400℃。

（3）如果是长时间（大于 10 天）的保温，则须采取炉顶温度低于 750℃就烧炉加热；废气温度高于 350℃就送风冷却，热风由热风总管经倒流排放到大气中。为了不使热风窜到高炉影响施工，在倒流休风管和高炉之间的热风管内砌一道挡墙。

当热风炉炉顶温度降到 750℃时，就强制燃烧烧炉，再次烧炉时间为 $0.5 \sim 1.0h$，炉顶温度达到 $1100 \sim 1200℃$。当废气温度达到 350℃就送风冷却。冷风量约为 $100 \sim 300 m^3/min$，风压为 5kPa，冷风由其他高炉调拨或安装通风机。操作程序和热风炉正常工作程序一致，各座热风炉轮流燃烧送风。每个班每座热风炉约换炉一次。这种燃烧加热保持炉顶温度、送风冷却、控制废气温度的做法，称为"燃烧加热、送风冷却"保温法。这种保温方法是硅砖热风炉保温的一项有效措施。不管高炉停炉时间多长，这种方法都是适用的。

6-11　如何实现硅砖热风炉的长周期保温？

答：硅砖在 600℃以下体积稳定性不好，不能反复冷热，因此在高炉较长期休风停止使用硅砖热风炉时，要求保持热风炉硅砖不低于此温度。

鞍钢 6 号高炉中修一个月，对硅砖热风炉采用"燃烧加热/送风冷却"方法，即当炉顶温度低于 750℃就烧炉加热；废气温度高于 350℃就送风冷却，热风由热风总管经倒流排放到大气中。为了不使热风窜到高炉影响施工，在倒流休风管和高炉之间的热风管内砌一道挡墙，做到成功保温。

鞍钢 10 号高炉新旧高炉转换，停炉期间，对硅砖热风炉采用"燃烧加热/送风冷却"方法，保温 138 天，效果非常好。

6-12   什么是热风炉的凉炉？

答：热风炉的凉炉是指热风炉从生产热态降温至常温的操作过程。热风炉的凉炉与烘炉一样，不同的耐火材料和不同的停炉方式，应用不同的凉炉方法。

高铝砖、黏土砖热风炉的凉炉：

（1）高炉正常生产时，热风炉组中有一座热风炉的内部砌体需进行检修时的凉炉，首钢的凉炉经验如下：

1）设 1 号热风炉待修炉，在最后一次送风时，使其炉顶温度降至 1000 ~ 1050℃，然后换炉，换炉后关闭混风阀，利用 1 号热风炉做混风炉，其冷风阀当作风温调节阀，不许全闭。

2）在 1 号炉做混风炉的过程中，其余两座热风炉轮流送风。经过 3 个周期后，将风温降至比正常风温低 200℃（高炉相应减负荷），1 号炉继续做混风炉使用。

3）当 1 号炉顶温度降至 250℃ 时，停止做混风炉，关闭其冷、热风阀，打开废风阀、烟道阀，然后启动助燃风机，继续强制凉炉。

4）拱顶温度由 250℃ 降到 70℃ 后停助燃风机，凉炉完毕。整个凉炉过程约需时 5 ~ 6 天。

（2）热风炉组全部检修的凉炉。该法多用于高炉大修、中修时热风炉的凉炉。鞍钢的凉炉经验如下：

1）在高炉停炉过程中，尽量将热风炉送凉。在高炉允许的情况下尽量降低其炉顶温度和废气温度。

2）用助燃风机强制凉炉，直至废气温度升高到允许的最高值，停助燃风机凉炉。

3）打开炉顶人孔，用其他高炉拨的冷风继续凉炉，或由通风机由箅子下人孔通风代替其他高炉拨风。被加热的冷风由炉顶人孔排入大气中。

4）当热风炉炉顶温度不再下降与高炉冷风温度持平后，再开助燃风机强制凉炉。一直凉到炉顶温度低于 60℃ 为止。这种凉炉方法，需时 8 ~ 9 天。

5）用此法凉炉须注意：在整个凉炉过程中，烟道的废气温度不得高于规定值（350℃），以免将炉箅子、支柱烧坏；用高炉冷风凉炉时，风量不要过大，以免将炉顶人孔烧变形；在用助燃风凉炉时，应注意鼓风马达的电流情况，如过大应关小吸风口的调风板，以免将鼓风马达烧坏。

6-13　硅砖热风炉凉炉技术准备有哪些？

答：根据生产需要硅砖热风炉要进行凉炉操作。因在硅砖内残余石英的晶体转换过程中，其膨胀系数较大，导致硅砖的强度削弱，存在较大风险。热风炉降温不合理，也容易损坏砌体，影响热风炉的使用寿命，因此，对热风炉的降温从曲线的制定及降温速度的控制均要严格要求。

热风炉凉炉准备工作：

（1）三座热风炉及热风管道施工完毕，凉炉期间不允许施工作业。

（2）热风炉系统（包括本体、热风管道）的冷态强度试验及严密性试验完毕，达到设计要求。

（3）热风炉煤气管道严密性试验合格，高炉煤气、焦炉煤气引到热风炉前。水封注满水，达到设计要求具备的生产条件。

（4）冷却系统软水闭路循环投入正常使用，监测装置调试完毕，工作可靠，达到设计要求。

（5）两台助燃风机及燃烧炉小助燃风机达到生产要求。

（6）各计器仪表和指示信号运行正常，特别是拱顶温度、废气温度、助燃空气流量保证准确可靠。炉顶测温电偶测温范围改为 0 ~ 900℃。

（7）热风炉系统各阀门动作灵活可靠、极限正确，微机控制及液压系统必须联动、联锁试车完毕，达到设计要求标准，具备正常生产条件。

（8）双预热装置施工结束，冷态气密性试验、试漏合格并把煤气引到燃烧炉。如果施工未完毕，旁通管施工必须完成，堵盲板将双预热器彻底隔断。

（9）如热风炉凉炉期间，高炉内常有人施工，热风炉与高炉必须做彻底的隔断，即在高炉风口弯头处堵铁板或砌砖，防止烧坏炉顶设备。

（10）通信和照明设施完备。

（11）热风炉系统所有人孔封闭。

（12）热风炉周围及各层平台安全、通畅。

（13）操作人员培训并考试合格后上岗并模拟生产操作 4个班。

（14）准备好凉炉用的各种工具、材料及岗位操作记录和图表等。

（15）编制好烘炉规程，并组织有关人员学习。

准备工作要求充分、严格、全面。

6-14 硅砖热风炉凉炉操作步骤如何？

答： 热风炉本体降温采用三台同时进行。热风炉降温方法，采用三阶段不同工艺流程对热风炉系统进行缓慢降温凉炉。

（1）第一阶段：

热风炉初期采用热风炉助燃风机凉炉，拱顶温度降到900℃，控制废气温度不超过400℃，其工艺流程为：

助燃风机→空气调节阀→空气切断阀→热风炉→烟道阀→烟囱

（2）第二阶段：

热风炉的凉炉中期采用高炉鼓风机作为风源，其工艺流程为：

高炉鼓风机→冷风均压阀→炉算子→空气调节阀→蓄热室格

子砖→热风炉拱顶、燃烧器→热风出口→热风阀→热风总管→倒
流阀→排入大气

（3）第三阶段：

热风炉凉炉后期采用热风炉助燃风机作为风源，其工艺流
程为：

助燃风机→炉箅子→空气调节阀→蓄热室格子砖→热风炉拱
顶、燃烧器→热风出口→热风阀→热风总管→倒流阀→排入大气

6-15　如何考虑硅砖热风炉凉炉时硅砖的体积变化？

答：在热风炉砌体升降温过程中，硅砖的体积变化是考虑的
关键。硅砖是由鳞石英（50%～80%）、方石英（20%～30%）、
石英（5%～10%）以及少量的玻璃相组成。除玻璃相外，上述
三种石英晶体晶型转变时的体积变化不同。

由于硅砖各晶体随温度变化的可逆性，使得硅砖热风炉凉炉
成为可能。高炉热风炉硅砖区域的工作温度在 850～1350℃。硅
砖的主要化学组成为 SiO_2。在不同的温度下以不同的晶型存在。
烧成后硅砖的主要矿物组成是 γ-鳞石英、β-方石英及少量残余
的 β-石英。鳞石英的 α、β、γ 变体间转化温度在 117～163℃，
转化时体积变化在 0.2%～0.28%；方石英的 α、β 变体间转化
温度在 180～270℃，转化时体积变化在 2.8% 左右；石英的 α、
β 变体间转化温度在 573℃，转化时体积变化在 0.82%。由于硅
砖相变时体积变化的特点，因此，硅砖热风炉凉炉应制定严格的
凉炉降温曲线。某厂新 3 号高炉硅砖热风炉降温凉炉计划如表
6-1所示。

表 6-1　某厂新 3 号高炉硅砖热风炉降温凉炉计划

项　目	900～660℃	660～580℃	580～300℃	300～100℃	合　计
降温速度/℃·h⁻¹	3	1	2.5	1	
降温时间/h	80	80	112	200	472 (19.7 天)

6-16 降温凉炉操作注意事项有哪些？

答：（1）凉炉操作前，热风炉不再烧炉，逐渐将炉顶温度降到900℃。

（2）在凉炉期间要严格按凉炉曲线降温，可以用拨风量的大小和高炉放风阀的开度来控制凉炉的总进度；利用各热风炉的冷风阀的开度和倒流阀的开度来调节各座热风炉的降温速度。

（3）在拱顶按规定凉炉曲线不断降温时，要特别注意硅砖与黏土砖（或高铝砖）交界面的温度变化，如果与炉顶温度的差值太大，可适当降低热风炉凉炉速度和增加恒温时间。

（4）拱顶温度控制。根据凉炉曲线控制，如果温度太高，加大空气量。

（5）炉内压力控制。在降温过程中，炉内要保持98Pa（10mm水柱）的微小正压，以防止助燃风机提供的空气以外的空气进入，而导致炉内总的空气流量不易控制。要注意调节烟道阀的开度，还须注意有废气温度检测点的一侧的阀门不能全关，以保证废气温度数据的准确性。

（6）拱顶温度在573℃时，硅砖存在β→α的石英相变和体积膨胀；而在500℃以下时，相变和体积膨胀现象加剧。所以在该阶段要特别注意降温速度，防止温度的剧烈波动而破坏硅砖砌体（控制在±2.0℃以内）。当炉内温度降至200℃以下时，可考虑闷炉自然降温。

6-17 硅砖热风炉凉炉操作有何特点？

答：硅砖热风炉的凉炉。

硅砖具有良好的高温性能和低温（600℃以下）不稳定性。过去，硅砖热风炉一旦投入生产，就不能再降温到600℃以下，否则会因突然收缩，造成硅砖砌体的溃破和倒塌。经国内外大量的试验研究，硅砖热风炉的凉炉，大体上有两种方法。

（1）自然缓炉。

日本福山厂 3 号高炉和小仓厂 1 号高炉的硅砖热风炉,分别用 150 天和 120 天成功地凉下来。

日本小仓 1 号高炉 2 号热风炉是硅砖内燃式热风炉,希望供两代高炉使用,作了以冷却代替保温的试验:400℃以上燃烧冷却,400℃以下自然冷却,凉炉温度曲线如图 6-9 所示,在收缩度较大的温度(500℃)恒温 8 天,500℃以下的晶格变化点降温更缓慢。

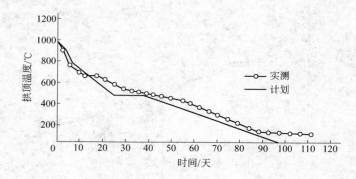

图 6-9 凉炉温度曲线

凉炉中及凉炉完毕调查:隔墙、拱顶、格子砖均完好无损,格孔贯通度良好。认为有再使用的可能,调查结果列入表 6-2。

表 6-2 小仓高炉硅砖热风炉凉炉调查

部 位	调 查 结 果
拱顶砖	1. 龟裂 17 处,长度共约 58m,宽度共约 200mm,认为大概是升温时即已造成; 2. 相对于缓凉开始时,下沉 30 ~ 50mm
格子砖	1. 相对筑炉时,下沉 60mm; 2. 用照明法检测,冷却后格孔贯通率 83%
隔 墙	无龟裂、变形等损伤
阻损变化	阻损有若干增加,但操作时煤气量可充分保证

(2)快速凉炉。

硅砖热风炉用自然缓冷凉炉是成功的，但由于工期的关系，自然缓冷来不及，还要做快速凉炉的尝试。鞍钢 1985 年在 6 号高炉硅砖热风炉上进行了快速凉炉的试验，用 14 天将炉子成功地凉下来。它采用的凉炉曲线如图 6-10 所示，基本上是烘炉曲线的倒置，只是速度加快了些。

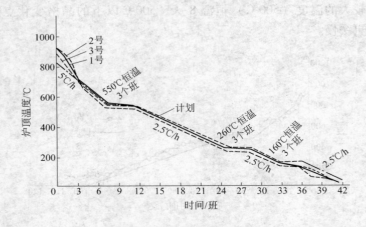

图 6-10　鞍钢 6 号高炉硅砖热风炉凉炉曲线

（3）凉炉操作。

1）在高炉停炉空料线期间，热风炉不再烧炉，逐渐将炉顶温度由 1350℃ 降到 900℃。

2）高炉停炉休风后，采用高炉送风的流程（注意热风阀不开），将其他高炉的冷风拨入热风炉，用陶瓷燃烧器上人孔排放。

3）在凉炉期间要严格按凉炉曲线降温，可以用拨风量的大小和高炉放散阀的开启度来控制凉炉的总进度；利用各热风炉的冷风阀的开启度和排风口人孔盖的开启度来调节各座热风炉的降温速度。

4）在拱顶按规定凉炉曲线不断降温时，要特别注意硅砖与黏土砖（或高铝砖）交界面的温度变化，如果与炉顶温度的差值太大，可适当地降低热风炉凉炉速度和增加恒温时间。

（4）凉炉后对硅砖砌体调查。

1）调查情况如下：3 座热风炉的拱顶、连接管、燃烧室基本完好无损，没发现任何裂纹。唯 3 号炉连接管两人孔处有轻微破损，分析原因是该人孔在生产中曾几次漏风，曾打开人孔盖补砌、捣打耐火材料，突然降温所致。

2）蓄热缩口部分：1 号炉有三条纵向裂纹，北侧一条长 1.6m、宽 8mm；西侧一条长 1.5m，缝宽 9mm；东南侧一条长 1.2m，缝宽 7mm；2 号炉有四条裂纹；3 号炉有两条裂纹，裂纹的长度均在 1.0～2.0m 之间，缝宽 5～10mm，经探测是龟裂，不是穿透性裂纹，推断是凉炉时产生的，再烘烤时还能密合。经有关专家鉴定，3 座热风炉的大墙、拱顶、连接管、缩口、燃烧室全部可以继续使用。这次快速凉炉是非常成功的，它打破了"硅砖热风炉一命货"的论点，说明硅砖热风炉快速凉炉是可行的，预示了"硅砖热风炉跨代使用"的可能性和必然性。

鞍钢 6 号高炉这组硅砖热风炉，从 1976 年投产到目前为高炉服务整整 28 年，现仍在使用，中间换了一次格子砖，可以说是长寿的。

6-18　热风炉的大修和中修是怎样的？

答：热风炉的一代炉龄一般要比高炉炉龄高出一倍，甚至更高，一般在 15 年以上。根据近年来热风炉检修情况来看，无论是热风炉还是高炉破损都比较严重，尤其是热风炉风温低下，特别是随着高炉和热风炉的强化，炉龄均有缩短的趋势。

热风炉的大修：

依据：（1）热风炉燃烧效率降低 25% 以上，严重影响热风炉的风温和风量；（2）热风炉各部位的耐火砖衬、炉箅子、支柱等严重损坏，炉壳裂缝漏风，致使热风炉不能安全进行生产。

范围：更换全部格子砖、燃烧室、拱顶和部分大墙等，若整个大墙不能继续使用时，可结合大修更换全部砖衬。

热风炉的中修：

依据：（1）蓄热室格孔局部渣化、堵塞、拱顶局部损坏，燃烧室烧损严重；（2）热风炉燃烧效率显著降低。

范围：更换蓄热室三分之一左右的格子砖，拱顶和部分大墙与燃烧室等耐火砖。

第2节　热风炉的烧炉操作

6-19　火井过凉，点炉点不着怎么办？

答：热风炉火井过凉时，点炉点不着，可采取以下措施：

（1）转助燃风机，使烟道气流畅通。

（2）点自燃烘炉，然后再强制燃烧。

（3）必要时，在烟道和烟囱根部的人孔处堆放木柴，浇上燃料油或火油并点火，增加烟囱的抽力。

6-20　点炉点不着可能是何原因，如何处理？

答：点炉点不着的原因很多，主要有：

（1）炉顶温度较低，炉子太凉，点炉困难。

（2）煤气、助燃空气配比不当。

（3）老炉子，炉子阻力太大。

（4）烟道积水过多，烟道掉砖，抽力小，燃烧产物不能及时排出。

（5）火井掉砖，封住燃烧口时也点不着炉。

由于种种原因点炉不着，往往采取下列措施：

（1）如果是老炉子，炉子无抽力，可先用助燃风机转几分钟，待炉内有抽力后，再进行点炉。

（2）如果是老炉子，格子砖紊乱，堵塞严重，可强迫点炉，即给点火枪给上煤气，同时启动助燃风机进行点炉（这是危险的，一般情况下不宜采用）。

（3）如果烟道积水过多点不着炉，先将烟道水抽掉，再进行点炉。

（4）如果是火井，烟道掉砖多，堵塞了燃烧口和烟气出口，可组织扒砖，扒完砖后，再实行点炉。

6-21　为什么规程规定，在点炉时必须先给火后给煤气？

答：根据煤气爆炸的条件分析，一是形成爆炸性的混合气体浓度，二是达到着火点。如果先给煤气的话，可能在某一时刻里，煤气与空气形成爆炸性混合气体浓度，假如此时给火，两个条件同时具备，就要发生煤气爆炸。相反，先给火，再给煤气，在没有形成爆炸性混合气体浓度时就可燃烧，避免煤气爆炸。为此，必须先给火，后给煤气。

6-22　什么是"喷炉"，发生"喷炉"有哪些原因？

答：在热风炉燃烧中的回火和小爆震造成的回喷现象，称为喷炉。

引起回火或喷炉的原因很多，主要有：
（1）煤气压力波动或不足；
（2）空气压力不足；
（3）炉子凉，炉顶温度在 700℃ 以下；
（4）炉子抽力小，格孔堵塞严重；
（5）热风炉的烟气不能及时排除；
（6）煤气、助燃空气的配合比不当。
点炉时发生"喷炉"可能引起震动，炉墙掉砖，对热风炉的寿命有影响，有时喷火伤人。

6-23　什么是热风炉的合理燃烧？

答：热风炉的合理燃烧是指在既定的热风炉条件下应保证：
（1）单位时间内燃烧的煤气量适当；
（2）煤气燃烧充分、完全，并且热量损失最小；

（3）可能达到的风温水平最高，并确保热风炉的寿命。

归纳为八个字为：安全、高温、长寿、低耗。

6-24　热风炉的燃烧制度有几种，各有何特点？

答：目前热风炉所采用的燃烧制度大体上可分为三种：

（1）固定煤气量，调节助燃空气量；

（2）固定助燃空气量，调节煤气量；

（3）煤气量和助燃空气量都调节。

它们各自的特点分述如下：

（1）固定煤气量，调节助燃空气量。这种方法是在热风炉整个燃烧期内，始终保持煤气量不变，适当地调节助燃空气量进行燃烧。由于整个燃烧期一直是用最大的煤气量，当炉顶温度达到规定后，用增加助燃空气量的办法，保持这一温度，从而增加热风炉的燃烧强度。由于烟气体积增加，流速增大，有利于对流传热，从而强化了热风炉中、下部的热交换作用。因此，这是一种较好的强化燃烧方法。但是，这种方法仅适用于助燃空气量可调和鼓风机有剩余能力的炉子。

（2）固定助燃空气量，调节煤气量。这种方法是在整个燃烧期内始终固定助燃空气量不变，适当调节煤气量进行燃烧。这种燃烧方法在保温期减少了煤气量，也即减少了烟气量，降低了热风炉的燃烧强度，对热风炉的传热不利。但是，调节比较方便，易于掌握。适用于助燃风机能力不足和助燃空气量不能调节的炉子。

（3）煤气量和助燃空气量都可调节。这种方法是在燃烧初期使用最大的煤气量和适当的助燃空气量配合燃烧，当炉顶温度达到规定后，同时减少煤气量和助燃空气量，以维持炉顶温度。这个方法最大的缺点是难以掌握煤气和空气的配合比，以保持炉顶温度不变。而煤气和空气同时减少，必然造成热风炉的燃烧强度降低，使整个热风炉蓄热量下降。因而，这种方法除了煤气压力波动大的热风炉和用以控制废气温度外，一般很少采用。表

6-3 为各种燃烧制度的特性，各种燃烧制度的示意图见图 6-11。

表 6-3　各种燃烧制度的特性

分　类	固定煤气量, 调节空气量		固定空气量, 调节煤气量		空气量、 煤气量都不固定	
期　别	升温期	蓄热期	升温期	蓄热期	升温期	蓄热期
空气量	适量	增大	不变	不变	适量	减少
煤气量	不变	不变	适量	减少	适量	减少
空气过剩系数	最小	增大	最小	增大	较小	较小
拱顶温度	最高	不变	最高	不变	最高	不变或降低
废气量	增加		稍减少		减少	
热风炉蓄热量	加大, 利于强化		减小, 不利于强化		减小, 不利于强化	
操作难易	较难		易		难	
适用范围	空气量可调		空气量不可调, 或助燃风机容量 不足		空气量、煤气量 均可调, 并可用以 控制废气温度	

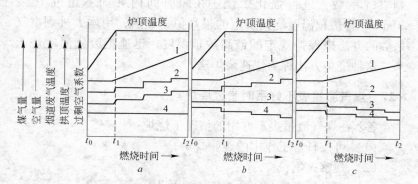

图 6-11　各种燃烧制度的示意图

a—固定煤气量调节空气量; b—固定空气量调节煤气量; c—空气量、煤气量都不固定
1—烟道废气温度; 2—过剩空气系数; 3—空气量; 4—煤气量

6-25　什么是"三勤一快"？

答："三勤一快"是热风炉操作的基本工作方法，它的内容是：在热风炉操作中，勤联系，勤调节，勤检查和快速换炉，称之为"三勤一快"。

具体为：**勤联系**。经常与高炉、燃气调度室、煤气管理室等单位联系高炉炉况，风温使用情况，煤气平衡情况，外界情况的各种变化，做到心中有数。**勤调节**。就是对燃烧的热风炉注意观察炉顶温度和废气温度的变化情况，调整好煤气与空气的配合比，在较短的时间里，把炉顶温度调整到最佳值，然后保温，增加废气温度，科学、合理烧炉。**勤检查**。就是对所属设备运转情况，炉顶、炉皮、三岔口、各阀门及冷却水、风机等各部位进行必要的巡回检查，发现问题，及时处理。**快速换炉**。就是在风压、风温波动不超过规定的前提下，准确、迅速地换炉，以获较长的燃烧时间，提高热风炉效率。

6-26　什么是快速烧炉法？

答：快速烧炉法是在燃烧初期，用最大的煤气量和最小的过剩空气系数，进行强化燃烧。在短时间内（如不超过 15～20min）将炉顶温度烧到规定的最高值，然后，用增大过剩空气系数的办法来保持规定的最高炉顶温度，迅速把废气温度烧上来。这种烧炉方法称为快速烧炉法。

6-27　煤气流量表不好用时怎么烧炉？

答：在煤气流量表不好用的情况下烧炉：

（1）可按日常工作中的经验烧炉；

（2）观察火焰；

（3）看炉顶温度和废气温度上升情况；

（4）看送风高炉风温的高低。

正确地掌握上述情况，可以进行烧炉。

6-28 炉顶温度表、废气温度表同时不好用时怎样烧炉?

答: 炉顶温度表、废气温度表同时不好用, 基本上无法烧炉。如果烧炉也是全凭经验了。一般来说, 可以用时间的长短来掌握烧炉, 也可以根据热风炉内燃烧火焰情况以及以往煤气用量情况等来谨慎地掌握烧炉。

6-29 如何根据火焰来判断燃烧是否正常?

答: 在可以直接观察到火井内火焰情况的热风炉上, 可根据火焰情况来判断燃烧是否正常, 分以下三种情形:

(1) 正常燃烧。所谓正常燃烧, 即煤气和空气的配合比适合。此时, 火焰微蓝而透明, 通过火焰可以清晰可见火井砖墙。炉顶温度上升。

(2) 空气过多。火焰明亮呈天蓝色, 耀目而透明, 火井看得很清楚, 但发暗, 废气温度上升。

(3) 空气不足。火焰混浊而呈红黄色, 个别带有透明的火焰, 火井不清楚, 或全看不见。炉顶温度下降, 且烧不到规定最高值。

6-30 净煤气压力过低时为什么要撤炉?

答: 为了保证整个煤气管网的安全运行, 尤其是管网末端用户煤气压力波动较大, 防止煤气压力过低, 管网产生负压, 吸进空气, 产生爆炸。鞍钢执行的煤气纪律规定: 煤气压力低于 1000Pa (100mmHg) 时, 必须主动撤炉。

6-31 提高废气温度对风温有何影响?

答: 提高废气温度, 可以增加热风炉的蓄热量 (尤其是中、下部), 因此通过增加单位时间燃烧煤气量来适当地提高废气温度, 可以减少周期风温降落, 这是提高风温的一种措施。在废气温度为 200 ~ 400℃的范围内, 废气温度每提高 100℃, 可提高风温约 40℃。但单纯采用这种措施会影响热风炉的热效率，如果与烟道废气余热回收预热助燃空气和煤气配合，则热风炉的热效率不会降低，反而可以提高。

影响废气温度的因素主要有：单位时间消耗的煤气量、燃烧时间、热风炉的加热面积、空气利用系数等。

（1）单位时间消耗的煤气量。单位时间消耗煤气量增加，导致废气温度升高。

（2）燃烧时间的影响。废气温度随着燃烧时间的延长，而近似直线上升。

（3）加热面积。当换炉次数、单位时间燃烧的煤气量都一定时，热风炉加热面积越小，其废气温度越高。

为避免热风炉热效率的降低和烧坏蓄热室下部支撑结构、炉箅子和支柱。废气温度不得超过表 6-4 所列数值。

表 6-4　允许的废气温度范围

支撑结构	大型高炉	中、小高炉
金　属	不超过 350 ~ 400℃	不超过 400 ~ 450℃
砖　柱	无	不超过 450 ~ 500℃

由于热风炉废气余热的成功回收，废气温度高会影响热风炉热效率的问题已不复存在，蓄热室下部的支撑构件炉箅子、支柱的烧损问题，可以选用耐高温的金属材料制作加以解决。将废气温度提高到 500℃ 是可能的。再通过余热回收装置，预热煤气和助燃空气。这样可以一举三得：

（1）能将煤气和空气的预热温度提高到 300℃。

（2）不需要再建什么设备，只要将原有的换热设备的材质稍加改进就可以了。

（3）由于废气温度提高 150℃，又可以提高风温 60℃。

这样只烧低发热量的高炉煤气，就能将风温提高到 1200℃ 以上。因此适当地提高废气温度结合废气余热回收，将成为今后提高风温的重要措施之一。

6-32 废气温度过高或过低时有何害处?

答: 某些厂热风炉的废气温度规定小于350℃, 而有些厂热风炉的废气温度规定高一些, 甚至高达450℃。废气温度过高或过低都不好。

提高废气温度可以提高热风炉的蓄热量, 尤其是提高热风炉蓄热室中、下部的蓄热量。因此, 适当地提高废气温度, 以减少周期风温降低, 是提高风温的一个措施。但是, 一味地靠提高废气温度来提高风温是不经济的, 也是不科学的。这不仅引起热风炉热效率降低煤气消耗增加, 而且还极易造成热风炉下部金属支撑结构件和砖墙被烧损的危险。根据温度测量表明, 燃烧末期炉算子温度比废气温度平均高出130℃左右, 因此, 废气温度不易过高。

废气温度太低, 炉内蓄热量不足, 送风风温降落大, 仪表记录纸上明显地出现大"梅花瓣", 对高炉操作有很大影响。

6-33 合理的废气成分是什么?

答: 在燃烧过程中, 煤气、空气配合比适当(即过剩空气系数适当), 废气成分中有微量的O_2, 无CO。空气过多时, 废气成分中O_2含量增多; 空气不足时, 废气成分中CO含量明显增多。合理的废气成分为:

CO: 全无

O_2: 0.5% ~ 1.0% (烧高炉煤气)

     1.0% ~ 1.5% (烧混合煤气)

CO_2: 23% ~ 25% (烧高炉煤气)

     18% ~ 23% (烧混合煤气)

6-34 热风炉在正常燃烧时发生突然灭火如何处理?

答: 热风炉在正常燃烧时发生突然灭火应采取以下措施:

(1) 关焦炉煤气;

（2）关煤气闸板；

（3）关空气阀；

（4）5min 后，再进行点炉。

6-35 什么是燃烧配比，正常燃烧时煤气与空气的配比是多少？

答：燃烧配比即燃料量与空气量的比例。正常燃烧时，煤气与空气必须有合理的配比。经验表明，$1m^3$ 煤气需要 0.7 ~ 0.91m^3$ 空气。要定期做废气分析指导烧炉。

烧单一高炉煤气时，过剩空气系数应为 1.05 ~ 1.10。

烧混合煤气时，过剩空气系数应为 1.10 ~ 1.15。

第 3 节　热风炉的送风操作

6-36 热风炉的基本送风制度有几种？

答：热风炉的送风制度有多种，但基本送风制度有三种，即：

（1）两烧一送制，适用于具有三座热风炉的高炉，如图 6-12 所示。

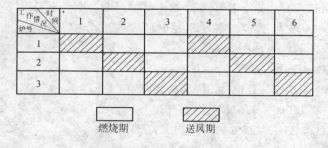

图 6-12　两烧一送制度作业示意图

（2）交叉并联送风（两烧两送制），适用于具有四座热风炉的高炉，见图 6-13。

（3）半并联送风，适用于有三座热风炉的高炉，见图 6-14。

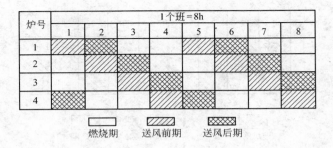

图 6-13　交叉并联送风制度作业示意图

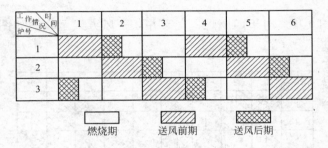

图 6-14　半并联送风制度作业示意图

6-37　什么是交叉并联送风?

答：用送风以后的低温热风炉向正在送风的高温热风炉的高温热风兑入低温热风，减少送风期的风温降，这种两座热风炉交叉并联，周而复始地向高炉送风的方式，称为交叉并联送风。这种送风方式解决了不需要兑入冷风的问题，使高炉获得稳定的高风温。相对来讲，可以提高风温，并延长送风时间。

6-38　三座和四座炉的交叉并联送风如何操作?

答：对于三座炉，作业示意图如图 6-15 所示。这种送风方式一般都不采用，原因在于这样的交叉并联，送风时间长，没有足够的燃烧时间。三座炉一般采用半并联交叉送风方式，其示意

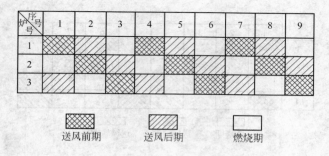

图 6-15　三座热风炉交叉并联作业示意图

图见图 6-16。对于四座炉，交叉并联送风方式示意图如图 6-17
所示。

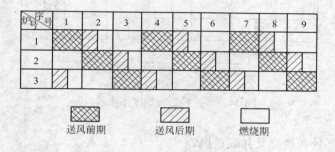

图 6-16　三座热风炉半并联交叉送风示意图

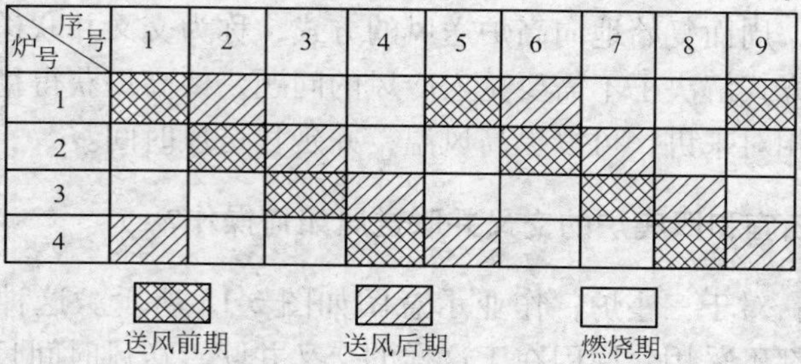

图 6-17　四座热风炉交叉并联送风示意图

并联送风的优点是增加了单位鼓风量的加热面积，可显著提高风温，交叉并联送风时可提高风温 20~40℃，充分发挥了热风炉的供热能力，热风炉热效率得到改善。但由于送风时间延长，热风炉供热多，需要蓄积的热量也多，而燃烧时间相对缩短了，因而要求单位时间内的煤气消耗量增加，对于煤气供应不足、燃烧器能力小的热风炉不宜采用。

6-39 热风炉造成高炉断风有何恶果，如何挽救?

答：一般操作失误的原因是误关了送风炉的热风阀，造成高炉突然断风，使炉料大崩塌，严重者大灌渣。若发生大灌渣，高炉被迫休风处理；若未灌渣，这时热风炉应立即通知高炉放风，热风炉方面开热风阀，视高炉炉况缓慢恢复。

6-40 高炉突然停风的原因如何从仪表上判断?

答：如果是高炉鼓风机突然停风，高炉的冷风压力表、热风压力表、冷风流量表指针全部回零。

如果是热风炉的热风阀或冷风阀突然关闭，热风压力表、冷风流量表指针回零，冷风压力突然升高。

如果是放风阀失灵自动放风，热风压力表、冷风压力表、冷风流量表指针全部降低，但没回零。

6-41 废风阀未关就开冷风小门会带来什么后果?

答：废风阀未关就开冷风小门，冷风会从废风阀跑了，造成高炉风压剧烈波动。这可从灌风风压表达不到指定值和废风管道或烟道的跑风声增大判断出来。当确认实属废风阀未关引起的，应立即关闭冷风小门，停止送风，待废风阀关严后，再开冷风小门送风。

6-42 未灌风就开热风阀会有何后果?

答：热风阀打不开，如用电动的，将发生烧坏热风阀马达事故。

6-43　燃烧闸板未关或未关严就灌风会有何恶果？

答：燃烧闸板未关就开冷风小门灌风，会造成高温热风大量地从燃烧口喷出，将燃烧器（金属燃烧器）烧坏。如果再遇上煤气阀不严，有煤气泄漏，将会造成煤气爆炸，甚至将整个燃烧器鼓风机炸毁。这一误操作可从刚开冷风小门时，燃烧器的漏风声，燃烧口喷出大量热气来判断。此时，应立即开废风阀，并把冷风小门关闭，停止灌风，然后，再将燃烧闸板关严，重新灌风。

6-44　如何处理热风炉工作不一致问题？

答：所谓热风炉工作不一致是指一组热风炉当中某座热风炉风温低，与其他热风炉相比，风温相差 $50 \sim 100℃$ ，也就是通常所说的热风炉"瘸腿"的现象。

（1）征兆：

1）某座热风炉拱顶温度烧不上去，废气温度上升快；

2）为控制废气，煤气量减少；

3）送风时间短；

4）风温较其他热风炉明显偏低，风温波动大。

根本原因是热风炉蓄热室热量下移，缺乏中上部有效蓄热。

（2）处理方法：

风温明显偏低的热风炉送风时间应与其他炉送风时间一致，或有意识地与该炉并联送风，降低废气温度。再次烧炉时可从"低位"起步，延长燃烧时间，用正常煤气量强化燃烧。在保证废气温度上升不快的前提下，不减或少减煤气量，以保证热风炉高温部位蓄足热量。对风温较低的热风炉进行"操作纠偏"。这样"纠偏"数次之后，缓慢地恢复高温烟气对格子砖的有效蓄热和放热的能力，结果是风温提高，波动减小，热风炉温度趋于一致。

强调一点：纠偏过程中，高炉要允许风温波动大，做出适当配合。

（3）案例：

某厂 1 号高炉（450m³）一段时间以来发现 1 号热风炉风温较其他两个热风炉明显偏低，并且送风时间短，风温波动大。

1）现场调查情况：

现场实地查看：1 号热风炉正常燃烧时，高炉煤气量为 17000～18000m³/h。燃烧中后期由于废气温度上升较快，不得不将煤气用量减少到 13000m³/h 以下，甚至到 10000m³/h 左右。

由于风温低，送风波动大。高炉操作人员为防止热风温度波动大，影响高炉顺行，而人为缩短了送风时间，致使与其他炉差别进一步拉大，属于"瘸腿"操作。造成"风温低—送风波动大—早换炉—人为缩短了送风时间—废气温度上升快—减煤气—烧不好—风温低"的"怪圈"或"不良循环"。

2）处理方法：

1 号热风炉送风时间和其他热风炉送风时间一致，或有意识地与 1 号热风炉并联送风，废气温度由目前的 210℃降低到 160～170℃。再次烧炉时可从"低位"起步，延长燃烧时间，用正常煤气量强化燃烧。在保证废气温度变化不快的前提下，不减或少减煤气量，以保证热风炉高温部位蓄足热量。对 1 号热风炉进行"操作纠偏"。这样"纠偏"数次之后，慢慢地恢复高温烟气对格子砖的有效蓄热和放热的能力，结果是风温提高，波动减少，三座炉趋于一致。

这里强调一点：纠偏过程中，高炉要允许风温波动大，做出适当配合。同时，要校核高炉煤气量、助燃空气量及各部电偶，调整燃烧，重点是控制废气温度。在 20min 之内把炉顶温度烧到最佳值，然后摸索"保温规律"，避免"自由式"烧炉。一定最大限度地把高温热量集中在格子砖中上部，预计可提高风温 50℃，进而实现 1150～1200℃风温，为高炉创造更好的条件。

第4节　热风炉的换炉和休风操作

6-45　热风炉换炉操作有哪些技术要求？

答：热风炉换炉的技术要求主要有：

（1）波动小，速度快，不跑风；

（2）风压波动：大高炉小于20kPa，小高炉小于10kPa；

（3）风温波动：四座炉小于30℃，三座炉小于60℃。

6-46　从燃烧转为送风的操作程序是什么？

答：热风炉换炉以前，首先需与高炉、燃气管理部门取得联系，征得同意，方可换炉。

撤燃烧炉顺序：

（1）关焦炉煤气阀，或减小用量；

（2）关小助燃风机拨风板（指集中鼓风的炉子）；

（3）关煤气调节阀；

（4）关煤气闸板（煤Ⅱ阀）；

（5）停助燃风机（集中鼓风的炉子关空气调节阀）；

（6）关燃烧闸板（煤Ⅰ阀）；

（7）开煤气安全放散阀（指集中鼓风和陶瓷燃烧器的炉子）；

（8）关空气阀（指集中鼓风和陶瓷燃烧器的炉子）；

（9）关烟道阀。

停止燃烧后转为送风顺序：

（1）逐渐打开冷风小门，均衡热风炉与冷风管道之间的压力；

（2）炉内灌满风后，全开热风阀；

（3）全开冷风阀；

（4）开冷风大闸，调节风温（根据各高炉情况不同，此项可省略)。

6-47 从送风转为燃烧的操作程序是什么?

答:从送风转为燃烧的操作程序:

(1) 关冷风阀,同时关严冷风小门;

(2) 关热风阀;

(3) 开废风阀,放尽炉内废风,均衡炉内与烟道之间的压力;

(4) 开烟道阀;

(5) 关废风阀;

(6) 开空气阀 (指集中鼓风和陶瓷燃烧器的炉子);

(7) 关煤气安全放散阀 (指集中鼓风和陶瓷燃烧器的炉子);

(8) 开燃烧闸板 (煤 I 阀);

(9) 给火碗,小开煤气调节阀和空气调节阀;

(10) 开煤气闸板 (煤 II 阀);

(11) 煤气点燃后,启动助燃风机(集中鼓风的炉子无此项);

(12) 开大空气调节阀和煤气调节阀,达到适当配合比;

(13) 开大助燃风机拨风板 (指集中鼓风的炉子);

(14) 开焦炉煤气阀,或适当地增大焦炉煤气用量。

6-48 热风炉各阀门的开启原理是什么?

答:热风炉是一个受压容器。因此,要想开启某些阀门时,必须均衡阀门两侧的压力,方能开启。例如,热风阀和冷风阀的开启,是靠冷风小门向炉内逐渐灌风均衡热风炉与冷风管道之间的压力后才开启的。烟道阀和燃烧闸板 (煤 I 阀) 是靠废风阀向烟道内泄压均衡热风炉与烟道之间的压力才开启的。

6-49 换炉时先停助燃风机,后关煤气闸板行吗?

答:换炉时,先停助燃风机,后关煤气闸板 (煤 II 阀),会造成一部分未燃烧的煤气进入热风炉，可能形成爆炸性混合气体，发生小爆炸，损坏炉体。另一部分煤气从助燃风机喷出，易引起操作人员中毒。特别是当煤气闸板因故一时关不上，后果更加严重。因此，一定要严格执行先关煤气闸板，后停助燃风机的规定。

6-50 废风放不净会有什么后果，如何判断？

答：换炉时，送风炉废风未放净就强开烟道阀，由于炉内压力还较大，强开的结果会造成烟道阀钢绳或月牙轮拉断，也会由于负荷过大烧坏马达。

判断废风是否放净的方法：

（1）看冷风压力表的指针是否回零位；

（2）由声音、时间来判断。

只要能证实废风放净，就可避免事故。

6-51 快速灌风好吗？

答：换炉时，快速灌风会引起高炉风量、风压波动太大，对高炉操作有不良影响。一定要按风压波动规定灌风换炉。一般来说，灌风时间在180s都可满足要求。

6-52 什么是"闷炉"，为什么要禁止"闷炉"？

答：所谓"闷炉"就是热风炉的各阀门呈全关状态，既不燃烧，也不送风。

"闷炉"之后，整个热风炉变成一个密闭的整体。在这个封闭的体系内，较高的炉顶部位高温区向较低的温度区下移，进行热量平衡移动，废气温度过高，易烧坏金属支撑件。另外，热风炉封闭之后，压力增大，炉顶、各旋口和炉墙难以承受，易造成炉体结构的破损，故操作中禁止"闷炉"。

6-53 休风时，热风炉不放废风行吗？

答：休风时，热风炉不放废风就是"闷炉"。不放废风，如果热风阀不严密，高炉没有得到真正的休风，这是危险的。因此，休风时热风炉不放废风是不允许的。

6-54 灌满风后不能立即送风有何危害？

答：灌满风后不能立即送风，就属于"闷炉"。"闷炉"是不允许的，故应将废风阀打开，把炉内的废风放净。

6-55 热风炉地下烟道为什么要经常抽水？

答：由于地下烟道的渗透水较多，影响热风炉正常烧炉，主要是积水占据一定通道面积，烟气跑不开，烟囱抽力小，所以要定期用水泵将水排出烟道。

6-56 什么是热风炉的工作周期，如何用图表示热风炉一个工作周期的温度控制曲线？

答：热风炉从开始燃烧到送风结束的全部时间称为热风炉的一个工作周期。热风炉的工作周期由燃烧期、换炉时间和送风期所组成。热风炉一个工作周期的温度控制曲线如图6-18所示。

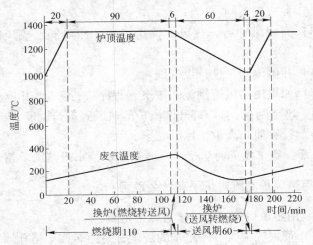

图 6-18 热风炉一个工作周期温度控制曲线

6-57　什么是休风，休风分几种？

答：高炉因故临时中断作业，关上热风阀称为休风。

休风分为短期休风、长期休风和特殊休风三种。

休风时间在 2h 以内的休风，称为短期休风，如更换风、渣口等。

休风时间在 2h 以上的休风，称为长期休风。如在处理和更换炉顶装料设备以及煤气系统时，为防止煤气爆炸事故的发生和缩短休风时间，炉顶需进行燃烧煤气的点火，并处理煤气。

高炉如遇停电、停水、停风等事故时的休风称为特殊休风。特殊休风应紧急果断处理。

6-58　什么是倒流休风，操作程序是什么？

答：倒流休风就是使炉缸内残余煤气由热风管道、热风炉、烟囱或专用的倒流阀、倒流管倒流到大气中去的休风。

倒流休风的操作程序：

（1）高炉风压降低 50% 以下时，热风炉全部停烧。

（2）关冷风大闸。

（3）高炉敲钟后，热风炉关送风炉的冷风阀、热风阀，开废风阀，放尽废风。

（4）开倒流阀，进行煤气倒流。

（5）如果用热风炉倒流，按下列程序进行：1）开倒流炉的烟道阀，燃烧闸板；2）打开倒流炉的热风阀进行倒流。

（6）打钟通知高炉，休风完毕。

注意：集中鼓风的炉子，硅砖热风炉禁止用热风炉倒流。

6-59　用热风炉倒流对炉子有什么危害？

答：用热风炉倒流对炉子有以下危害：

（1）荒煤气中含有一定量的炉尘，易使砖格子格孔堵塞。

（2）倒流的煤气在热风炉内燃烧，初期炉顶温度过高，可能烧坏砖衬，后期煤气又太少，炉顶温度又急剧下降。这样的急热急冷，对热风炉的耐火材料有不利的影响，降低热风炉寿命。

6-60　为什么规程规定"倒流时间不许超过 1 小时"？

答：规程规定"用热风炉倒流的炉子，倒流时间不许超过 1 小时"。主要原因是如果倒流时间过长，会造成炉子大凉，炉顶温度大大下降，影响热风炉正常工作和炉体寿命。

6-61　炉顶温度过低用作倒流炉有何坏处？

答：炉顶温度过低用作倒流炉的坏处：一是可以进一步促使炉顶温度过低，影响倒流后的再燃烧正常工作；二是温度过低，倒流煤气在炉内不燃烧或不完全燃烧，形成爆炸性混合气体，易引起爆炸事故。所以规程规定"倒流炉的炉顶温度应高于 1000℃"。

6-62　为什么倒流炉不得马上送风？

答：由于倒流炉内残余煤气抽不净，送风后引起爆炸。如果必须用其送风时，应在停止倒流数分钟后，待残余煤气抽净后，方能送风。

6-63　倒流休风热风管道温度过高如何处理？

答：产生这种情况大都是由于高炉冷却设备漏水，在炉缸内产生大量水煤气，在热风管道中激烈燃烧的结果，严重者可将热风支管、围管、热风总管的耐火砖衬烧坏。

遇到上述情况首先要严格检查冷却设备漏水情况，如发现漏水，要立即关水或掐死。**应急的措施**是，可以适当地关上一些风口视孔盖，以减少在管道中的燃烧，降低温度，防止耐火砖衬的烧损。

6-64　倒流炉为什么不能点自燃？

答：热风炉的抽力是有限的，由燃烧口带入的空气量也是一定的。**如果倒流过程中点自燃**，空气被点自燃消耗掉，势必造成倒流过来的炉缸煤气在热风炉内不能完全燃烧，这样**极易在烟道和烟囱里引起爆炸事故。**

6-65 倒流休风中，倒流管着火如何处理?

答：产生倒流管着火（有时高炉炉顶放散阀也着火）的原因有两个：一是高炉冷却设备漏水，炉缸煤气中含 H_2 太高而引起的；二是煤气切断阀（重力除尘器上）漏得严重，煤气管网中的煤气倒流过来。

处理方法：如果是冷却设备漏水，要迅速查找和排除。如果是煤气切断阀漏（不严），可重新再关一下。不管什么原因，**如果发现倒流管着火，作为应急措施可改用热风炉倒流或者转为正常休风。**

6-66 倒流炉热风阀未关就复风有何后果?

答：倒流休风后复风，如果忘了先关倒流炉的热风阀就用送风炉送风，高温热风会从倒流炉热风阀进入，将倒流炉燃烧器烧坏。当发现倒流炉燃烧器大量冒烟或喷火时，应立即将送风炉冷风阀、热风阀关闭。确认倒流炉热风阀关严后再送风。

6-67 休风时忘关冷风大闸会出现什么后果?

答：倒流休风时，忘关冷风大闸，如果冷风放不净，可能影响倒流；若冷风放净，会造成高炉煤气倒流进入冷风管道，在冷风管道内形成煤气爆炸条件，引起爆炸事故。

6-68 休风时，不关冷风阀行吗?

答：不行。

（1）如果放风阀严，炉缸的残余煤气可能倒流窜入冷风管道，引起爆炸。

（2）如果放风阀不严，高炉达不到完全的休风，易发生烧伤和煤气中毒事故。

6-69 煤气倒流窜入冷风管道中,如何处理?

答:如果已发生煤气倒流窜入冷风管道中,可迅速打开一座风炉的冷风阀和烟道阀,将煤气抽入烟道,使其排入大气。

6-70 休风时,放风阀失灵,热风炉如何放风?

答:除高炉鼓风机放风外,热风炉做如下处理:

(1) 开送风炉的废风阀放风;

(2) 联系高炉用另一个炉子开冷风小门及废风阀放风来调节风压;

(3) 经高炉同意后打开烟道阀,然后休风。

第 5 节 热风炉的特殊操作

6-71 高炉鼓风机突然停风,热风炉如何处理?

答:高炉鼓风机突然停风,对热风炉应采取以下措施:

(1) 立即关上冷风大闸;

(2) 尽快把热风炉撤光;

(3) 得到高炉指令后关冷风阀和热风阀。

上述操作的目的:

(1) 避免炉缸的残余煤气倒流到冷风管道和鼓风机,产生爆炸事故;

(2) 撤炉是为了维持煤气管网的压力。

6-72 热风炉突然停电如何处理?

答:热风炉突然停电应做如下处理:

(1) 全部停电按鼓风机停风处理;

(2) 若为煤气系统停电:

1）热风炉应迅速停炉；

2）根据燃气厂的要求进行休风、低压，切断煤气。切断阀后的煤气系统用煤气管网的煤气充压。

6-73   什么是电气上的联锁？

答：电气上的联锁一般是指在实际生产中要求控制线路中必不可少的条件，当几个条件都具备，接触器线圈才能通电。

热风炉的联锁一般是上道程序控制下一道程序，上一道程序没完成，下一道程序不能动作。个别的也有上两道程序控制下一道程序。采用联锁控制热风炉操作可以全面实现自动化，可以消除人为的操作错误。

6-74   什么是"非常开关"，"非常开关"在什么情况下使用？

答：所谓非常开关就是不通过联锁的不正常操作开关，具有强制性，又称事故开关，即在事故状态下才能使用。

具体使用非常开关的情况有：

（1）在倒流休风时；

（2）各阀门的接点临时损坏或外部线路发生故障时；

（3）有一马达发生故障时；

（4）挽救事故时。

6-75   燃烧炉助燃风机停了如何查找原因？

答：正在燃烧的助燃风机停了，其原因有：

（1）烟道阀由于振动自动关闭，联锁点没合好（红灯灭了）而停。

（2）由于某种原因，电流过大将开关顶掉（保险丝断），应及时找电气维护人员查明原因，进行处理。

6-76   灌满风后，热风阀打不开可能是什么原因，查找哪些部位？

答：灌满风后，热风阀打不开，就电气来讲是联锁不好，冷风阀的第 5 点没跳开，应将冷风阀再开大些即可（点坏除外）。还有可能是热风阀的本身极限第 1 点没合好。

6-77　送风转燃烧，冷风阀关了，热风阀无反应怎么处理？

答：送风转燃烧，冷风阀关了，热风阀无反应的原因是冷风阀没关好，也就是"关好"的信号没有显示，或者是热风阀本身极限不好，第 1 点没合好。检查冷风阀第 4 点和热风阀第 1 点，进行处理即可。

6-78　点炉时，助燃风机不启动是什么原因？

答：点炉时，助燃风机不启动应检查烟道阀和空气阀是否合好，红灯是否亮，有无假合现象，熔断器是否坏了。

6-79　关完送风炉的冷风阀、热风阀，废风阀打不开，查找哪些部位？

答：关好冷、热风阀，废风阀开不开，就电气而言是热风阀的第 5 点没合好，或者是本身的极限不好，也就是废风阀的第 1 点没合好。

6-80　停、送电时，热风炉操作电源和动力电源的给法是怎样规定的？

答：停电时：先拉操作开关，后拉动力开关。
　　　送电时：先给动力开关，后给操作开关。

第 6 节　使用低热值煤气获得高风温的工艺方法

6-81　什么是烟气和冷风均配技术，如何实现？

答：气流在热风炉内的行为，早已引起人们的注意。20 世纪 70 年代初，苏联与联邦德国分别对此做了模拟试验研究。近年来，我国也做了大量工作，并已着手采取措施改善气流在蓄热室内的分布。

热风炉蓄热室断面上冷风（送风期）与烟气（燃烧期）分布极不均匀，距理想状况相差甚远，对于内燃式热风炉尤为严重。在送风期，冷风以较大的动能从冷风管鼓入炉箅子下部空间，由于惯性力和炉的导向作用，形成复杂的涡流，导致在燃烧室附近一侧进入格孔的气流量偏高，另一侧偏低；在燃烧期，烟气在拱顶空间，回转180°，形成回旋区，导致燃烧室附近一侧进入格孔的气流量偏低，另一侧偏高。可见，烟气流量小的区域，在有限的送风期内，由于烟气带入的热量不足，不能将格砖加热到应有的温度，蓄热量不足，而此区正是冷风流量大的区域，因此，冷风不能被充分加热；而烟气流量大的区域，虽然可将砖加热到很高温度，但在送风期由于冷风流量小，格砖储蓄的热量不能有效地放出，废气温度过高。这两种现象，严重恶化了炉内的热交换，炉子热效率未能充分发挥，影响风温。

另外，由于气流分布不均，使蓄热室横断面上各区域格砖的温度差异很大，导致其温度分布严重不均，并且加剧了格砖骤冷骤热的程度，格砖胀缩不一，加剧了格砖错位、断裂、格孔堵塞等现象，进一步恶化热交换，形成恶性循环，并缩短炉子寿命。

此外，在对热风炉实现自动控制中，计算机模拟炉内传热过程的运算程序，均假定冷风与烟气在蓄热室内的分布是绝对均匀的，这种假设影响了计算机的判断精确程度，对燃烧的自动调节产生误差，这也将影响热风炉的热效率。

20世纪80年代，武汉冶金建筑研究所研制成功"热风炉冷风均匀配气装置"，它是由气流整流器和数个阻流导向板组成。气流整流器安装在冷风入口的内侧，其作用是整流和均匀分流，阻流导向板安装在箅子下空间，通过阻挡和导向破坏涡流，均匀分布气流。这一技术已成功地应用于攀钢3号高炉（见图6-19）和鞍钢9号高炉，收到了良好效果。

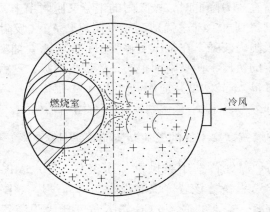

图 6-19 热风炉冷风均匀配气装置示意图
+—炉箅子支柱的配置；⌒(弧面板)—导向阻流板

包头钢铁学院的许多研究人员采用计算机模拟的方法也成功地解析了热风炉气流分布不均的实际状况，并提出了解决问题的方法，并得以应用。

要解决热风炉气流分布不均的问题，有以下方法可以借鉴：

(1) 设计上采用烟气分布较为均匀的外燃式或顶燃式结构形式；

(2) 冷风入口设计成喇叭口，以减少冷风的冲击和惯性；

(3) 有条件的情况下，增加冷风入口的个数；

(4) 增加炉箅子下的净空高度；

(5) 内燃式热风炉的拱顶采用悬链线形结构或采用特殊的烟气再分布的格子砖，改善烟气的均匀分布。

6-82 什么是高炉煤气富化法？

答：高炉煤气富化法是用变压吸附技术脱除高炉煤气中的 CO_2、N_2 和 H_2O，提高 CO 的浓度，增加发热值的方法。

气体吸附分离的原理：在一定温度下，吸附剂对气体混合物中的部分组分在较高压力下选择吸附，较难吸附的组分从吸附塔出口送出。在压力降低时，被吸附的组分又脱附出来，从塔底排出，吸附剂得到再生，这就是变压吸附（PSA）。吸附剂对被吸附的气体吸附力较强，在常压下解吸不完全，需要抽真空使吸附床形成一定的负压，使吸附剂中的气体被迫解吸，这就是负变压吸附（VSA）。本技术就是应用 PSA 和 VSA 工作原理除去高炉煤气中的大部分 CO_2 和 N_2，达到富化 CO 生产高热值煤气的目的。

6-83　高炉煤气富集 CO 的工业装置流程是什么？

答：高炉煤气首选用鼓风机加压至 0.3 ~ 0.5MPa，降温至 40℃进入 PSA 装置，该装置中的吸附剂将高炉煤气中的 H_2O 和 CO_2 吸附分离，余下的 N_2 和 CO 送入负变压吸附装置。负变压吸附装置中的 CO 专用吸附剂将 CO 吸附，然后用真空泵将 CO 和少量 N_2 抽吸出来，这就是产品气——富化高炉煤气。当富化高炉煤气的 CO 含量控制在 50% ~ 80% 时，CO 的收率可达 93% ~ 96%，发热值可超过 6276 ~ 10042kJ/m^3。

负变压吸附装置排放气主要为富氮，氮气压力在 0.25MPa 以上。对于大型装置，这部分能量用余压回收透平回收。

PSA 装置及 VSA 装置都是由多个吸附塔并联组成，交替吸附和再生，使装置连续工作。

在 20 世纪 70 年代初期，我国的化工研究部门开始进行变压吸附气体分离技术的研究。从 1981 年至今，变压吸附技术在化工、冶金、电子、医药和食品等工业得到了迅速的推广和应用。

我国的化工研究部门，为用变压吸附技术富化高炉煤气，已解决了相差系列关键技术，如合理的 PSA 和 VSA 流程；以及能在 CO_2、N_2、CO 混合气中选择性地吸附 CO，在常压或抽真空时，CO 能抽吸出来的专用吸附剂已被研制出来并已应用于工业装置。

6-84　热风炉富氧烧炉新技术是怎样的？

答：热风炉使用高炉煤气（BFG）预热 + 转炉煤气（LDG）+

空气预热技术，能达到 1250℃ 风温，但由于转炉煤气发热值的限制，想进一步提高拱顶和降低废气温度上升速度还比较困难，并且很难达到稳定实现热量调剂要求。同时，由于宝钢氧气较富裕，从经济角度出发，为了进一步降低燃料消耗，开发出了热风炉富氧烧炉技术。

热风炉理论燃烧温度与煤气的低发热值、燃烧用空气和燃烧用煤气带入的物理热成正比，与生成物量和燃烧生成物的平均热容成反比，提高助燃 O_2 含量（富 O_2 量），即降低了燃烧产物体积量 $V_{产}$ 的值，理论燃烧温度上升。除此以外，又由于高温废气中 CO_2 相应增加，提高了拱顶辐射传热的效率，拱顶升温高，拱顶温度能满足目标温度要求，并可以减少 LDG 的使用量，节约了燃料。

实践证明，使用富 O_2 烧炉后，减少了 LDG 的使用量，高热值高富氧煤气使火焰温度升高，拱顶温度得到提高，废气温度升高速度明显减缓。富氧烧炉火焰温度比燃烧 LDG 时提高 15% ~ 20%，使热风炉拱顶温度上升 8% ~10% 左右。富氧操作以比例调节为佳，因为随着转炉煤气 LDG 的下降，BFG 的上升，使用的氧气绝对值也有所下降。使用比例调节可以有效自动跟踪这种变化，减少人工干预，不但有利于燃烧状态的稳定，合理使用氧气，而且也符合宝钢热风炉的计算机控制方式。

热风炉富氧烧炉操作简单，升温速度快，有利于在短时间内送出高风温。热风炉富氧烧炉的实现，使热风炉技术上了一个新台阶。

6-85　什么是高温空气燃烧技术？

答：高温空气燃烧技术（high temperature air combustion，HTAC）是 20 世纪 90 年代开发成功的一项燃料燃烧领域中的新技术。HTAC 包括两项基本技术手段：一是燃烧产物显热最大限度回收（或称极限回收）；二是燃料在低氧气氛下燃烧。燃料在高温下和低氧空气燃烧，燃烧和体系内的热工条件与传统的

（空气为常温或低于600℃以下，含氧不小于21%）燃烧过程有明显区别。这项技术将对世界各国以燃烧为基础的能源转换技术带来变革性的发展。

1999年10月在北京中国科技会堂召开的高温空气燃烧技术（HTAC）研讨会上开始了第一次与世界各地开展此项技术的交流。很快诸如北京神雾、大连北岛能源技术开发公司推出一系列蓄热式热回收技术，应用于工业化生产。其主要特点：（1）可直接使用纯高炉煤气进行工业加热；（2）空气和煤气能同时预热到1200℃，系统排烟温度小于150℃；（3）节约能源70%；（4）增加产量30%；（5）热回收系统和燃烧系统与炉子融为一体；（6）减少环境污染，净化环境。这种新技术已广泛应用于在线加热炉、均热炉、热处理炉和其他工业炉窑，成为国家"九五"重点推广技术。

6-86 高温空气燃烧技术在高炉热风炉有哪些实际应用？

答：热风炉自身预热法和热风炉附加加热换热系统都属于高温空气燃烧技术在高炉热风炉上的应用。

无论热风炉自身预热法，还是附加加热换热系统都是以燃烧介质预热的方法提高燃烧温度达到提高风温为主要特征的。在理论上具有如下几个特点：

（1）破除了低温余热回收传统观念，大幅度地提高燃烧介质预热温度。虽然在系统中增加了一定的能量和投资，但综合分析总能耗和效益的关系，产出远远大于投入。

（2）以利用劣质燃料为基本点，经工艺转化后以低价值的高炉煤气获取高价值的高温热量。将昂贵的高热值煤气供给更急需的部门，达到能源合理配置，创造更大的经济效益和社会效益。

（3）燃烧介质预热后带入的物理热比同样数量的化学热更有用。这是因为燃烧介质预热后烟气温度下降，热效率提高，或者烟气带走的热量与不预热时相同，回收的热量更有价值。

高炉热风炉采用附加加热换热系统和热风炉自身预热新工艺是以低热值煤气获得高风温的重要途径。

6-87　什么是热风炉自身预热法，它有何特点？

答：利用热风炉给高炉送风后的余热来预热助燃空气，以提高理论燃烧温度，达到提高风温的目的，这种工艺流程称为自身预热法。

热风炉自身预热法是 1966 年 7 月在济南铁厂 100m³ 高炉上试验成功，采用"一烧一送一预热"的工作制度，助燃空气能预热到 800 ~ 900℃，进行混风，进入热风炉前可将助燃空气混到 400 ~ 500℃，风温可达到 1100℃ 以上。这种方法具有如下特点：

（1）设备简单。只要将现有的热风炉增加一些管道与阀门，就可以用低热值的高炉煤气烧出 1200℃ 的高风温。

（2）理论新颖。打破传统的蓄热式热风炉热交换的格局。热风炉的自身预热法是给高炉送风后，再送助燃空气，这样就能将蓄热室中部的热量带走，加速了热风炉的热交换，提高了格子砖的利用率。同时，由于助燃空气温度的提高，大大加快了煤气燃烧的反应速度，缩短了达到指定拱顶温度的时间。由于反应速度的加快，有利于在较低过剩空气系数下达到完全燃烧，从而进一步提高理论燃烧温度。

（3）投资少，工作可靠。一般将现有的热风炉增加一套送助燃空气的管道和阀门，使其变成既是高炉的热风炉，又是热风炉自身的预热器。

（4）操作简单。它的操作程序是：先将燃烧炉换为送风，其次是将送风炉换为预热，最后将预热炉转换为燃烧。

对于三座炉：一烧一送一预热。

对于四座炉：两烧一送一预热。

鞍钢 10 号高炉在 1992 年改造大修中，热风炉采用自身预热技术建四座新日铁外燃式热风炉，高温区采用硅砖。用低热值高炉煤气获得1200℃高风温，创出了一条适合我国国情提高风温的新途径。热风炉自身预热技术于2004年推广应用到鞍钢7号高炉四座新日铁外燃式热风炉上。

6-88　如何画图说明自身预热式热风炉蓄热室内热量分布？

答：根据热风炉自身预热的特征，其蓄热室内热量分布见图6-20。

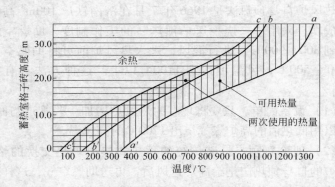

图6-20　自身预热热风炉蓄热室内热量分布示意图

热风炉燃烧期终了时，拱顶温度和废气温度分布为 a 和 a'，经送风期，拱顶和废气温度分别降到 b 和 b'，预热期又继续下降到 c 和 c'。燃烧期需将拱顶温度由 c 升至 a，废气温度由 c' 升至 a'。

6-89　什么是能流图？

答：能流图是表示能量（如热能、电能等）流动状况的图表，它可以是地区性的、工业企业的和某单独设备的。

在达到热平衡以后，根据用能特点便可绘制能流图。绘制能流图以后可根据能流图或热平衡，分析能源利用效率、余热回收情况，进一步提高能源利用效率的可能性以及提出加强能源管理、提高效率、减少污染等方面的措施、办法和计算方案。能流图多用百分数，也有用绝对值的。

6-90 如何画图说明自身预热式热风炉能流图?

答:鞍钢 10 号高炉热风炉采用的自身预热工艺的能流图见图 6-21。

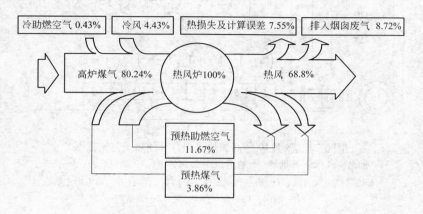

冷助燃空气 0.43%　冷风 4.43%　热损失及计算误差 7.55%　排入烟囱废气 8.72%

高炉煤气 80.24%　热风炉100%　热风 68.8%

预热助燃空气 11.67%

预热煤气 3.86%

图 6-21　自身预热热风炉的能流图

6-91 鞍钢 10 号高炉热风炉采用的自身预热工艺流程图是怎样的?

答:鞍钢炼铁厂于 1992 年利用 10 号高炉改造大修之际,新建四座新日铁外燃式热风炉,采用热风炉自身预热新工艺,其工艺流程图见图 6-22。

两台高压助燃风机(一台工作,一台备用),提供助燃空气。由助燃空气两台调节蝶阀控制助燃预热和混合调温的风量,由热空气出口出来的高温(1000℃左右)助燃空气需经调温室把温度调整到规定的温度,如 500℃ 或 600℃ 等,再供给其他热风炉燃烧用。

6-92 鞍钢 10 号高炉热风炉自身预热的工作制度是什么?

答:鞍钢 10 号高炉(2580m³)四座热风炉采用"两烧一送一

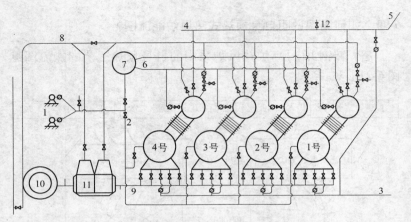

图 6-22   鞍钢 10 号高炉热风炉自身预热工艺流程图

1—助燃风机；2—冷助燃空气管道；3—冷风管道；4—热风总管；5—高炉；
6—热助燃空气管道；7—热空气调温室；8—煤气管道；9—热风炉主烟道；
10—烟囱；11—煤气换热器；12—倒流阀

预热"基本工作制度，一个工作周期温度及控制曲线见图 6-23。
"两烧一送一预热"基本工作制度见图 6-24。也可采用其他辅助
工作制度，如"两烧两送"、"一烧一送一预热一检修"制度等。

6-93   鞍钢 10 号高炉自身预热式热风炉采用哪些关键技术？

答：鞍钢 10 号高炉热风炉采用的自身预热技术主要包括：

（1）热风炉结构形式、座数及工作制度选择；

（2）陶瓷燃烧器的材质、参数选择与工作寿命；

（3）热风炉各部分耐火材料的优化选择问题；

（4）高温气体调控技术和设备运行可靠性；

（5）高温炉壳防止晶间应力腐蚀问题；

（6）工艺布置及系统操作与控制问题。

6-94   热风炉自身预热的预热温度的选择是不是越高越好？

答：炉子的预热过程，不仅是获得较高炉顶温度的一种手

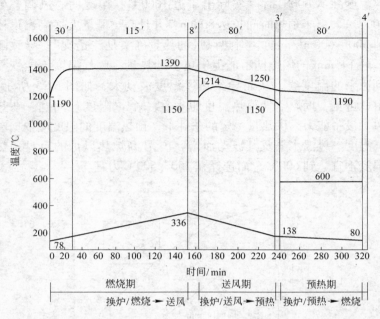

图 6-23 10 号高炉热风炉自身预热一个工作周期温度及控制曲线

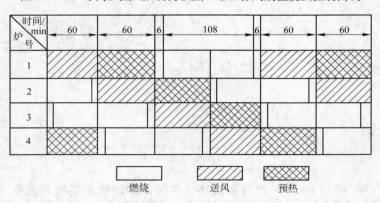

图 6-24 大型高炉热风炉自身预热工作制度

段,而且可以通过预热温度灵活地调节各炉之间的热量分布,消除各热风炉凉热不均的现象。在试验过程中发现,当助燃空气预热温度高达600℃时（实际出口近1000℃，用冷助燃风调整到600℃），由于预热时间长达80min，并且高炉风量大（高出设计值500～600m³/min），对热风炉的热量确实是"透支"，导致随后的145min的燃烧期不能提供更多的热量，废气温度不能恢复到原来的温度线，从而导致热风温度波动大，如图6-25所示。由此可见，助燃空气预热温度也存在一个"限度"问题。在热风炉设备能力、供热量一定的条件下，预热温度的限度应依据废气温度、风温水平及其波动而定。10号高炉热风炉的自身预热限度不宜达到600℃，而选择在450～500℃为宜。

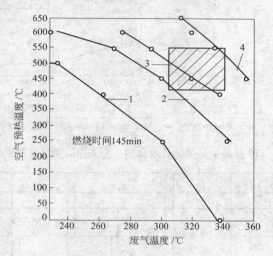

图6-25　预热温度与废气温度的关系

1—煤气量8.0×10⁴m³/h；2—煤气量8.5×10⁴m³/h；
3—煤气量9.0×10⁴m³/h；4—煤气量9.5×10⁴m³/h

6-95　鞍钢10号高炉自身预热式热风炉的陶瓷燃烧器在设计上有何特点？

答：采用自身预热新工艺，助燃烧空气预热到550～600℃，煤气预热到140～150℃，陶瓷燃烧器见图6-26。这样在燃烧器内，外环道界面处必然存在较大的温度差，其温度应力是自身预热风炉的陶瓷燃烧器极易破损的致命因素。经冷态、热态试验研究确定了适合自身预热热工况要求的陶瓷燃烧器的材质、寿命和结构形式。

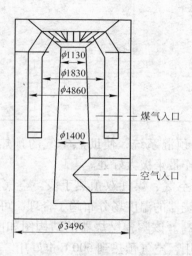

图 6-26　10 号高炉热风炉陶瓷燃烧器

（1）选定了抗热震性能优良的堇青石质耐火材料，为改进结构，采用特异型小块组合砖，见表 6-5，可避免产生大的裂纹。

表 6-5　10 号高炉热风炉陶瓷燃烧器材质

项　目	单　位	指　标
耐火度	℃	≥1750
0.2MPa 荷重软化温度	℃	1380～1400
体积密度	g/cm³	2.15
显孔隙率	%	24～25
常温耐压强度	MPa	40～45

项　目	单　位	指　标
抗热震性（1100℃水冷）	次	>40
1000℃线膨胀率	%	<0.5
$w(Al_2O_3)$	%	50~55
$w(SiO_2)$	%	35~40
$w(Fe_2O_3)$	%	≤1.8
$w(MgO)$	%	5

（2）设置了预混系统，使助燃空气的预热温度随意可调，这样给热风炉操作带来极大好处。

（3）采用了空气、煤气双预热手段，空气走中心，煤气走外环，使陶瓷燃烧器的温度场分布趋于合理，可使陶瓷燃烧器的工作寿命大大提高。该陶瓷燃烧器的结构图如图 6-26 所示，可以保证常温下好用，空气预热到 600℃ 也好用。该燃烧器设置了特殊结构，可消除脉动燃烧现象，具有混合好、升温快、工作稳定等优点。

6-96　什么是热风炉附加加热换热系统？

答：所谓热风炉附加加热换热系统是指在热风炉烟气余热回收中，建一座小型燃烧炉，燃烧部分高炉煤气，将助燃空气和煤气分别经低、高温不同的热交换器，可将空气、煤气预热和调整到所要求的温度，达到提高理论燃烧温度进而提高风温的目的。

6-97　附加加热换热系统的设计原则是什么？

答：附加加热换热系统设计原则如下：

（1）使用劣质煤气（高炉煤气）作为燃料。

（2）预热温度要考虑足够高的风温水平与合理的设备成本相一致。换热器采用普通锅炉钢管而不采用耐热合金钢。

（3）排烟温度要低于换热前温度，提高系统热效率。

（4）布局合理，操作方便。

就附加加热本身而言，似乎增加了一定的能量，但是，这种工艺方法是以利用低热值高炉煤气为基点，最终实现的高价值高温热量才是具有重要意义的。

6-98　鞍钢 11 号高炉热风炉附加加热换热系统如何组成？

答： 鞍钢 11 号高炉热风炉为了提高风温于 1997 年 5 月 10 日投产的附加加热换热系统如图 6-27 所示，这一系统主要由一座卧式筒形燃烧炉，一台大型管式换热器，一台引风机和一些管道、阀门、仪表等设备组成。

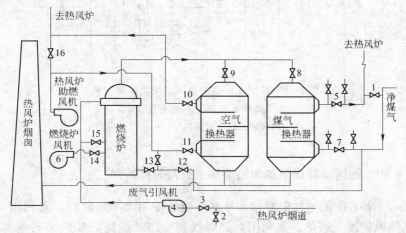

图 6-27　鞍钢 11 号高炉热风炉带有附加
加热装置的换热器平面图

1—煤气总管旁通阀；2—热风炉烟道阀；3—烟气自动调节阀；4—废气引风机；
5—煤气出口阀；6—风机；7—煤气入口阀；8，9—烟气入口阀；10—空气
出口阀；11—空气入口阀；12—燃烧炉煤气调节阀；13—燃烧炉煤气阀；
14—燃烧炉空气阀；5—焦炉煤气总火阀；16—空气总管旁通阀

这是一种新型的高炉热风炉烟气余热回收装置。该系统采用低热值的高炉煤气作燃料，不用焦炉煤气。在1993年进行的工业试验表明，通过附加加热，燃烧炉产生的高温烟气与热风炉烟气相混合达到350℃，进入管式换热器，可以把高炉煤气温度由40~45℃，预热到200~250℃，可提高风温60~80℃，烟气出口温度由原来的平均220℃，降到160~180℃，系统热效率提高4%~6%，节能效果十分明显。

这项技术已推广应用到太钢、青钢、北台、临沂等钢铁厂热风炉上。青钢双预热工艺流程如图6-28所示。

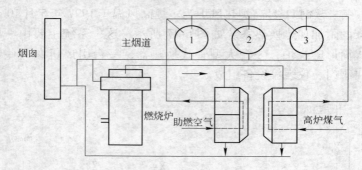

图6-28　青钢3号高炉热风炉采用附加加热
换热系统新工艺流程图
1—1号热风炉；2—2号热风炉；3—3号热风炉

6-99　德国迪林根附加加热换热系统是怎样的？

答： 德国迪林根罗尔5号高炉设计使用大型换热器，既利用热风炉废气预热，也利用高炉煤气和专门的燃烧炉加热换热器，使热风炉的助燃空气和煤气都得到预热，达到了1285℃的高风温。该厂附加加热工艺流程图见图6-29，在该系统中采用两套金属换热器，一座燃烧炉，利用循环的废气可将助燃空气预热到500℃，同时把煤气预热到250℃。表6-6是该热风炉在4种情况下的预热结果比较。

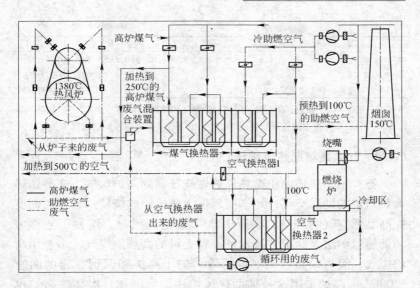

图 6-29　德国迪林根罗尔 5 号高炉热风炉采用的热量回收和预热系统

表 6-6　热风炉预热结果

设 计 工 况	工况 1	工况 2	工况 3	工况 4
热风炉座数/座	3	3	3	3
每座热风炉加热面积/m²	72000	72000	72000	72000
热交换器形式		气-气	气-气	气-气
换热器总换热面积/m²		6231	7640	4703
高炉风量/m³·h⁻¹	290000	290000	290000	290000
风温/℃	1285	1285	1285	1285
冷风温度/℃	200	200	200	200
拱顶温度/℃	1450	1384	1384	1384
煤气发热值/kJ·m⁻³	5489	3802	3000	4005
热风炉平均烟气温度/℃	278	325	325	325
烟囱平均烟气温度/℃	278	157	174	198
空气预热温度/℃	15	96	500	15
煤气预热温度/℃	25	251	260	251
混合干煤气总量/m³·h⁻¹	107267	145337	190230	141617
高炉煤气化学热/GJ·h⁻¹	267.335	411.964	570.690	395.515
焦炉煤气化学热/GJ·h⁻¹	321.453	140.622		171.600
总化学热/GJ·h⁻¹	588.788	552.586	570.690	567.115

续表 6-6

设 计 工 况	工况 1	工况 2	工况 3	工况 4
热风炉热效率/%	82.950	88.350	85.550	86.090
节能/GJ·h^{-1}		36.202	18.098	21.673
高炉煤气置换出的焦炉煤气量/GJ·h^{-1}		180.831	321.000	149.853

注：工况 1；无预热；工况 2；用热风炉烟气预热煤气和空气；工况 3；用热风炉
烟气和附加加热装置预热煤气和空气；工况 4；用热风炉烟气仅预热煤气。

6-100　什么是辅助热风炉法？

答：用两座辅助小型热风炉燃烧过剩的高炉煤气，交替预热大热风炉的助燃空气，经调温后供大热风炉燃烧使用，可大幅度提高助燃空气物理热，实现 1200℃ 以上高风温，这种工艺称为辅助热风炉法。此工艺技术可节省大量的高热值煤气，多利用高炉煤气，经济效益显著。承德等厂的小高炉和鞍钢新建的两座 3200m^3 大高炉采用这种辅助热风炉法。德国和日本某些高炉也曾用蓄热式热风炉来预热助燃空气。蓄热式热风炉来预热助燃空气流程图见图 6-30。

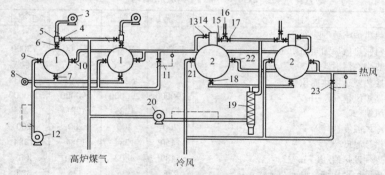

图 6-30　蓄热式热风炉预热助燃空气流程图

1—预热热风炉；2—高风温热风炉；3—预热热风炉助燃风机；4—煤气切断阀；
5—金属燃烧器；6—燃烧器切断阀；7—烟道阀；8—烟囱；9—助燃冷空气阀；
10—助燃热空气阀；11—助燃空气混风阀；12—高风温热风炉助燃风机；
13—助燃空气燃烧器；14—陶瓷燃烧器；15—煤气燃烧器；16—放散阀；
17—煤气切断阀；18—烟道阀；19—煤气热交换器；20—煤气加压机；
21—冷风阀；22—热风阀；23—混风阀

第 7 节 热风炉设备维护

6-101 热风阀破损的主要原因是什么?

答：热风阀烧坏的主要原因是断水。造成断水的原因很多，有时是由于冷却水水压变化，有时是由于进、出水管结垢后堵塞所致。另一个原因是热风阀阀板、阀圈内部结垢和沉积物堵塞，造成局部过热，产生变形和裂纹，使其寿命下降，甚至将热风阀烧坏。

6-102 热风阀停水怎么办?

答：热风阀停水应采取以下措施：

（1）若为燃烧炉，停止燃烧，改小送风；若为送风炉，关小冷风阀，也改为小送风，即热风阀全打开。

（2）迅速找配管维护人员进行处理。

6-103 热风阀漏水对炉子有何坏处?

答：热风阀漏水对炉子有以下坏处：

（1）引起燃烧室下部和陶瓷燃烧器的耐火砌体的溃破和里、外短管旋砖破损。

（2）引起热风温度降低。

（3）热风阀漏水，燃烧室下部温度太低，常引起点炉爆振。

（4）该炉给高炉送风时，湿分太高，引起高炉炉况波动。

发现热风炉热风阀大量漏水时，要立即休风更换。如果没有备品，可在短时间内改用通蒸汽维持，但这只是一个临时措施。

6-104 燃烧炉内圈停水怎么办?

答：燃烧炉内圈一旦出现停水，应停止燃烧，把烟道阀打开。

6-105 送风炉内圈停水怎么办?

答:送风炉内圈停水应停止送风,把烟道阀打开。

6-106 热风炉的水压是如何确定的?

答:热风炉的水压必须大于热风阀水平冷却点压力(该点水压要大于热风压力),再加上 0.05MPa 的安全系数。

6-107 生产中助燃风机如何试车?

答:生产中助燃风机的试车步骤:

(1)试车前应检查电动机对轮及鼓风机是否有刮蹭或不灵活,如有应处理后再进行试车。

(2)鼓风机在试车前要试好正反转,以防反转,抽出煤气或热风。

(3)带负荷试车,按正常程序点炉,如没问题就转入正常燃烧。

6-108 如何保证检修鼓风机人员的安全?

答:在检修热风炉鼓风机时,应将炉子改成自燃,以免发生煤气中毒。自燃时不准泄漏煤气和火焰喷出,以防烧人。同时,要特别注意有人监护,也可以将煤气闸板关上,封上水封后再检修。

6-109 有人进入火井、烟道扒砖或检修,热风炉换炉、高炉放风或休风时为什么要通知他们出来?

答:火井、烟道扒砖或检修时,一定要封好水封,酌情打开废风阀烟道阀,排出热气体。为防止别的热风炉窜过来的热风和煤气,在高炉休风、放风时,应通知他们出来,以防发生意外。

6-110 内燃式热风炉火井掉砖的主要原因是什么?

答:内燃式热风炉火井掉砖的主要原因有:

（1）温差的影响。

内燃式热风炉存在着先天固有的缺陷，这就是燃烧室与蓄热室同置于一个炉壳内，中间以隔墙将两室分开。燃烧室内上下温度趋于一致，而蓄热室上下温度相差 1000℃，自上而下在同一横断面上隔墙两侧都存在着温差。这种温差上部较小，下部最大。它不仅与燃烧室高度有关，而且也随热风炉的工作周期变化而变化。热风炉炉顶温度愈高，温差愈大。这种温差是引起隔墙砌体不均匀膨胀和收缩的主要原因。久而久之，隔墙上的砖被破坏而形成破坏口和裂缝，从而导致大量掉砖。

通常燃烧室掉砖最严重的部位是热风出口对面的隔墙。该处不但垂直于隔墙温差大，而且处于燃烧带高温区，热风阀漏风或漏水对该处都有影响。更换热风阀时，敞开时间长，抽进冷风影响更大。

另外燃烧口对面的保护墙因温差较大，故掉砖也较严重，加上点炉不慎出现的小爆振，损坏就更甚。

（2）燃烧室结构稳定性的影响。

导致燃烧室隔墙、保护墙掉砖的另一个原因是燃烧室形状和砌筑稳定性。条件相同的情况下，眼睛形燃烧室掉砖最严重；苹果形次之；结构稳定性最好的圆形燃烧室掉砖较少。

（3）其他因素的影响。

除了上述原因外，还有其他一些因素影响，如操作制度不合理，燃烧器振动或喷炉，热风阀漏水或漏风，用热风炉倒流，所选择的耐火材料不合理以及砌筑质量不佳等，都能加速热风炉火井掉砖。

6-111　为什么热风炉的燃烧碹和烟道碹等容易损坏？

答：以烟道碹为主分析其损坏原因。

各热风炉烟道碹掉砖的一般规律是，首先水平直径两端的砖被压断，而后挤出。当水平直径两端砖被压断后，烟道碹变形，上碹下沉，呈抽签状脱落。其原因如下：

（1）烟道碹结构不合理。

根据力学分析，烟道碹受力情况如下：

烟道碹承受上方部分大墙的压力。大墙对碹的压力是以一定角度向下传递的，这个角度称为压力角，角度大小取决于大墙砖的尺寸和砌筑方法。砖的尺寸愈大（如预制块），压力角愈小，碹承受的压力愈大。碹的直径愈大，碹所承受的压力也越大。

热膨胀力的作用。砖在受热膨胀时，对碹产生压力。上环碹所承受的各种压力都将传到水平直径两端。同时水平直径两端还承受弯矩作用，无疑直径越大，弯矩越大。因此，直径大的烟道碹易掉砖，掉砖一般首先发生在水平直径两端。因此，烟道碹结构和它承受的压力不适应是导致掉砖的主要原因。

（2）耐火砖材质和砌筑质量都对烟道碹掉砖有很大影响。

（3）废气温度的影响。

废气温度越高，对碹产生的热膨胀力越大，废气温度高，温度波动大，耐火砖内不均匀膨胀和收缩所造成的热应力越大。所以，废气温度越高，烟道碹越容易掉砖。

（4）外力的影响。

废风管道接入主烟道内，放废风时，高温高压，冲击力大，致使烟道碹砖松动，甚至脱落。

6-112　什么是火井短路，其现象和后果是什么？

答： 由于热风炉燃烧室沿隔墙高度方向上存在着较大的温差，造成火井掉砖、裂缝，出现孔洞。燃烧的高温烟气的一部分，不经过拱顶和上部格子砖，而从孔洞这个短路进入蓄热室，这种高温烟气走近道现象称为火井短路。

燃烧室和蓄热室"短路"后，燃烧期出现炉顶温度不上升，废气温度上升得太快，送风期风温上不来。发生火井短路后，如不及时处理，将会烧坏炉算子和支柱，进而毁坏整个热风炉。

6-113　烟道碴倒塌后，热风炉操作时会出现什么现象？

答：热风炉烟道碴倒塌后，热风炉操作普遍出现以下几种现象：

（1）燃烧率显著下降。烟道碴倒塌后，掉下来的砖堵住了烟道口，使气体阻力大大增加，因而燃烧率下降。若不及时减少煤气量，必然产生喷炉及助燃风机振动现象。

（2）炉顶温度降低。

（3）风温降低。

（4）废气温度下降。

（5）放废风时有砖末子吹出废风管外。

6-114　格子砖下塌和堵塞的原因是什么？

答：由于燃烧室隔墙大量掉砖后，未及时检修，造成格子砖由破坏口淌下，上部格子砖塌陷。如果隔墙的破坏口靠近炉箅子，则造成炉箅子烧坏，使上部格子砖失去支撑而淌下或被挤碎。由于烟道碴的塌落没有及时检修，也会造成大量格子砖塌下。

由于破碎的格子砖粉末以及煤气里的炉尘大量地堆集在格子砖表面，在燃烧室对面大墙附近的格子砖表面堆集最多，致使格孔堵塞。

格子砖的紊乱和高温下格子砖的软化变形也是格孔堵塞的重要原因。

6-115　处理塌落的火井掉砖要注意哪些问题？

答：由于某种原因，火井砖塌落，堵塞燃烧口，必须进行处理，处理过程中要注意以下几个问题：

（1）扒火井砖是一项非常危险的作业，要注意人身安全。

（2）对于新炉子或偶尔掉几块砖的炉子，可卸下托板（或打开人孔）进入炉内扒砖；如果是老炉子，掉砖频繁或火井有更大的塌落危险，必须将燃烧闸板卸下后扒砖。

（3）为了防止煤气中毒，扒火井前要封好水封。水封一定要有进水和排水，水封的高度要大于1.5m。水封要设专人看管。

（4）电压要小于36V，接好低压照明灯。

（5）扒火井时烟道阀要保持开启状态，严防烟道阀自动关闭，冒热气伤人。

（6）扒火井的炉子电气开关要拉下，并挂上"有人作业"的安全标志牌。

（7）扒砖人员的头部不得伸入火井内，以防掉砖伤人。

（8）热风炉换炉，高炉放风（指放风管插入烟道的炉子）要通知扒砖人员出来。

（9）进炉内扒砖人员，要勤换，每人一次在炉内时间不得超过10min。

（10）如有异常，应立即停止扒砖。

第 7 章　煤气知识与安全操作

第 1 节　煤气的性质和用途

7-1　高炉煤气是如何产生的，其性质和用途是什么？

　　答：高炉煤气是高炉炼铁过程中所产生的一种副产品。

　　焦炭和喷吹物在风口前燃烧，是在有过剩碳素和高温下按下列反应进行的：

$$C + O_2 = CO_2$$
$$CO_2 + C = 2CO$$

　　生成了由 CO、N_2 和少量 H_2 组成的煤气，称为炉缸煤气。而炉缸煤气在向炉顶上升的过程中，一部分 CO 被氧化物氧化而变成 CO_2。所以，最终出炉的煤气由 CO、CO_2、N_2 和少量的 H_2 组成，称为高炉煤气。

　　一般煤气成分为：25% ~ 31% CO，2% ~ 3% H_2，0.3% ~ 0.5% CH_4，9% ~ 16% CO_2，55% ~ 58% N_2。其发热值约 2800 ~ 3600kJ/m^3，理论燃烧温度约为 1300 ~ 1400℃。这种煤气的质量较差，但产量很大，每生产 1t 生铁大约可得到大约 1700m^3 高炉煤气，即高炉燃料的热量约有 60% 转移到了高炉煤气中。因此，充分有效地利用这一煤气对节约能源有重要意义。在冶金工厂中，单独采用高炉煤气作为燃料的煤气用户主要有高炉热风炉、化工的炼焦炉、发电厂的锅炉等。在使用高炉煤气时，为了提高其燃烧温度，一般与高热值煤气混合使用，有时也把空气和煤气都预热到较高的温度以达到需要的燃烧温度。

　　高炉煤气含有大量的 CO，在使用时应特别注意，防止煤气中毒。另外，高炉煤气还易燃、易爆，因此，在使用时，应充分予以注意。

各种煤气的成分和主要性质列于表 7-1 和表 7-2。

表 7-1　各种煤气的主要成分　　　　　　　　　（%）

成分 名称	符号	高炉煤气	焦炉煤气	转炉煤气	发生炉煤气	天然气
甲烷	CH_4		20 ~ 23		3 ~ 6	95 以上
碳氢化合物	C_nH_m		2		≤0.5	
氢气	H_2	1.5 ~ 1.8	58 ~ 60		9 ~ 10	
一氧化碳	CO	27 ~ 30	7	60 ~ 70	26 ~ 31	
二氧化碳	CO_2	8 ~ 12	3 ~ 3.5		1.5 ~ 3	
氮气	N_2	55 ~ 57	7 ~ 8		55	

表 7-2　各种煤气的主要性质

性质	高炉煤气	焦炉煤气	转炉煤气	发生炉煤气	天然气
发热量/kJ	3558.8 ~ 3977.5	16328.5 ~ 18422.9	7536.2 ~ 9211	5861.5 ~ 7117.6	35587.8 ~ 37681.2
重度(标态) /kg·m⁻³	1.295	0.45 ~ 0.55	1.368	1.08 ~ 1.125	0.7 ~ 0.8
燃点温度/℃	700	650	650 ~ 700	700	550
爆炸范围 (体积分数)/%	40 ~ 70	6 ~ 30	20.3 ~ 71.5	40 ~ 70	5 ~ 15
燃烧温度 (理论温度)/℃	1400	1880		1750	1980
理论空气量 /m³·m⁻³	0.83 ~ 0.85	3.6 ~ 4.0			9.0 ~ 9.5
特性	无色、无味、有剧毒、易燃、易爆	无色、有臭味、有毒性、易燃、易爆	无色、无味、有剧毒、易燃、易爆	有色、有臭味、有剧毒、易燃、易爆	无色、有蒜臭味、有窒息性麻醉性、极易燃、易爆

7-2　焦炉煤气是如何产生的，其性质和用途是什么？

答：焦炉煤气是炼焦生产的一种副产品。

焦炉炼焦时首先将煤破碎后按照一定比例装入炉内，在隔绝空气的情况下进行高温干馏。高炉煤气主要用作燃料，有时也加入少量焦炉煤气。在炭化室内煤料是受到两侧燃烧室的加热，煤料受热逐渐分解，挥发物逐渐析出。炼焦过程中所产生的煤气称为荒煤气。荒煤气中含有大量各种化学产品，如氨、焦油、萘、粗苯等。经过净化，分离出净煤气，即焦炉煤气。

1t 煤在炼焦过程中可以得到 730 ~ 780kg 焦炭和 300 ~ 350m³（标态）焦炉煤气。焦炉煤气的发热值约为 16300 ~ 18400kJ/m³（标态），是一种高发热值的优质燃料。其成分大致为：55% ~ 60% H_2，24% ~ 28% CH_4，2% ~ 4% C_nH_m，6% ~ 8% CO，2% ~ 4% CO_2，4% ~ 7% N_2，0.4% ~ 0.8% O_2。

在冶金工厂里多与高炉煤气配成发热值为 5000 ~ 10000kJ/m³（标态）的混合煤气供给各种冶金炉使用。焦炉煤气也适于民用燃烧或作为化工原料。焦炉煤气的成分及性质见表 7-1 和表 7-2。

7-3　天然气的性质和用途是什么？

答：天然气是一种发热量很高的优质燃料。它的主要可燃成分是甲烷（CH_4），其含量达 90% 以上。发热值约为 36000 ~ 39000kJ/m³（标态）。天然气的理论燃烧温度可高达 2000℃。

从气井喷出的天然气具有很高的压力，有的高达 100 个大气压以上并含有大量矿物杂质和水分，必须经过净化之后再送往用户。

天然气中的碳氢化合物含量高，它不能在预热器内进行预热，因为碳氢化合物在高温下裂化会产生炭黑而堵塞通路。

天然气除作工业燃料外，也是一种宝贵的化工原料，用于制造化肥或化纤产品。

7-4 煤气为什么能使人中毒？

答：冶金工厂所使用的大部分煤气都含有一氧化碳（CO），而煤气能使人中毒的根本原因，正是一氧化碳被吸入人体内，使血液失去携氧能力。

一氧化碳的重度为 $1.25kg/m^3$（标态），与空气差不多，一旦煤气泄漏，扩散到空气中去，一氧化碳就能在空气中长时间均匀混合并随空气流动，增加了与人体接触的机会；而一氧化碳又是无色、无味的气体，人体感觉器官很难发觉其存在，就更易使人失去警惕性。

另外，一氧化碳同血液中的血红素的亲和力比氧同血红素的亲和力大 300 倍，就是说，当一氧化碳与氧气同时被吸入肺部，全部或大部分一氧化碳就非常容易地同血红素结合生成碳氧血红素，而氧气则很少或完全不能同血红素结合。反之，一氧化碳从血液中离解出来的速度又较氧气慢 3600 倍，也就是说，一氧化碳又很难从血液中离解，这样就使血液中毒，失去了带氧能力，人体基础细胞缺氧，这就发生了煤气中毒现象。

人体吸入的一氧化碳越多，缺氧就越严重，煤气中毒的程度就越重。这时虽然脉搏还在搏动，血液还在循环，却起不到人体新陈代谢和维持生命的作用，一旦神经失去活动能力，使心脏失去支配和调节作用，心脏就停止了跳动。尤其是指挥人体的大脑皮层细胞，对缺氧的敏感性最高，只要八秒钟得不到氧，就要失去活动能力。

以上就是煤气中毒的道理。

7-5 哪些煤气的毒性大，为什么？

答：煤气毒性的大小，取决于煤气中一氧化碳的含量。一氧化碳的含量越高，煤气的毒性也就越大。在冶金工厂中，所用的转炉煤气、发生炉煤气、高炉煤气的毒性都很强，因为转炉煤气中含有 60% ~70% 的 CO，发生炉煤气中含有 26% ~31% 的 CO，而高炉煤气含有 27% ~30% 的 CO，可见这几种煤气中一氧化碳的含量都是比较高的。高炉炉缸煤气的毒性比炉顶煤气的毒性大。焦炉煤气的毒性较小，但有窒息性。

第 2 节　煤气安全使用知识及事故预防

7-6　空气中一氧化碳允许的安全浓度是多少?

答：我国劳动卫生标准规定：在作业环境中一氧化碳允许浓度不超过 $30mg/m^3$。在这个浓度下连续作业 8h 对人体没有什么反应。

7-7　空气中一氧化碳超过卫生标准，经多长时间会使人中毒?

答：凡在一氧化碳浓度超过劳动卫生标准的环境下连续作业时，应遵守以下规定：

（1）一氧化碳浓度为 $50mg/m^3$ 时，连续工作时间不应超过 1h；

（2）一氧化碳浓度为 $100mg/m^3$ 时，连续工作时间不应超过半小时；

（3）一氧化碳浓度为 $200mg/m^3$ 时，连续工作时间不应超过 15 ~20min；

（4）每次工作的间隔时间不应少于 2h。

作业环境中一氧化碳浓度与人体反应情况见表 7-3。

7-8　煤气中毒后，人体有哪些症状?

答：煤气中毒按中毒程度不同，症状也各不相同。按症状可正确地判断中毒者的中毒程度，这是及时而准确地采取相应的急救措施，尽快开展急救的先决条件。

（1）轻微中毒。一般有头痛、恶心、眩晕、呕吐、耳鸣、情绪烦躁等症状。

表 7-3　作业环境中一氧化碳浓度与人体反应情况

环境中一氧化碳浓度 /mg·m^{-3}	连续作业时间	人体反应情况
30（24×10^{-6}）	可较长时间工作	无反应
<50（40×10^{-6}）	入内连续工作时间不应超过 1h	无显著后果
<100（80×10^{-6}）	入内连续工作时间不应超过 0.5h	头痛恶心
<200（160×10^{-6}）	入内连续工作时间不应超过 15~20min	中毒严重或致死

（2）较重中毒。一般有下肢失去控制、发生意识障碍，甚至意识丧失、口吐白沫、大小便失禁等症状。

（3）严重中毒。有昏迷不醒、意识完全丧失、呼吸微弱或停止、脉搏停止等症状，中毒者处于假死状态中。

（4）死亡中毒。一般有以下症状：心脏外观检查已停止跳动，呼吸停止；肌肉由松弛变僵硬；瞳孔扩散，遇强光不收缩，黑暗中不扩大，对光无反应；用线缠手指不变色，不浮肿；切开指肚不出血；出现尸斑，一般首先在背部出现淡紫色斑点，如无尸斑出现，则不应视为真死，不能停止抢救。

7-9　如何防止煤气中毒事故的发生？

答：从根本上说，要防止煤气中毒事故的发生，主要方法有两种：一是不使煤气泄漏到空气中；二是必须进行煤气作业时，一定要佩戴氧化呼吸器或采取其他安全措施。只要做到这两点，就完全可以避免煤气中毒事故的发生。具体措施有如下各项：

（1）凡属大修、改建或新建的煤气设备投产前，必须经过严格的严密性试验，凡不符合要求的设备，不准投产。

（2）凡发现煤气设备泄漏煤气，必须立即处理好。室内煤气设备必须定期用肥皂水试漏。

（3）凡进入煤气设备内作业，必须可靠地切断煤气来源，严格处理净残余煤气，经鸽子试验合格或取样分析一氧化碳含量

不超过 $30mg/m^3$，方允许进入设备内部作业，切不可冒险进入。

（4）凡属带煤气作业，如堵漏，抽、堵盲板等，必须佩戴防毒面具，切不可凭热情蛮干。

（5）禁止用嗅觉直接检查煤气。

（6）凡有煤气的区域不得一人工作，并站到上风侧，不得在煤气区域内长时间逗留。

（7）凡生活用设施，如上、下水道及蒸汽等，严禁与煤气设施相通。

（8）处理煤气区域内，必须设好岗，严禁闲人误入。

（9）煤气放空，如果无法点火放空，一定要注意放空高度、气压、风向等因素，以免发生大面积的煤气中毒事故。

（10）经常普及煤气安全知识，煤气设备均应设"煤气危险，严禁逗留"等字样的警告牌。

7-10　怎样处理煤气中毒事故？

答：处理煤气中毒事故遵循下列程序：

（1）凡发生煤气中毒事故后，应立即通知煤气防护站和卫生所，并使中毒者及时脱离煤气污染区域，及早克服煤气中毒者的缺氧状态，抢救得越早越有利于中毒者康复。必须注意，当中毒者处在煤气严重污染的区域时，必须戴防毒面具进行抢救。绝不可不戴防毒面具，冒险从事。否则会使中毒事故扩大。

（2）将中毒者救出煤气危险区后，首先安置在空气清新的地方，并立即把领扣、衣扣、腰带解开，便于他自主呼吸。在寒冷季节，应对中毒者适当保温，以免受冻。随后，立即检查中毒者的呼吸、心脏跳动、瞳孔等情况，判断中毒者的中毒程序，确定相应的急救措施和处理方法。对于轻微中毒者，如只是头痛、恶心、眩晕、呕吐等，可直接送医院治疗；对较重中毒者，如意识模糊、呼吸微弱、大小便失禁、口吐白沫或出现潮式呼吸症状时，应立即现场使用苏生器补给氧气。待中毒者恢复知觉，呼吸正常以后，再送医院治疗；对于严重中毒者，如意识完全丧失、停止呼吸等，应在现场立即施行人工呼吸。在中毒者没有恢复知觉前，不准用车送厂外医院治疗。中毒者没有出现尸斑或没有医务人员允许，不得停止一切急救措施。

（3）组织查明煤气中毒原因，并立即采取防范措施。

7-11　什么是鸽子试验，怎样进行鸽子试验？

答：鸽子在一氧化碳等有毒气体中与人同样会产生中毒、死亡。在进入煤气设备内进行作业之前，将鸽子放入煤气设备内进行试验，观察鸽子在其中的活动情况，用以判断煤气设备内的气氛是否适合人进行作业，这种试验称为鸽子试验。

鸽子试验是一种比较科学的、直观的、简单的试验方法。在尚无能力对空气做准确化验的情况下，可采用鸽子试验来确定煤气设备内的气氛是否适合人进行作业。进行鸽子试验时，要将鸽子置于煤气设备的深处（即不是人孔附近），鸽子在煤气设备内至少放置 10 ~ 15min，如鸽子活动正常，即认为试验合格，方允许人进入作业。

7-12　什么是严密性试验，其标准是什么？

答：为了保证煤气管道和煤气设备区域的空气符合国家规定的卫生标准，防止煤气中毒，应使煤气管道和煤气设备完全严密。因此，在大修、改建或新建的煤气管道和设备在投产前所进行的打压试漏过程称为严密性试验。只有合格后，才准交付使用。

严密性试验的标准是：

（1）室内或厂房内部的管道和设备的试验压力为煤气计算压力加 15kPa，但不少于 30kPa，试验时间持续 2h，压力降不大于 2%。

（2）室外或厂房外部的管道和设备的试验压力为煤气的计算压力加 5000Pa，但不少于 20kPa，试验持续时间为 2h，压力降不大于 4%。

压力降（即泄漏率）的计算公式为：

$$A = 100(1 - p_2 T_1 / p_1 T_2)，\%$$

式中，p_1 及 T_1 分别为试验开始时管道内空气的绝对压力和绝对温度；p_2 及 T_2 分别为试验结束时管道内空气的绝对压力和绝对温度。

7-13　为什么室内煤气管道必须定期用肥皂水试漏？

答：煤气管道虽经严密性试验合格，但并非一劳永逸，不能保证在长期运行中不产生新的泄漏点。如果新的泄漏点没有及时发现，泄漏在室内的煤气不易扩散出去，极易造成严重的煤气中毒事故，因此必须定期用肥皂水试漏。如果发现泄漏煤气，应立即采取措施，进行处理，保证煤气管道始终处于完好、严密状态，保证安全。

7-14　天然气对人体有什么危害？

答：天然气中不含一氧化碳，虽无一氧化碳中毒危险，但仍有以下危害：首先，天然气有窒息性，即天然气冲淡了空气中氧气的浓度，使人感到呼吸困难，当天然气的浓度达到 10% 时，就能造成窒息。其次，天然气中含有一定量的不饱和碳氢化合物。这些不饱和碳氢化合物对人体神经系统都具有不同程度的刺激性和麻醉性，人体神经麻醉，使心脏失去支配和调节作用而停止跳动，造成死亡，所以不能对天然气丧失警惕。

7-15　煤气的着火事故是怎样发生的？

答：煤气着火的必要条件：

（1）要有足够的空气或氧气。

（2）要有明火、电火或达到煤气燃点以上的高温。

一般发生煤气着火事故的原因是：煤气设备和煤气管道泄漏煤气，而且附近有火源，势必引起煤气着火；在煤气作业区使用铁质工具，摩擦产生火花而引起着火；在已经停产的煤气设备上动火，不采取必要的防火措施而引起着火；发生煤气爆炸也能使邻近的煤气管道损伤泄漏而产生着火；有时在煤气泄漏点附近有电火花而引起着火；接地失效，雷击着火。

总之，煤气泄漏点在空气中遇火即可燃烧着火。

7-16　怎样防止煤气着火事故的发生？

答：防止煤气着火事故的办法就是要严防煤气泄漏。煤气不泄漏就没有可燃物，也就不存在着火问题。因此，保证煤气管道和煤气设备经常处于严密状态，不仅是防止煤气中毒，也是防止着火事故的重要措施。

当无法避免泄漏煤气的时候（如带煤气作业等），防止着火事故的唯一办法就是防止火源存在。这时作业必须使用铜质工具，特别情况下使用铁质工具、吊具时，表面要涂油，操作谨慎，防止摩擦产生火花。作业区域内严禁接近或存在火源。

当在停用的煤气管道上动火时，则必须做到：可靠地切断煤气来源，并认真处理净残余煤气，这时管道中的气体经取样分析含氧量接近 20.9%，将煤气管道内的沉积物清除干净（动火处管道两侧各清除 2～3m 长）或通入蒸汽。凡通入蒸汽动火，气压不能太小，并且在动火过程中自始至终不能中断蒸汽。

7-17　怎样处理煤气着火事故？

答：发生煤气着火事故后，不能盲目冒险处理。应由事故单位、消防队和煤气防护站共同组成事故处理指挥部。指挥部必须慎重、准确、迅速地做出事故处理方案。一切参加急救人员，必须服从统一指挥，不得擅自行动，严防事故扩大。

处理煤气着火事故的具体方法是：

（1）凡发生煤气着火事故，应立即通知煤气防护站到现场急救，同时通知消防队到现场急救。

（2）煤气管道直径在 $\phi150mm$ 以下的，可直接关闭煤气开闭器熄火。因为在这样粗细以下的管道不会由于压力下降而产生回火爆炸。

（3）煤气管道直径在 φ150mm 以上的，应安设压力表，根据压力逐渐关小开闭器，降低着火处的煤气压力，或根据火苗长短逐渐关小开闭器，降低煤气压力。向管道内通入大量蒸汽灭火，但煤气压力不得低于 50～100Pa。严禁突然完全关闭煤气开闭器或封水封，以防回火爆炸。

（4）当煤气着火事故时间长，煤气设备烧红时，不得用水骤然冷却，以防管道变形或断裂。

（5）如果着火发生在管道内部，则应关闭所有放散管，封闭人孔，通入蒸汽灭火。

处理煤气着火事故，应注意以下两点：一是煤气开闭器、压力表、蒸汽或氮气管头等指派专人看管或操作；二是管道内部着火，在封闭人孔前，必须确认管道内部没有火方可进行。

7-18　什么是爆炸，煤气爆炸的危害是怎样的？

答：燃料在空气混合物中，投入火源即在火源周围发生化学反应，反应生成的热量使气体骤然膨胀，这种膨胀使其周围的可燃气体压缩。我们从热力学可以知道，气体绝热压缩可产生高温，使可燃气体达到燃点而燃烧，继而又使外层可燃物达到燃点而燃烧。这种靠冲击波传播火焰的燃烧方式就是爆炸。

除爆炸物品外，可燃气体或蒸汽与空气或氧的混合物，以及可燃物质的粉尘与空气或氧的混合物，在一定浓度下都能发生爆炸。

由于煤气爆炸时产生的冲击很大，因而其破坏和危害性也很大。工厂内发生煤气爆炸可使煤气设施、炉窑、厂房等遭到破坏，甚至是严重的破坏，同时可使人受伤致残或死亡。因此，要积极采取一切安全措施，严防煤气爆炸事故的发生。

7-19　什么是爆炸极限，常见煤气的爆炸极限是多少，煤气爆炸条件是什么？

答：一般指可燃蒸气或气体与空气或氧的混合物混合后能发

生爆炸的浓度范围为爆炸极限。能使煤气爆炸发生的煤气最低浓度称为爆炸下限，能使爆炸发生的最高浓度称为爆炸上限。爆炸下限愈低，爆炸下限与上限之间的差距愈大，则爆炸的危险愈大。

常见煤气的爆炸条件有两点：一是煤气中混入空气或空气中混入煤气，达到爆炸范围；二是要有明火、电火或达到煤气着火点以上温度。只有这两个条件同时具备，才能够发生煤气爆炸，缺一个条件也不能发生煤气爆炸，这两个条件，称为煤气爆炸的必要条件。

常见煤气的爆炸范围和着火点为：

高炉煤气：40% ~ 70%，700℃；

焦炉煤气：6% ~ 30%，650℃；

天然气：5% ~ 15%，550℃。

7-20 如何防止煤气爆炸事故的发生？

答：要防止煤气爆炸事故的发生，从根本上讲就是防止或破坏煤气爆炸的两个必要条件的同时存在，或是避免其中一个条件存在。只要煤气不具备爆炸的两个必要条件，就可完全避免煤气爆炸事故的发生。

7-21 煤气管道内的爆炸是怎样产生的，如何防止？

答：煤气管道遇有下列情况就会有爆炸危险：

（1）煤气管道开始送煤气时，由于煤气与空气混合形成爆炸混合物，遇火即可发生爆炸。

（2）如果在送煤气时，由于某种原因，管道内有火源，就可能在送煤气过程中发生爆炸事故。

（3）煤气管道停煤气时，如果煤气未处理干净而与空气混合形成爆炸混合物，遇火也发生爆炸。

（4）在生产中的煤气管道由于某种原因产生负压，空气通过未关闭的燃烧器或其他不严密处，渗漏到煤气管道内形成爆炸混合物，遇火爆炸。

（5）在已停用的煤气管段上，虽然煤气已处理干净，但由于某些预想不到的原因，由生产中的煤气管段继续向停用的管段渗漏煤气而产生爆炸。

（6）有时在停用的煤气管段内有煤气的沉积物，不通蒸汽动火，使沉积物挥发，这种挥发物浓度逐渐增加并达到爆炸范围而引起爆炸。

防止煤气管道爆炸的办法是：

（1）煤气管道开始送煤气之前，应用蒸汽或氮气将煤气管道吹扫，驱除管道内的空气并熄灭火源。

（2）停用的煤气管道段除将煤气开闭器关闭严密、堵好盲板或封好水封外，还应打开煤气开闭器之间开闭器与水封之间的放散管。同时应将停用管段末端的放散管打开并用蒸汽或氮气将管道内的残余煤气处理干净。

（3）应当防止煤气管道产生负压，当煤气供应不足时，要相应减少各用户的消耗量。

（4）当煤气供应中断时，要迅速停止燃烧。如果煤气管道压力继续下降，低于 1000Pa 时，应采取紧急措施，即关闭煤气总开闭器，封好水封。

（5）在停产的煤气管段上动火，应将动火处的两侧 2～3m 的沉积物清除干净，并在动火过程中始终不能中断通入蒸汽。

7-22　空气管道内的爆炸是怎样产生的，如何防止？

答：当高炉鼓风机突然停转，或助燃空气鼓风机突然停转时，空气管道内的压力突然下降，这时由于冷风，或者助燃空气通过冷风大闸或燃烧器进入空气管道而形成爆炸混合物。这些混合物往往在鼓风机恢复供电，启动时发生爆炸。鼓风机叶轮与风机外壳摩擦产生的火花起了点火作用。

防止空气管道及鼓风机爆炸的措施有：

（1）在煤气管道上安设停电切断阀，自动切断煤气。

（2）在空气管道上安装爆炸泄压孔，以防爆炸时破坏管道。

（3）操作上要及时关闭冷风大闸，停止烧炉。

7-23 什么是爆发试验，怎样做爆发试验？

答：用点火爆炸法检验煤气管道或煤气设备内纯净性的试验，称为爆发试验。通过爆发试验来检验煤气管道或煤气设备在通入煤气后是否还残留有空气。

试验是用爆发试验筒从煤气管道或煤气设备的末端取样口取出煤气样，然后点火燃烧，观察筒内煤气样的燃烧情况来判断煤气是否纯净：如果试验筒内的煤气样点燃后有爆音产生并迅速烧光，说明管道内或设备内有可爆炸的混合物；当试样的燃烧不稳定或烧不到筒底，说明还不正常，也可能空气还没有除尽。煤气样在筒内平稳地燃烧并一直烧到筒底才熄灭，说明管道或设备内的煤气是纯的。

做爆发试验时应注意：

（1）取样时，一定要把筒的放散口打开，以便将筒内原有空气全部排净，否则试验就不真实，就会得到错误的判断。

（2）做爆发试验必须三次全部合格，其中一次不合格，应重新做三次，直到全部合格。

（3）做爆发试验前，操作人员的脸部应避开筒口，以免烧伤。

第3节 煤气的使用与操作

7-24 日常使用煤气应注意哪些问题？

答：日常使用煤气应注意以下问题：

（1）管道和煤气设备要密闭不泄漏，一旦发现有煤气泄漏点，要及时处理。

（2）管网内的煤气必须保持正压。煤气压力骤然下降时，应立即关闭阀门，停止使用，以保持管网压力。

（3）点燃煤气时，必须先提供火源，后给煤气。当点火不着时，应迅速切断煤气供应，待几分钟后，再重新点火。

以上三条可归纳为：**不泄漏，保正压，先给火**。这是使用煤气的三条基本原则。

7-25 在煤气设备上动火有哪些要求？

答：在煤气设备上动火必须遵守以下原则：

（1）正常生产时动火，事先应办理动火手续，准备好防毒面具和灭火器械，防护站人员必须在场。煤气压力必须保持正压方可动火。

（2）在长期停止使用的管道或盲肠管上动火，首先是维持正压，动火前还应开启管道末端放散管，放散一定时间，待关闭后，方能动火。

（3）高炉短期休风时，切断阀后的除尘器、洗涤塔、煤气管道可以动火，切断阀前（高炉侧）的煤气管道不许动火。在休风期间可以堵上破漏处，送风后，管道内正压，再动火焊好。

（4）高炉休风时，必须驱尽残余煤气后，经检验合格，可全面动火。

鉴别的方法一般为：

高炉煤气用比长式一氧化碳检定管或用鸽子试验。焦炉煤气必须做空气分析。

7-26 通蒸汽的作用是什么？

答：在处理煤气或一些其他场合通蒸汽，一般有三个作用：保压、降温和冲淡气体浓度。

（1）保持正压。这是一个主要作用，为严防在处理煤气过程中，系统产生负压，吸进空气，形成爆炸混合物，用通入蒸汽的方法来确保系统正压。

（2）降温作用。炉顶温度过高，用通蒸汽来抑制。另外，管道着火，一般对于管径较大的管道，也往往采用通蒸汽的方法来降温灭火。

（3）冲淡气体浓度。较高的煤气成分是造成爆炸混合物的根源，采用通蒸汽的方法可将煤气成分冲淡，乃至消除爆炸条件。

7-27　什么是处理煤气，处理煤气的理论依据是什么？

答：高炉休风，停产检修，均需驱除煤气系统中的残余煤气，以防事故，利于施工。休风操作完毕后，进行驱除残余煤气的过程，一般现场称为处理煤气，又称撵煤气。

驱除煤气系统的残余煤气，主要是利用气动力学气体的几何压头的变化，其理论根据是利用空气和煤气的重度不同，使煤气由低处向高处逐渐被空气置换，把煤气驱除设施之外，其关系式为：

$$h_{气} = H\left[(\gamma_{0空} + \alpha t_{空}) - (\gamma_{0煤} + \alpha t_{煤})\right]$$

式中　$h_{气}$——气体的几何压头，Pa；

　　H——设备空气入口和煤气出口的高度差，m；

$\gamma_{0空}$，$\gamma_{0煤}$——空气与煤气在标准状态下的重度，kg/m³；

　　α——气体的线膨胀系数，1/273；

$t_{空}$，$t_{煤}$——空气与煤气的温度，℃。

7-28　高炉煤气系统流程图是怎样的？

答：高炉煤气系统流程图见图7-1。

7-29　高炉煤气系统处理煤气的基本原则是什么？

答：驱除煤气必须遵守的基本原则是：

（1）切断煤气来源。关闭叶形插板是切断高炉煤气系统与煤气管网的联系；高炉炉顶点火是烧尽新生的煤气。

（2）将煤气系统完全与大气相通。系统所有的放散阀、人孔均依据先高后低，先近后远（对高炉而言）的次序全部打开，

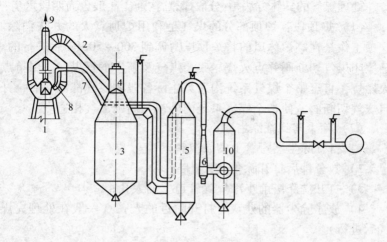

图 7-1　高炉煤气系统流程图

1—煤气封盖；2—荒煤气管；3—重力除尘器；4—煤气切断阀；
5—高压洗涤塔；6—文氏管；7—通均压阀的半净煤气管；
8—大钟均压阀；9—小钟均压阀；10—脱水器

这样可以逐步地将煤气全部驱除净。

（3）除炉顶点火外，整个煤气系统及其邻近区域严禁动火。

综上所述，在处理煤气过程中必须严格遵守**断来源、大敞
开、不动火**的三项基本原则。

7-30　处理煤气一般分为几个步骤，具体方法是什么？

答：处理煤气一般分为四个步骤：

（1）整个煤气系统通入蒸汽，以保持正压和冲淡煤气浓度，
减小爆炸的可能性。

（2）切断煤气的来源。

（3）以空气洗扫整个煤气系统，依次打开放散阀和人孔，
使煤气系统完全与大气相通。

（4）用仪器或鸽子试验合格后，处理煤气宣告完毕。

处理煤气的具体方法是:分段攃,后沟通。一般分为四段六步:

（1）炉顶段:炉顶部分的煤气是利用炉顶点火的办法消除。这项工作是在高炉休风前将炉顶压力调到 300~500Pa 后进行的。已关闭煤气切断阀并点火烧尽残余煤气及新生少量煤气。保持点火燃烧,直至整个煤气系统沟通为止。各段的煤气都驱净后,开启煤气切断阀,使整个煤气系统内外都与周围大气相通。

（2）除尘器到洗涤塔段:

1）打开除尘器弯管上的放散阀;

2）数分钟后打开除尘器人孔;

3）打开洗涤塔前半净煤气管道上的人孔;

4）放净除尘器的残灰,打开附近的人孔（一般在处理完煤气后进行）。

（3）洗涤塔到叶形插板段:

1）依次打开塔顶、脱水器、叶形插板前的放散阀;

2）洗涤塔、脱水器放水;

3）依据先高后低,先近后远的原则,依次打开洗涤系统的各人孔。

（4）回压管道段:洗涤系统攃净煤气后,全开大钟均压阀,经 10~15min 后,即可排净。

（5）整个煤气系统的沟通:在各段装置的煤气排净后,打开煤气切断阀,做一次整个煤气系统的洗扫,使整个系统内完全充满空气。

（6）测试:一般在上述各步骤操作完毕后,经 30min 后,关煤气切断阀,关除尘器蒸汽。用一氧化碳测定仪测定系统内气体成分,一氧化碳含量在 30mg/m³（标态）以下,或用鸽子置入系统中 15min 测试,鸽子活动正常,证明煤气排净,宣告排煤气完毕,准许检修施工。

7-31　处理煤气应注意哪些问题?

答:处理煤气时应注意以下问题:

（1）炉顶点火时，料面不宜过深。若必须降料面然后点火，点火时应维持较高的炉顶压力（500～800Pa）。点火时一定要上红焦和木柴，投入的数量要加倍。

（2）长期休风期间，切忌冷却设备漏水。因漏水会在炉内产生大量水煤气，容易发生事故。休风后如炉顶温度仍较高又长时间降不下来，必有漏风和漏水，其部位可能在炉顶温度较高的方向上。

（3）炉顶火灭再行点火时，应在点火前通知炉顶和风口周围人员离开，以防爆炸伤人。此时，炉顶应通蒸汽10min，闭蒸汽后再点火。

（4）关于排煤气合格标准及达到标准所需时间。如果把合格标准分为动火及进人两种，可以缩短排煤气时间，亦即缩短停产时间。仅在设备外部动火，而人员并不进入设备，则一氧化碳含量小于2%即可进行施工，可以早动火施工1～1.5h。若人员须进入设备内，必须经过化验空气样，合格后方可进入。

（5）如在排煤气过程中发生爆炸，应立即检查叶形插板是否关严，炉顶大钟下点火是否正常燃烧，确认煤气来源已隔断后，迅速打开各人孔，使整个煤气系统与大气相通。

7-32　什么是特殊休风？

答：由于外部条件的变化，高炉不能持续生产而被迫无计划地停止作业的休风，称为特殊休风。一般主要有停电、停风、停水、停蒸汽等的休风。

7-33　停电休风的煤气如何处理？

答：停电休风的煤气应做如下处理：

（1）局部停电。有两座以上高炉的单位，如果是一座高炉停电休风时，可按正常短期休风处理，此时，关煤气切断阀切断煤气，切断阀后的煤气系统，用煤气管网的煤气充压。

（2）全厂性停电。包括鼓风机在内的全厂性停电，其休风程序为：

1）关冷风大闸；

2）热风炉全部停烧；

3）关热风阀、冷风阀，向炉顶、除尘器通蒸汽；

4）高压改常压，开炉顶放散阀，关煤气切断阀；

5）开放风阀；

6）往高炉煤气管网充填焦炉煤气或天然气，以维持煤气管网正压，同时停止供给一切用户煤气。如果没有焦炉煤气和天然气，可往管网中通入蒸汽。

7-34　鼓风机突然停风时，如何处理煤气？

答：鼓风机突然停风时的煤气处理：

（1）迅速关上冷风大闸，以免高炉煤气通过混风管倒流入冷风管道和风机发生爆炸事故。

（2）热风炉全部停烧，全厂性停风时，所有高炉煤气用户都必须立即停烧，以维持煤气管网压力。

（3）一旦发现煤气倒流入冷风管道，可迅速打开一座热风炉的冷风阀和烟道阀（废气温度低的炉子），将煤气抽入烟道，由烟囱排入大气。

（4）全厂性停风过程中，禁止倒流休风，防止炉顶和煤气管网压力进一步降低。

（5）为保持炉顶正压，可减少炉顶放散阀的开度或关闭一个放散阀。

7-35　停水时，如何处理煤气？

答：停水时的煤气处理：

（1）高炉停水。个别高炉停水引起休风，按短期休风进行煤气处理。全厂性停水，按全厂性停电的煤气处理方法进行。

（2）洗涤塔停水。个别洗涤塔停水时，该塔停止接受煤气。

该高炉改常压，开炉顶放散阀，关煤气切断阀，放散煤气维持生产。全厂洗涤塔都停水时，高炉煤气用户停用煤气，管网充填焦炉煤气、天然气或蒸汽以保持煤气管网正压。如果没有焦炉煤气和天然气，而蒸汽量也难以保持管网正压，则可以把具有空心洗涤塔的高炉只作炉顶放散而不关闭煤气切断阀，来维护整个管网的压力。

7-36　停蒸汽休风时，如何处理煤气？

答：停蒸汽休风时的煤气处理：

（1）蒸汽压力降低到炉顶压力水平时，高炉应改常压操作，为防止大、小钟吸入空气而产生爆炸，大、小均压阀都应停止工作。

（2）停蒸汽的高炉需要休风时，维持炉顶正压的办法是调用蒸汽机车为蒸汽源，并以炉顶放散阀的开度来控制，也可将其他高炉的煤气通过略微开启的煤气切断阀通入休风高炉的除尘器和炉顶，维持其炉顶正压。此方法仅适用于个别高炉停蒸汽，不适用于全厂停蒸汽。

7-37　全地区性停电、停风、停水、停蒸汽时，如何处理煤气？

答：全地区性停电、停风、停水、停蒸汽时的煤气处理：

（1）高炉按停风和停蒸汽休风程序休风。

（2）所有煤气用户全部停烧，以保持管网的正压。

（3）如果短时间内（三个小时内）不能生产，应采取下列措施：

1）如有煤气贮存罐和天然气，可给整个管网充压；

2）如果没有气源可充压，那么高炉转入按炉顶不点火的长期休风和无蒸汽休风程序处理煤气；迅速组织打开管网的放散阀和人孔，使管网和大气相通；关闭各煤气支管的开闭器，做分段处理。

（4）在煤气管网范围内严禁动火。

（5）恢复生产后按送煤气程序处理。如果是充压，各用户在使用煤气以前，应将末端煤气放散阀打开，放散一段时间，然后再点火。

7-38 检查高炉大钟时，如何进行煤气操作？

答：高炉炉顶大钟是在高温、高压、多粉尘条件下工作，容易引起磨损、穿洞、连接件松动等。为掌握钟体的状况，必须定期进行检查。检查的方法有两种：一种是利用高炉长期休风排煤气后，进入炉内检查；另一种是在正常生产情况下，在大、小钟间进行点火检查。

在大、小钟之间进行点火检查大钟的程序为：

（1）炉顶通蒸汽。

（2）大、小钟间料要放净，大钟要空试开关 2～3 次，以免大钟上存料，致使大钟关不严，影响检查。

（3）打开小钟均压阀，关严大钟均压阀。

（4）关闭大、小钟之间的蒸汽。

（5）打开小钟。

（6）打开大、小钟间人孔。

（7）用油布火把进行点火检查。

（8）视大钟状况，分为三种检查方式：

1）高压全风检查；

2）改常压检查；

3）常压再降压检查：如果大钟破损严重，看不清破损部位和程度，可再降压检查，直至放散、切断。但炉顶压力最低不得小于 0.03MPa。

（9）检查完毕后，必须待大、小钟间人孔封好后，才能复风，恢复正常。

（10）如果是休风前检查，检查完毕后，必须将大、小钟间人孔封好，通入蒸汽，确保火灭后，才能进行休风操作。

7-39　当大钟掉入炉内，如何进行煤气操作?

答：高炉在正常生产的过程中，由于大钟连接件发生故障，致使大钟脱落，掉入炉内，这是高炉生产的重大事故之一。由于炉顶只剩下一个小钟，处理这种事故，确保煤气系统的安全是非常重要的。

（1）大钟状况的确定：从各种征兆可以判断出来。最确切的方法是进行炉顶点火检查大钟。

（2）为保证更换大钟后冶炼过程的顺利进行，在更换前必须换成休风料。在换休风料的过程中，高炉是在单钟条件下进行生产，很容易发生炉顶煤气爆炸事故。为了便于开启小钟，炉顶压力应维持在 5 ~ 10kPa，并且关严大、小钟均压阀，不再启动，确保炉顶蒸汽畅通。休风料上完后，炉顶点火，进行长期休风。驱净煤气系统的煤气，一切按规程执行。

7-40　高炉炉顶放散阀失灵时，如何进行煤气操作?

答：一座高炉一般设置 2 ~ 3 个炉顶放散阀。它的结构形式为盘式阀，见图 7-2。直径大多为 φ800mm，也有 φ1000mm 的。

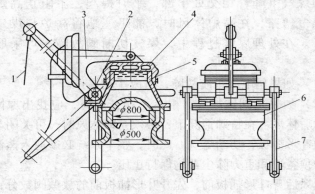

图 7-2　放散阀简图

1—驱动钢绳；2—轴；3—曲柄；4—阀盖；5—阀座；6—阀体；7—拉杆

它的作用就是在高炉休风时迅速地将揭盖式的盘式阀打开，将煤气放散到大气中。在炉顶煤气上升管的顶端，在除尘器后塔前管道弯管上装有不同直径的煤气放散阀，正常时用平衡砣压紧。

在处理煤气过程中，放散阀失灵是非常棘手的。一般采取如下补救措施：

（1）如果是一个炉顶的放散阀打不开，高炉可进行短期休风，只要高炉低压时间长些即可。

（2）如果是两个放散阀的高炉，两个放散阀都打不开，高炉还必须立即休风时，高炉可将大钟打开，用小钟均压阀放散休风。但是比较危险，采用此法休风，小钟必须是严密的。

（3）如果是塔前管道上的放散阀打不开，可采用应急办法，上去撬开，透气即可。如果是塔前管道放散管积灰堵塞，放散阀打开也不透气，判定堵塞高度，割开管皮抠出淤泥。炉顶点火排煤气的休风，放散阀必须都打开，方能进行。

7-41 发生煤气切断阀故障时，如何进行煤气操作？

答：煤气切断阀如图 7-3 所示，它安装于除尘器上部圆管与炉顶煤气下降管相交处下部，平时提起，不阻止高炉与除尘器煤气通路，在高炉休风时，能迅速地将高炉与煤气系统分隔开。在处理煤气过程中，煤气切断阀故障，可采取如下措施：

（1）如果是电气系统故障，可改手动操作。

（2）如果是阀体故障，根本不能开启时，应找出原因，排除故障后休风。在特殊情况下，必须立即休风时，可关闭与管网联络的叶形插板，切断煤气。此时，整个系统必须通入蒸汽，即高炉炉顶各部和重力除尘器均保持正压。

送风后开叶形插板前，先开叶形插板前的放散阀数分钟，才能打开叶形插板，最后关上放散阀，关闭蒸汽。这种休风办法仅适用于短期休风。如果时间长，可考虑处理煤气。

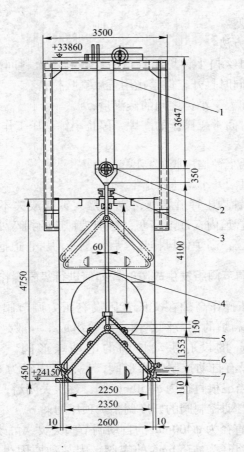

图 7-3 煤气遮断阀(切断阀)简图
1—钢绳;2—绳轮;3—双层干湿密封;4—拉杆;
5—上阀体;6—下阀体;7—阀座

7-42 大、小均压阀发生故障时,如何进行煤气操作?

答: 大、小均压阀发生故障时的煤气操作:

(1)小钟均压管道堵塞,主要是由于小钟均压阀不严,大量粉尘随着大、小钟间蒸汽进入小钟均压管道,并黏结在管壁上，逐渐堵塞。

防止的方法：

1）每班吹扫小钟均压管道一次，利用上料间歇时间，大、小钟均压阀同时打开，但禁止用荒煤气吹扫；

2）增加大、小钟之间的蒸汽量；

3）长时间常压操作的高炉，停止小钟均压工作。

处理方法：

1）降低小钟均压阀的高度；

2）休风割开小均压管道抠灰。

（2）大钟均压管道堵塞，主要是大钟漏或关不严，大量粉尘吸到均压管道内，逐渐堵塞，特别是管道的拐弯处更易堵塞。

处理方法：高炉休风排煤气后，割开均压管道抠灰。

7-43 高压调节阀组发生故障时，如何进行煤气操作？

答：高压操作高炉在文氏管后设有压力调节阀组见图7-4。1000m³ 左右高炉的调节阀组由五根管组成，一般是其中三根内径为 φ750mm 的设有手动控制的电动蝶形阀，一根为内径 φ400mm 的设有自动控制的蝶形阀，另一根内径为 φ200mm 的，是常用的。当三根直径为 φ750mm 阀，逐次关闭后，高炉进入高压操作。用自动控制阀的开度调整炉顶压力。

（1）若直径为 φ400mm 的自动调节阀失灵，可改手动操作。

（2）若直径为 φ750mm 的蝶阀，因某种原因由打开改为关闭，以致使炉顶压力剧烈升高，应立即打开另一个 φ750mm 的蝶阀。

（3）若各阀同时自动关闭，炉顶压力急剧升高，自动失灵，应迅速地采取下列措施：打开炉顶放散阀，并立即减风到需要水平，用手动去开蝶阀。

（4）高炉要休风，蝶阀组失灵改不了常压，如果是电气故障，可用手动开蝶阀转入常压。当手动操作也无效时，可用大量减风的办法，降低炉顶压力而进行休风。

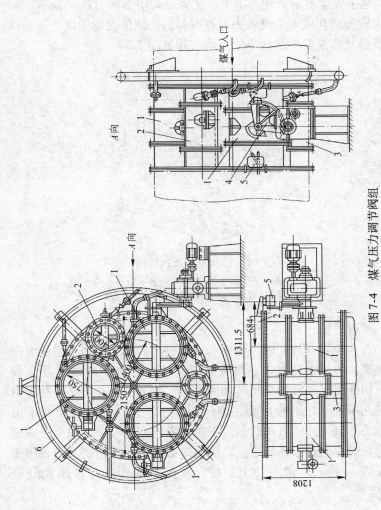

图 7-4 煤气压力调节阀组

1—φ750mm 调节阀；2—φ400mm 调节阀；3—φ200mm 连通管；4—旋转扇形轮；5—终点开关；6—给水管

7-44　除尘器清灰阀发生故障时，如何进行煤气操作？

答：除尘器清灰阀关不上，主要是高炉下降管砖衬脱落，掉铁卡塞和清灰阀电气设备失灵等引起的，致使大量的煤气灰和煤气泄漏，容易发生恶性事故。清灰阀见图7-5。

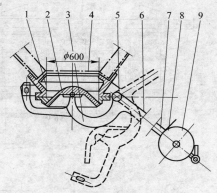

图 7-5　除尘器清灰阀简图

1—法兰盘；2—阀体；3—杠杆；4—阀座；5—轴；
6—拉杆；7—平衡砣；8—钢绳；9—绳轮

处理方法：

首先是大开清灰阀，将砖和铁块放出后关上。如果是机电设备失灵，可用手动关上；如果还是关不上，高炉应改常压，放散、切断煤气，戴面具将砖和铁取出。上述操作办法必须在管网煤气充填洗涤塔、除尘器，确保正压下进行。如果还是取不出来，关不上，或清灰阀脱落，必须立即处理煤气，割掉卡铁或更换清灰阀。但在未休风之前，清灰口必须用泥球堵住，或者用薄铁板做一个"假帽头"上好后，才能按规程进行休风和处理煤气。

7-45　叶形插板发生故障时，如何进行煤气操作？

答：叶形插板是一座高炉的煤气系统与全厂煤气管网的联络

开关的切断装置。所以，叶形插板出了故障，关不上或关不严，高炉不能进行排煤气的休风。如果是电气系统故障，可改手动操作。如果是开启卷扬的故障，可用链式起重机开启。如果是阀体本身的故障，短时间处理不好，高炉还必须立即休风，可考虑采用堵盲板的措施。

7-46　冷风大闸发生故障时，如何进行煤气操作？

答：冷风大闸关不上或关不严，风休不下来时，必须设法关严，方能安全休风。如果短时间内关不上，而高炉又必须立即休风时，可按下列方法做抢救处理：

（1）休风前，放风降压时，风压不得降到 0.01MPa 以下，以防在休风操作中，炉缸残余煤气经混风管道倒流到冷风管道中去。

（2）关冷风阀及热风阀进行休风。

（3）用热风炉或倒流管进行倒流，同时将风拉到底。

（4）进行风口堵泥，迅速卸下风管，将高炉与送风系统彻底断开，休风才完毕。

7-47　短期休风如何转为长期休风？

答：高炉进行短期休风过程中，由于某种原因，需要转为长期休风。此时，没有打灰，除尘器里煤气灰超过下部人孔。这时转长期休风的方法是：用管网煤气或附加煤气（如焦炉煤气等）充压打灰。根据存灰量，不要放净，只需放到除尘器下部人孔以下即可，这样就可以正常排煤气了，蒸汽要量大一些，时间长一些。

短期休风时间较长，要根据具体情况决定是否可转为长期休风。

7-48　高炉停炉的煤气操作步骤及要求是什么？

答：高炉停炉过程可以说是煤气的处理过程，一直贯穿于停炉的始终。

(1) 停炉前的准备工作（回收煤气停炉）：

1) 停炉前进行一次预休风，处理取样孔，试插打水枪。

2) 对炉顶放散阀其中之一进行配重减重，当炉顶压力达到 80kPa 时，炉顶放散阀自动打开。

3) 检查炉顶和整个煤气系统的蒸汽，确认畅通无阻。

4) 接两条取样胶管至风口平台。

(2) 停炉的煤气操作：

1) 复风开始控料线后，停止上料，此时炉顶各部，大、小均压和除尘器均要通入蒸汽。

2) 炉顶煤气每隔 30min，取样做一次分析，按照炉顶煤气中 CO_2 与料线的关系图（又称 C 曲线），掌握停炉进程。

3) 炉顶温度上升到 500℃，启动水泵开始炉顶打水，炉顶温度维持在 400 ~ 500℃。

4) 在控料面期间禁止休风，如果必须休风时，炉顶要停止打水，炉顶点火后方能休风。

5) 在停炉控料线期间不许私自在炉顶、炉身、煤气系统逗留和动火。

6) 出现下列情形之一，停止回收煤气：

a) 料线降到炉腹和炉腰的下部；

b) 煤气中 O_2 含量大于 2%；

c) 煤气中 H_2 含量大于 10%；

d) 产生频繁的大爆震。

7) 料面降到风口区域，开始休风，休风程序如下：

a) 停止炉顶打水；

b) 关冷风大闸；

c) 将风压降到 10kPa；

d) 打开大、小钟；

e) 关送风炉的冷风阀、热风阀；

f) 卸下风管。

8）休风后的煤气处理：

a）打开除尘器弯管上的放散阀，放散 10min，进行系统换气（用煤气管网的煤气置换系统中含氢、氧高的停炉后期煤气）；

b）关叶形插板；

c）按长期休风处理煤气程序处理煤气。

7-49　什么是停炉 C 曲线，其作用是什么?

答：将鞍钢高炉历年停炉炉顶煤气中 CO_2 含量与料面位置（用长探尺测得的）的大量数据编程上计算机运算，得出的回归方程画出的曲线。炉顶煤气中 CO_2 含量与料线高度关系曲线，由于形状呈 C 形，故称为停炉 C 曲线，如图 7-6 所示。

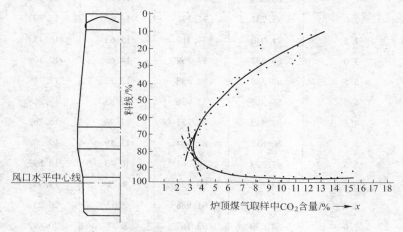

图 7-6　料线与 CO_2 的变化曲线

它的作用在于：可根据炉顶煤气取样中 CO_2 的百分含量，找出对应的料线高度，掌握停炉的进度。这是一条方便、有效的停炉曲线，已在实际生产中广泛采用。

在大量数据的基础上，应用数理统计方法，分析导出了高炉停炉过程料线高度与 CO_2 百分含量的相关方程：

$$Y_1 = 96.974 - 11.68x + 0.554x^2 - 0.0126x^3$$
$$Y_2 = 54.73 + 9.71x - 0.732x^2 + 0.0186x^3$$

式中　Y_1——CO_2 拐点前半期料线,%;

　　　Y_2——CO_2 拐点后半期料线,%;

　　　x——炉顶煤气取样 CO_2 含量,%。

根据以上两个公式,计算出不同 CO_2 百分含量下的 Y_1 与 Y_2,如表7-4所示。

表 7-4　Y_1、Y_2 值的计算

x/%	Y_1、Y_2 计算/%		9 号高炉实例/m	
	Y_1	Y_2	Y_1	Y_2
1.0	85.836	63.730	18.88	14.020
1.5	80.659	67.711	17.74	14.897
2.0	75.731	71.371	16.66	15.702
2.5	71.040	74.719	15.63	16.438
3.0	66.582	77.769	14.65	17.109
3.5	62.343	80.538	13.72	17.718
4.0	58.315	83.036	12.83	18.268
4.5	54.487	85.281	11.98	18.762
5.0	50.852	87.284	11.19	19.202
5.5	47.399	89.061	10.43	19.593
6.0	44.118	90.624	9.71	19.937
6.5	41.002	91.988	9.02	20.237
7.0	38.039	93.167	8.37	20.497
7.5	35.222	94.175	7.75	20.719
8.0	32.539	95.025	7.16	20.906
8.5	29.982	95.736	6.60	21.062
9.0	27.540	96.310	6.06	21.189
9.5	25.207	96.773	5.55	21.290
10.0	22.968	97.134	5.05	21.369

续表 7-4

x/%	Y_1、Y_2 计算/%		9 号高炉实例/m	
	Y_1	Y_2	Y_1	Y_2
10.5	20.819	97.408	4.58	21.430
11.0	18.747	97.608	4.12	21.474
11.5	16.754	97.748	3.68	21.505
12.0	14.808	97.843	3.26	21.525
12.5	12.908	97.906	2.84	21.539
13.0	11.054	97.951	2.43	21.549
13.5	9.233	97.966	2.03	21.533
14.0	7.43	98.044	1.63	21.570
14.5				

注：9 号高炉炉喉至风口中心线为 22m。

　　根据每半小时对炉顶煤气取样化验，由 CO_2 百分含量，即可找出对应的料线位置。例如，以 9 号高炉停炉实例说明：已知某一时刻炉顶取样中 CO_2 为 5.63%，并估到停炉已进行过半，那么对应的料线高度为 19.5m 左右。此图使用起来非常方便、可靠。

第 4 节　煤气的防护与安全操作管理

7-50　带煤气抽、堵盲板作业，应注意哪些问题？

　　答：带煤气抽、堵盲板作业是一项特殊危险作业，为此，应注意如下事项：

　　(1) 首先，要编制《煤气危险作业指示图表》，将各项写清、讲明，下发有关人员。

　　(2) 作业区域内，不准有行人、火源，不准车头或红锭及热渣铁罐车通过，有专人管理。

　　(3) 作业期间煤气管道内应保持正压。

（4）参加作业的全体人员要戴好防毒面具，面具要灵活、可靠，如作业中面具发生故障或氧气压力低于 3.0MPa 时，应立即离开煤气区域。

（5）盲板或垫圈，作业前应重新校对大小，并检查制作质量。

（6）盲板作业法兰距离膨胀器、弯头等能够伸缩部位太远或在固定支架外，则应事先将相邻的支架柱头同管道焊接处割开，以保证法兰容易撑开。

（7）应使用铜质工具，以防作业中因工具碰撞或摩擦产生火花引起着火事故。

（8）雷雨天应尽量避免盲板作业。

（9）原则上夜间不能进行盲板作业，否则要安装有足够的投光照明，严禁用白炽灯或水银灯照明，以防灯泡破碎产生火花引起着火事故。

（10）大型作业，应有医务人员和救护人员在场，必要时，要请消防队到现场。

7-51 怎样使用氧气呼吸器？

答：氧气呼吸器的使用方法如下：

（1）使用前，要对氧气呼吸器作全面的检查。

检查背带、腰带是否齐备，鼻夹松紧是否适宜。氧气压力要在 12MPa 以上。检查气囊有无破裂，检查整个呼吸器的严密程度，检查排气是否正常。

（2）使用方法：

1）经认真检查后，将氧气呼吸器背好，呼吸软管放在左右肩上；

2）打开氧气开关，并按手动补给阀，将气囊中的废气排出；

3）戴好口具，夹好鼻夹；

4）做深呼吸数次，无异常感觉后，方可进入煤气区域。

（3）使用中注意事项：

1）在有毒气体区域内，严禁摘下口罩讲话；

2）经常注意氧气压力，低于 3.0MPa 时，应立即离开有毒气体区域；

3）严禁与油类接触以免爆炸；

4）不能用肩扛东西，呼吸软管不能挤压；

5）呼气阀、吸气阀上的云母片，冬天易冻，夏天易粘住。冬季间歇使用时注意保温。

7-52　为什么要填写"煤气危险作业指示图表"，其包括哪些项目，在实际生产中如何使用？

答：在冶金联合企业中，为保证生产连续进行，常常要带煤气作业。带煤气作业是一项极其重要的工作，处理不当极易造成中毒、着火和爆炸事故。带煤气作业包括抽、堵盲板，顶煤气接管，煤气设备上"搬眼"，煤气设备上动火及带煤气处理泄漏等。为了保证安全，在作业之前，务必认真做好各项准备工作及安全措施。认真填写"带煤气抽堵盲板申请票"和"煤气危险作业指示图表"。这是必要的管理手段。

"煤气危险作业指示图表"的主要项目有：

（1）作业名称和计划时间。

（2）作业目的和主要工程项目。

（3）准备工作，包括搭盲板架，做盲板及垫圈，焊制斜鱼，设吊具，按蒸汽头及换螺丝，割障碍物等等的数目，以及谁来负责。

（4）处理煤气步骤和送煤气步骤。

（5）安全措施。

（6）指挥组织机构人员。

（7）备注。

更重要的一项就是作业现场设备系统示意图。

"图表"中的各项要填写清楚准确，不漏项。把该图表送交作业有关单位，并逐项检查落实。准备工作就绪，按要求进行作业。

实践证明，"煤气危险作业指示图表"是一种切实可行的安全管理方式之一。

图 7-7 和表 7-5 为"煤气危险作业指示图表"。

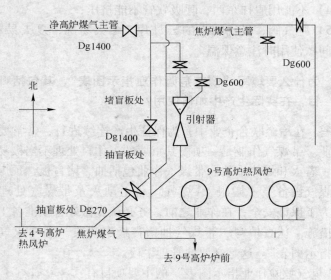

图 7-7　煤气危险作业指示图

表 7-5　煤气危险作业指示图表

炼铁厂热工工段××××年××月××日制

作业名称	炼铁厂 9 号高炉中修投产前送煤气作业	编号	092
计划时间	自××××年 2 月 29 日 12 时 30 分至 2 月 29 日 14 时 00 分		
（一）主要工程项目	作业目的：炼铁厂 9 号高炉中修已近尾声，需送煤气以供烘炉及生产使用。该作业分两步骤：第一步骤需抽掉 φ600mm 焦炉煤气盲板一块；第二步骤需抽掉净高炉煤气盲板 φ1400 两块。为保证安全送气，特制定本作业指示图表。		

（二）准备工作	1. 搭架子 3 处。（燃气管道二公司负责） 2. 作盲板 3 块，钉单面石棉绳。（同上） 3. 作垫圈 3 个。（已备） 4. 焊制斜鱼 6 对。（原有） 5. 换螺丝、割除障碍物。 6. 设吊具 2 处。（燃气管道二公司） 7. 准备蒸汽头一个。（炼铁厂） 8. 试好各系统放散阀和开闭器，开关灵活。（炼铁厂）
（三）处理煤气步骤	一、通知灭火：四高炉，四热风炉，筑炉公司食堂停火。（燃气调度室） 二、关开闭器降压：1. 关中央马路 Dg600 焦炉煤气开闭器。（燃气厂） 　　　　　　　　　　2. 调压至 1000Pa。（炼铁热工） 三、抽盲板作业：抽掉 Dg600 开闭器后 φ600 焦炉煤气盲板。（燃气盲板班） 四、送气：1. 开 Dg600 焦炉煤气开闭器。（炼铁热工） 　　　　　2. 四热风炉管道端放散一段时间后，取样做爆发试验。（炼铁热工） 　　　　　3. 点火试验正常，关各放散阀，送焦炉煤气完毕。 　　　　　4. 通知筑炉食堂点火，四热风炉点炉等。
（四）送煤气步骤	净高炉煤气送煤气： 　　1. 关闭整个系统人孔及放散阀。（修建公司，炼铁厂） 　　2. 确认 Dg1400 开闭器均处于关的状况。（炼铁厂） 　　3. 抽 φ1400 净高炉煤气盲板两块。（燃气厂盲板班） 　　4. 开 Dg1400 开闭器，9 号热风炉末端放散。（炼铁热工） 　　5. 取样化验，做爆发试验，合格后关各放散阀，送煤气完毕。
（五）安全措施	1. 各单位对参加人员进行安全教育。 2. 焦炉煤气管道应在堵盲板处刷白粉，接地线盲板面涂油。 3. 处理煤气下风向 40m 内禁止明火源、机车和行人通行。设警戒岗哨。 4. 停煤气管道经处理煤气后要作采样分析，氧含量大于 20% 合格方准动火。 5. 施工单位动火，必须办理动火作业票方准施工，不得违章作业。 6. 焦炉气管道或混合气管道动火时要往管内通入蒸汽。 7. 焦炉气管道停送煤气时排煤气或空气要往管内通入蒸汽。 8. 一切行动必须听从指挥，统一行动。

（六）指挥人员	总指挥：贾天禄 第一副总指挥：刘全兴、王文林、程秋华 副指挥：曲德祥、曲刚、王永锁 安全监督：侯国权、李久明 技术负责人：刘全兴（制表）
（七）备注	主送：炼铁厂：贾厂长、夏调度长、工程科、安全科、热工工段 　　　燃气厂：调度室、防护车间、洗涤车间、管道二公司 9 号高炉中修指挥部等。

7-53　煤气防护器材分哪些类别？

答：根据用途的不同，煤气防护器材可分为两大类别，即监测仪器和防护用具。

煤气监测仪器能测试作业环境 CO 浓度，可根据不同需要进行声光报警及浓度数字显示，在出现泄漏时，发出警报提醒人员注意，进而采取措施预防各类煤气事故的发生。常用的监测仪有固定式报警仪、便携式监测仪及检漏仪等。

煤气防护用具是在 CO 环境中进行作业或救护时，能保证人员呼吸气体的清洁，从而确保人员安全的防护器具。常用的煤气防毒面具有氧气呼吸器、防毒口罩、苏生器等。

7-54　氧气呼吸器有何作用？

答：氧气呼吸器是一种隔离式的防毒面具，能够在氧含量缺少或工作环境有毒气体浓度较高时确保作业人员在该环境中的安全，同时还能对中毒或窒息患者进行急救。氧气呼吸器一般由氧气瓶、清净罐、减压器、自动排气阀、自动补给阀、手动补给阀、气囊、呼气阀、吸气阀、压力表、哨子 11 个部分组成，通常使用的氧气呼吸器（根据使用时间长短不同）有 2h、3h、4h 三种。

7-55　作业时使用氧气呼吸器应注意哪些事项？

　　答：氧气呼吸器常应用在有毒作业区，起着十分重要的防护作用。为了保证有效使用，不出现疏漏，使用氧气呼吸器必须事先经过专门的培训学习，每次使用前要检查面罩大小是否适合使用者，氧气瓶的压力是否充足（氧气瓶压力在 10MPa 以上时方可使用）。使用中如发现呼吸器有异音，应立即退出有毒作业区，更换呼吸器；如感呼吸困难，应接手动补给，以补充更多的新鲜气体。使用时要避免呼吸器沾染油脂，靠近火源，磕挤碰撞；使用中还要随时检查氧气瓶压力，当压力降到 3.0MPa 以下时，立即停止工作，退出有毒作业区。另外，进入有毒作业区工作需两人以上，两人保持 3m 以内距离，工作时保持联系，做好防护。

　　使用氧气呼吸器工作时，严禁在有毒工作场所摘下面具，冬季使用呼吸器时要注意防冻，以免呼吸阀冻结，夏季要防止暴晒，以免氧气瓶爆裂。

　　另外，凡有肺病、心脏病、高血压、较严重的近视眼、精神病患者等，不能佩戴氧气呼吸器进入危险区域工作。

7-56　氧气呼吸器内的小氧气瓶如何维护、保管？

　　答：呼吸器内的小氧气瓶是一种小型高压容器，所装氧气能够助燃，稍有不慎就能造成着火爆炸事故。因此，对小氧气瓶要经常进行技术检验，并要妥善保存。

　　氧气瓶在制造时瓶上都刻有质量、容量、工压、水压、瓶号出厂日期和检验合格证。检验时如发现氧气瓶质量损失超过0.5% 时证明气瓶报废。对氧气瓶还要定期进行耐压试验。第一次试压在使用 5 年之后，以后每隔 3 年试验一次。瓶在进行充填时，应先用氧气置换 2~3 次。

　　维护氧气瓶，要经常进行清洗，瓶内外都严禁沾染油脂，避免暴晒，杜绝与可燃物质接触，搬运氧气瓶不得碰撞或剧烈振动。氧气瓶的使用期限一般不得超过 30 年。

7-57 什么是空气呼吸器?

答: 空气呼吸器是隔离式防毒面具的一种,由面罩、气瓶、呼气阀减压器、导气软管等组成,结构简单,使用方便。使用时由于吸气产生负压,气瓶内压缩空气经调压器减压供人呼吸,而呼出的气体则通过呼气阀排到周围空气中。空气呼吸器属于开放型的防毒用具,这种气瓶贮气有限,一般充气后可连续使用 2h。

空气呼吸器容积一般为 12L,充气时压力可达 20MPa 左右,经二级调压可降至 0.7MPa。

空气呼吸器要设专人保管、维护。使用空气呼吸器要经常检查钢瓶压力是否正常,各部分严密性以及呼吸面罩位置。使用后要及时消毒、清洗。

7-58 正压自给式压缩空气呼吸器使用方法是什么?

答: 空气呼吸器是保证使用者与周围有毒有害环境完全隔离,为使用者提供 45min 的呼吸防护时间,可以在有毒环境中作业;突发毒气事件中处理、逃生使用的个体防护用具。

(1) 使用方法:打开气瓶阀检查气瓶压力应为 200bar(1bar = 0.1MPa) 以上 (气瓶压力 100bar 以下时不得使用,应更换气瓶)。

(2) 使用前检查:检查各连接部位是否漏气。

关闭气瓶阀门,观察压力表,在 1min 内的压降不得高于 20bar。

按下需求阀的按钮,使管路中的空气慢慢释放,并观察压力表。在压力低于(50±5)bar 的时候报警哨必须响起。

(3) 操作方法:

1) 先将左肩穿过有压力表的肩带,然后背上呼吸器;2) 提起呼吸器使其垂直;3) 气瓶阀朝下将肩带松开;4) 调整肩带双手同时握住肩带往下拉;5) 扣紧腰带,调整好后拉紧腰带;

6）松开头带，面罩由下向上戴人；7）调整到舒适位置；8）拉紧耳朵上方的两条头带；9）拉紧下面的头带；10）调整头顶头带；11）用手捂住需求阀接口，呼吸检查面罩是否严密；12）打开气瓶全开回一圈，观察压力表压力在正常值内；将需求阀连接面罩；做深呼吸，感觉舒适方可进入有毒区域。

（4）维护和保管：

1）呼吸器应摆放在固定位置，保证完好。

2）要保持清洁干净，避免油类物品。

3）压力低于 100bar 时，应及时更换气瓶。

4）气瓶使用或搬运时严禁碰撞。

5）面具可以用中性清洁剂清洗，晾干。

6）避免太阳光的直接照射，远离热源。

7）气瓶每五年定期检定一次。

8）空气呼吸器每年应校验一次。

7-59 什么是隔离式自救器，怎样使用隔离式自救器？

答：（1）隔离式自救器也称化学生氧呼吸器，是一种新型的防毒呼吸器，它是以碱金属的超氧化物为基体的化学氧源的隔绝式防护器材，具有结构简单、使用方便、质量轻、防护性能好等优点，应用于生产企业的有毒作业区。

（2）使用隔离式自救器要遵守以下要求：

1）使用前检查。使用前要先检查面具的气密性，药块是否有效，生氧罐是否正常。如药块表面起泡沫或生氧罐内有泡沫，均不得使用。

2）隔离器准备。先将面罩与导气管、生氧罐连接起来，然后装入启动药盒和玻璃按瓶，拔开面罩的堵气胶塞，此时就可以戴上面具。

3）使用时，用手按动快速供氧盒的按片，压碎玻璃小瓶，让药品流出来和药块接触，这时，隔离器就能放出氧气供给佩戴人员呼吸。

4）如果在使用过程中感觉呼吸受阻，应用手按动安全补偿盒，放出补充氧气，同时应尽快离开有毒现场，摘下面具进行检查。

（3）隔离式自救器的维护包括以下几个方面：

1）保持器具清洁、卫生。对使用过的面罩和导气管要认真清洗，并用肥皂水和高锰酸钾溶液进行消毒，但不可用有机溶剂洗涤。

2）安全保存。存放隔离器的地方应避免日光直射，避免接近火源、热源、化学药物和潮湿气体。对于备用生氧罐和药剂，要保持干燥、清洁，严禁与油类等易燃品放在一起。

3）经常检查，如发现隔离器出现裂纹或老化现象，应停止使用。

7-60　自吸式橡胶长管防毒面具有何特点，应注意哪些事项？

答：这种防毒面具由面罩，10~20m 长的蛇形橡胶导管和腰带三部分组成，结构简单，造价低廉，使用这种防面具活动范围受限制，只能在 10~20m 半径为圆的范围内活动，但这种防毒面具供给的氧量充足（不受时间限制），适于在缺氧或煤气浓度较高或有毒气体成分复杂的情况下使用，特别适用于进入贮罐、密闭容器内进行检修时使用。

7-61　使用自吸式橡胶长管防毒面具应注意哪些事项？

答：为确保安全，使用自吸式橡胶长管防毒面具首先要保证橡胶导管不漏气。检查时把导管一端堵住，另一端吹入压缩空气，然后将整个长管浸入水中，如无气泡则说明长管不漏气，可以使用。使用长管时，要把长管进气的一端放到远离工作现场上风向的地方，以确保能够吸入新鲜空气。使用时，要派专人监护，保证长管畅通，防止长管被压、拽、戳、踩。

7-62　强制送风长管防毒面具有何特点？

答：强制送风长管防毒面具由面罩、导气管、腰带及"供氧器"四个部分组成。供氧器可以是鼓风机、空压机、压缩空气瓶、氧气瓶，根据实际情况进行选用。由于这种面具能够自己提供清洁空气，所以不受采气点限制，活动范围较大。这种面具的导气管和面罩均处于正压状态，佩戴者感觉舒适，呼吸自如，而且无论冬夏都能保证镜片干净不起雾，视线清楚。

7-63　使用强制送风长管防毒面具应注意哪些事项？

答：使用时要先调好风量，进入有毒作业区工作时应设专人进行监护，保证清洁空气的正常供给，使用中严防长管被压、踩、拽、戳。如果使用压缩空气作气源，则要用油水分离器或活性炭、木炭过滤压缩空气中的油分和水分。

7-64　CO 报警器的使用与维护方法是什么？

答：便携式检测仪适用于在有毒环境中，连续检测环境中有毒气体的浓度，并以设定值声光震动的形式警示现场人员尽快离开危险区域的个人防护仪器。

各种类型的检测仪，都有设定的检测量程，在这范围内检测结果的读数有效。有一个使用的适应环境温度的要求，否则会因使用不当，造成仪器损坏。

（1）使用注意事项：

1）检测仪更换电池时，应在安全场所进行（不得在地下室或易爆危险区更换电池）。

2）使用中传感器的口应裸露在外（不能放在口袋里）。

3）使用中传感器要注意防水和杂质，否则会影响检测的灵敏度。

4）检测的读数应在仪器规定量程内，不能长时间使仪器处于超量程状态。

5）检测仪应在 -20 ~ +50℃范围内的检测环境中使用，否则损坏仪器，影响测定结果（各款式检测仪的环境温度要求不同）。

6) 检测仪在使用中不得直接对着带压的煤气泄漏点。

7) 使用中，检测仪会受其他气体干扰（信号出现负数）。

8) 报警仪使用结束后要关闭。

（2）便携式检测仪的维护：

1) 长时间不用时，应关机取下电池。将仪表置干燥、无尘、符合存储温度的环境中保存。

2) 检测仪应定期校准、测试和检查。

3) 定期保养，保持报警仪各部位干净、整洁，特别是防尘罩不得积灰（使用柔软的湿布清洁仪器表面。切勿使用溶剂、肥皂或上光剂）。

4) 不得把检测仪表浸入液体。

（3）检测仪的使用量程及温度要求见表7-6。

表7-6 检测仪的使用量程及温度要求

产品型号	适用气体	测量范围	报警设定值			
			低报警	高报警	最低温度	最高温度
GAXT-BM 德康正泰	一氧化碳	$(0 \sim 1000) \times 10^{-6}$	35×10^{-6}	200×10^{-6}	$-30℃$	$+50℃$
GAXT-BX 德康正泰	氧气	$0 \sim 30\%$（体积分数）	19.5%（体积分数）	23.5%（体积分数）	$-30℃$	$+50℃$

第5节 煤气设施维护的特殊操作方法

7-65 如何用通风机吹扫煤气设施操作（一步置换法）？

答：常见煤气的爆炸条件有两点：一是煤气中混入空气或空气中混入煤气，达到爆炸范围；二是要有明火、电火或达到煤气着火点以上温度。只有这两个条件同时具备，才能够发生煤气爆炸，缺一个条件也不能发生煤气爆炸，这两个条件称为煤气爆炸的必要条件。

　　要防止煤气爆炸事故的发生，从根本上讲就是防止或破坏煤气爆炸的两个必要条件的同时存在，或是避免其中一个条件。只要煤气不具备爆炸的两个必要条件，就能完全避免煤气爆炸事故的发生。

　　过去，吹扫煤气一般是采用蒸汽或氮气，这样是比较安全的。但是，由于用量大、时间长，处理煤气非常费时费力。后来，依照煤气爆炸的条件，在严格禁火的情况下用通风机吹扫煤气既安全又快捷，省时、省力。

　　具体操作方法：准备一台专用通风机和专用布袋，连接到被处理煤气管道一端的人孔上，将末端的煤气放散阀打开，启动通风机，用空气将煤气吹扫、置换出去。这种吹扫煤气的方法非常有效。

7-66　煤气设施维护的特殊操作方法有何意义？

　　答：目前，钢铁企业生产成本越来越高，市场竞争日益加剧，大力推行节能减排发展循环经济，已经成为企业进一步发展和提高竞争力的重要途径。现在，钢铁企业生产过程中的二次能源，如高炉煤气、转炉煤气、焦炉煤气的回收利用及天然气的普及使用，已经非常普遍，有些先进企业甚至达到了高炉煤气、转炉煤气零排放。但是，随着煤气设施的日益老化，煤气设施漏点随之出现，影响煤气设施的安全运行。在生产过程中，以往煤气管道漏点需要停气堵漏，影响正常生产，处理起来不经济，后来经实践摸索，成功地实现了煤气设施漏点带气堵漏。

　　煤气设施维护带煤气作业是一项极其重要的工作，处理不当极易造成中毒、着火和爆炸事故。带煤气作业包括抽、堵盲板，顶煤气接管，煤气设备上"搬眼"，用通风机吹扫煤气、带压焊补、煤气设备上动火及带煤气处理漏点等。为了保证安全，在作业之前，务必认真作好各项准备工作及安全措施。

　　煤气设施维护特殊操作方法就是在煤气管道不需停气的条件下，处理各种复杂的煤气设施的缺陷，诸如煤气管道的焊缝开裂、腐蚀孔洞的轻微泄漏、吹扫、补焊，恢复煤气设备的机能，保证正常生产。煤气管道停气作业具有许多弊端，煤气管道的停产会带来以下问题：

安全问题：处理煤气作业极易发生中毒、火灾、爆炸等事故，历史上许多钢铁厂多次发生此类事故。1989年，某厂在为一新建放散管接点进行停煤气作业时发生火灾事故，作业人员4人烧伤，动用了数十辆消防车，给企业造成重大经济损失和给社会造成沉重的负担。

停产损失问题：停产会使用户蒙受经济损失，特别涉及钢铁厂的效益大户时，损失就相当巨大了。例如，某厂1780mm生产线，停产24h要少生产1万吨畅销钢材，损失利润数百万元，一般的停气时间都要48h以上，其损失可想而知。

环保问题：每次处理煤气作业都要将数万立方米的煤气放到大气中，煤气中有许多有毒物质对大气造成严重污染，避免这些污染对环保是大有益处的。

7-67 煤气设施维护危险作业的特殊操作有哪些方法？

答：煤气设施维护危险作业的特殊操作方法有通风机吹扫煤气、带压焊补、煤气设备上"搬眼"和带压堵漏操作法，而带压堵漏操作法又包括包盒子法、铜线法、阀门法或综合法。

7-68 如何带压焊补？

答：煤气管道的焊缝开裂、空洞和轻微泄漏是常见的。为了不影响生产，可以采用不停煤气，直接进行焊补。这种操作方法的要点是调控煤气压力。压力过低，容易引起零压或负压，危及管网安全；压力过高，焊滴难以着附于管道的焊缝上。一般煤气压力调控在1000~3000Pa，这种操作方法经多次实践，是非常可行的。

7-69 如何在煤气设备上"搬眼"操作？

答：管道带压开孔机是在生产管道不停产的情况下接出新管

道的机具，它是在全封闭状态下进行开孔的，没有泄漏，安全可靠。近几年 φ300 ~ 1200mm 口径管道带压接点已普遍应用，获得可观经济效益。例如，由鞍山穿山甲管道机械有限公司研制的 DJ1200 型大口径组合式开孔机在鞍钢二冷轧 φ1200mm 煤气管道接点中得到应用，获得成功。

鞍钢二冷轧 φ1200mm 焦炉煤气管道是为二冷轧新铺设的。在主管道接点问题上出现了较大的困难，因为主管线停产要影响到化工厂和轧钢厂停产，一旦停产就要造成重大经济损失，实际上根本不能停产。在这种情况下，采用新研制的专利设备——DJ1200 型开孔机，顺利实现了带压接点。这次接点的成功，标志着钢铁企业煤气管道，告别了最具危险的停气接点作业。同时填补了国内大口径管道带压接点机械的空白。

带压开孔机具有结构紧凑、质量轻、搬运方便、占用空间小等优点，作业时不受环境限制，操作简单，是管道施工的理想设备。目前该开孔机已形成系列产品，可满足 φ1200mm 以下任一管径的带压接点需要。它可适用于除了氧气以外的任何介质，极具推广价值。

管道带压开孔机特点：（1）安全性：由于开孔机在开孔过程中是在安全封闭的空腔内进行的，刀具切削过程与空气隔绝，没有着火、爆炸的可能。（2）环保性：由于封闭开孔、无泄漏、有毒有害介质不能排放到大气中，因此对环境无污染。（3）高效率：用该产品进行接点作业，只需 10 ~ 40min，是停产接点所不能及的，而且具有随意性，不受时间、环境等因素的限制，大大缩短了管道的施工工期。（4）高效益：进行不停产接点，将带来可观的经济效益。不停产的效益是巨大的，对燃气管道、化工管道、石油管道、安全、环保的效益更不可低估。施工单位用该产品进行管道接点施工，不但安全、方便、快捷，更会收到可观的效益。

7-70　什么是简单设备"搬眼"？

答：下列情况需要在煤气管道上"搬眼"：（1）盲板操作

需要在作业点通蒸汽或氮气时，作业处原管道上五通气点时；（2）处理残余煤气无通汽点或放散点时；（3）管道作业，需要堵球时；（4）煤气管道积污、积水、积焦油需排除而又无排除孔时；（5）外接小口径管道时。可预先焊好带丝扣和阀门的短管，用电钻进行钻孔，钻通后，放出管道积水和杂物，关闭阀门即可。

7-71　如何带压堵漏操作？

答：高炉通常在高风温、高风压状态下正常生产。由于振动和冲击，高炉局部薄弱部位会裂开，出现漏点。故障发生后，高炉必须有序地组织休风，维修人员必须在第一时间到达现场进行堵漏。针对不同漏点的部位，有时需要处理煤气。这样既延长停产时间，同时又给维修人员的人身安全带来极大的威胁。

7-72　带气堵漏的理论根据是什么？

答：煤气设施带气堵漏在理论上的解释是：燃烧必须具备的三个条件：可燃物（煤气）、助燃物（空气、氧气）、点火源。煤气设施只要保持正压（例如一般钢铁厂高炉煤气管道压力 5～26kPa，转炉煤气管道压力 3～10kPa），煤气设施内就不会混入空气，所以在缺少助燃物的情况下进行电焊作业，绝对不会造成管道内煤气起火、爆炸事故。即使在堵漏作业中，因泄漏出的煤气被引燃，可立即用灭火器或者湿抹布扑灭，在可控范围内。

7-73　带气堵漏的操作方法准备工作是什么？

答：带气堵漏前要做一些必要的准备工作：
（1）搭设堵漏施工平台、走梯；
（2）清理漏点周围的原有防锈漆、铁锈、障碍物；
（3）测量漏点大小、形状，判断漏点严重程度，确定堵漏实施方法；

（4）制作堵漏用预制件，准备适量管件；

（5）将施工工具、灭火器材等运抵现场；

（6）办理登高作业票、动火票；

（7）施工前安排专人全程检测堵漏管道煤气压力，必须保持正压；

（8）准备适量油漆，堵漏完成后，对漏点处进行防腐。

7-74 什么是直接焊补法？

答：对于煤气设施上新出现的漏点，特别是管道焊缝漏点，漏点较轻，泄漏量不大的情况下，可采用直接焊补法进行堵漏。举例所示（图7-8），管道侧面出现漏点，从漏点的 A 点向 B 点烧焊，使用的电流不要过大，因为漏点周围管道被腐蚀后，容易烧穿管道。直接焊补调整压力和保持合适的压力是关键，如果压力太高，焊滴会被吹掉，焊不"死"。另外，焊补前也可以用堵漏棒和"克赛新"TS528 油面紧急补剂辅助堵漏或者用铜丝先期堵漏，然后烧焊。采用此方法成功处理了青钢第一小型厂西侧 DN1400 高炉煤气管道长上 300mm 焊缝漏点及二加压站煤气柜柜底漏点。

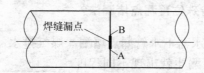

图 7-8　直接烧焊堵漏法

7-75　什么是制作焊盒堵漏法？

答：对于煤气管道上老漏点，泄漏严重，而且漏点周围钢板腐蚀后已经很薄，此种漏点如果采用直接烧焊法已经不可行，会使漏点越烧越大，此种漏点可采用制作焊盒堵漏法。具体为（图7-9）：实测漏点尺寸、形状后，在制作间制作一与现场管道相吻合的焊盒，一般采用厚度为 8～10mm 钢板制作，焊盒上预留一 DN15～50mm 左右的泄压丝头。现场施工时，通过丝头接出放散管将泄漏出的煤气引向上方排空，将焊盒沿四周烧焊在管道上，最后用丝堵或管帽将丝头堵好。此种方法对于处理处于管道下方伴有滴水的漏点效果特别好，遇到有滴水的漏点处理时，可以适当加大焊机电流。当处理转炉煤气管道漏点时，转炉煤气特别易燃，可在焊盒内填充浸过泡花碱的花包布，压实后施工。采用此方法成功处理了 2 号大放散管道焊缝漏点，1 号高炉西侧转炉煤气管道漏点。

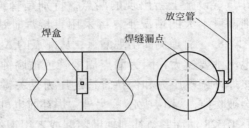

图 7-9　制作焊盒堵漏法

7-76　什么是特殊位置漏点堵漏法？

　　答：煤气排水器下水管漏点堵漏。煤气排水器一般运行 7～8 年以后，下水管漏斗就出现不同程度腐蚀泄漏，以往停气处理需要更换下水管或者对排水器移位，最快也要 8h 时间，处理起来很不经济。堵此种漏点可以将整个下水管漏斗带气包裹堵漏（图 7-10），实测漏斗尺寸后，在制作间制作一与现场漏斗相吻合的构件，分为两半，现场对合，进

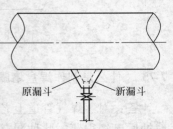

图 7-10　排水器漏斗堵漏法

行烧焊。采用此方法成功处理了青钢高炉煤气管道上的 002 号和 007 号排水器。

7-77　什么是煤气管道补偿器包裹堵漏?

答：由于补偿器的材质等问题，青钢北部区域高炉煤气管道安装的 4 个 DN2400、7 个 DN1600 补偿器，使用不到一年时间即出现了不同程度蜂窝状腐蚀漏点。这么大面积补偿器更换作业根本不可能，采用对原有补偿器包裹施工的方法，处理效果非常好（图 7-11）。由厂家制作直径大于原尺寸的新补偿器，两端带管箍，管箍内径同现场管道尺寸，然后将新补偿器一分为二，

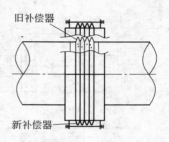

图 7-11　补偿器包裹堵漏法

现场包裹原补偿器，烧焊在管道上。采用此方法成功地处理了青钢北部区域高炉煤气管道上 4 个 DN2400、7 个 DN1600 补偿器，后来还成功应用于三高线 DN1600 盲板阀自身补偿器包裹，一小型西侧一个 DN1400、一个 DN1200 补偿器带气包裹。

7-78　什么是煤气管道法兰漏点包裹堵漏?

答：同煤气管道补偿器带气包裹道理相同，制作大于现场管道法兰直径的构件，一般采用厚度 10mm 以上的钢板制作，一分为二，现场包裹原管道法兰，烧焊在管道上。对于泄漏严重的法兰漏点，构件上要预留 DN100 ~ 200mm 左右得泄压法兰孔。采用此方法成功处理了青钢 4 号高炉净煤气主管 DN1400 孔板流量计法兰和 1 号回转窑北侧 DN1600 高炉煤气管道盲板法兰漏点。

7-79　什么是特殊专业工具堵漏法?

答：目前国内一些专业公司开发、研制成功了多种特殊专业工具堵漏产品，广泛应用于冶金、化工、电力等行业的生产管线在线堵漏。例如，南京尔逊科技发展有限公司开发的特殊专用工具 RX7112X 型系列产品（图 7-12）。按照产品使用说明书操作

要求，将产品安装在煤气管道漏点处，用扭力扳手按设定值将接口收紧即可，产品可适用于 DN40～2020mm 煤气管道堵漏。该产品使用方便，操作简单，缺点是价格较昂贵。

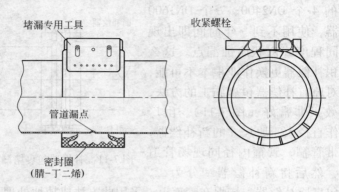

图 7-12　特殊专用工具堵漏法

7-80　什么是常规带压堵漏操作法？

答：带压堵漏操作法就是在高炉不休风情况下，根据其生产状态、风温、压力、上料等情况戴防毒面具进行堵漏的一种方法。它具有两种堵漏方式，即直接带压堵漏操作和带压放压堵漏操作。具体操作步骤如下：

首先，做好堵漏前的各项准备。要戴好防毒面具，掌握好风向。高空作业时必须系好安全带，戴上耳塞。如在夏季堵漏，必须穿上棉衣棉裤。

其次，进行强堵操作。（1）准备好堵漏工具，根据漏点的大小和形状，把铜线编成铜辫；（2）用手锤螺丝刀改成的手铲进行堵漏操作。根据漏点大小形状，切割钢板进行包补加固。在堵漏操作过程中伴有强压和水蒸气，不能进行直接的电焊焊接。所以，要用手锤圆头打击被堵漏点，使其铜线密度和抗压强度增压。此项操作视管道薄厚而定：对于厚管道，可以按常规操作；对于薄管道，必须轻轻敲击。如堵漏部位有带压沙眼，用手锤打击扁铲或大铲把沙眼捻死，并焊好，堵漏完毕。

在操作过程中，电焊和钳工必须戴上防毒面具，必须随身携带煤气测量器，以防止中毒事故的发生。这是在不休风情况下实施的带压堵漏操作。这种方法也称直接带压堵漏操作。

带压放压堵漏操作法同上堵漏后，因有余留压力，不好焊接，根据漏点大小在下好料的钢板或管皮上开割一个或几个孔洞，在孔洞上焊螺丝帽或带铁管的铜开闭器，进行堵漏。焊完后钳工关上螺栓或开闭器，放压堵漏完成。堵漏过程中要稳、准、狠。以上两种堵漏操作快捷、安全系数高。该操作法是一种成功的先进操作法。

据不完全统计，对于一座 $1000m^3$ 高炉每次休风的时间需 1h，每次休风期间内损失生铁 300t，每年休风次数为 80次。此项操作法普及推广使用后，创造了较为可观的经济效益。

7-81　如何进行管道焊口裂缝的操作？

答：裂缝较小，可顶煤气补焊；裂缝较大，可先打夹子后补焊，还可以采用粘补技术处理。

7-82　管道法兰泄漏如何处理？

答：（1）泄漏不十分严重时，可采取更换螺丝，塞石棉绳的办法处理；

（2）泄漏严重，可降低煤气压力，更换垫圈；

（3）泄漏严重，还可将法兰包括螺孔全部焊死；或者采取包补的办法处理。

7-83　管道波纹膨胀器泄漏如何处理？

答：（1）尽可能地补焊；

（2）采取将胀力全部包起来的办法处理；

（3）有可能时更换波纹膨胀器。

7-84 放散管上部堵塞如何处理？

答： 如果放散管阀门打开，同时敲打放散管，仍然不能放散时，可在放散管阀门后钻 1/2 ~3/4 孔，通入压力较高的蒸汽、氮气处理。不得已时，可更换放散管上部（阀门以上部分）。如确认是阀门上部紧靠阀门处堵塞，可在此部位开窗处理。

为了防止此类事情发生，建议生产时经常吹扫煤气放散管，甚至包括高炉的均压管道，都应定期吹扫，免得堵塞，影响生产。

7-85 排水器堵塞如何处理？

答： 造成排水器堵塞的原因有：（1）排水器长期不清扫，筒体积污太多；（2）排水器保温不良，下水管冻结；（3）施工时的遗留物。

处理方法：（1）筒体积污太多引起堵塞，应立即清扫水槽；（2）下水管上部堵塞时，关闭第二道阀门，从检测头通入蒸汽处理；（3）下水管下部堵塞，关闭头道阀门，从检测头通入蒸汽处理；（4）施工遗留物造成的堵塞，在通气处理无效时，应更换下水管。

如何清扫排水器：（1）关闭排水器上下二道阀门，在第二道阀门后堵盲板；关闭水管和蒸汽；（2）打开放气头，打开水槽手孔放水头，放净筒体内积水；（3）打开排水器下部手孔，放净筒体内积污；（4）封闭手孔，关闭放水头；排水器两侧装满水，低压侧满流，高压侧从排气头检测水位；（5）关闭放气头，抽出盲板，打开第二道阀门，缓慢开启头道阀门；（6）上水，蒸汽投运，处理清扫出的污物。

清扫排水器注意事项：（1）清扫排水器前必须堵板，不准用关闭第二道阀门代替堵盲板；（2）堵盲板应戴防毒面具；（3）屋内排水器清扫，排水器内水放净后不仅要打开门窗，而且要在水放净后半小时清扫，以防残余煤气中毒；（4）妥善处理清扫出的污物；（5）排水器投产前必须确认两侧装满水。

7-86 如何进行人孔接点的操作？

答：准备工作：（1）将人孔盖上拉手割除，将吹扫头割除，用木塞堵好并切平，在人孔盖上焊把柄；（2）将人孔周边点焊在法兰上，点焊点多少，以将法兰螺丝全部卸掉不漏煤气为准；（3）卸掉螺丝，并将下方 3~5 个螺丝孔的下半部切掉，以保证抽出人孔盖时，这 3~5 个螺丝不卸下也不受障碍；（4）将新接管道法兰用螺丝同管道人孔法兰连接好，并拧紧；（5）将点焊处切开并保证光滑。

人孔接点的操作：（1）降低煤气压力（按带煤气盲板作业标准）；（2）卸掉除人孔下方 3~5 个螺丝外的全部螺丝，留下的 3~5 个螺丝要松到适当位置；（3）撑开法兰，抽出人孔盖，放入垫圈，将所有螺丝拧紧。

人孔接点操作的安全要求：（1）人孔接点作业与带煤气抽堵盲板要求相同；（2）作业前，必须用蒸气吹扫人孔法兰，确保无火焰；（3）人孔下方 3~5 个螺丝的下半部切除时既要保证一定方便作业，又不要造成煤气外泄。

7-87 在停产的煤气设备上动火的操作应注意哪些问题？

答：（1）必须可靠地切断煤气来源，彻底处理净残煤气。

（2）在设备内采样分析，氧含量大于 20.5%。

（3）天然气、焦炉煤气、发生炉及混合煤气管道动火，必须向管道通入蒸汽或氮气，整个作业中不准断绝。

（4）动火处两侧积污清除 1.5~2m，如无法清除，要装满水或用沙子掩盖。

（5）长期放置的煤气设备动火，应重新处理煤气并进行严格地采样分析。

（6）设备内清除的焦油、萘等可燃物要严格处理好，以防发生着火。

第8章 高炉煤气除尘、清洗与煤气取样

第1节 高炉煤气清洗工艺

8-1 目前高炉煤气清洗采用什么样的工艺流程，其工艺流程图是怎样的？

答：从高炉炉顶排出的煤气含尘量在 $10 \sim 40 g/m^3$（标准状态），如果不进行除尘和清洗，这种煤气是没有使用价值的，因为大量含尘的煤气在燃烧时，会将化工焦炉燃烧室格子砖、高炉热风炉蓄热室格子砖及轧钢厂加热炉烧嘴堵塞，同时在长途输送途中，也会造成管道堵塞，冲刷管壁，影响生产。

从高炉煤气的除尘、清洗发展来看，其工艺流程随着科学技术进步，设备改造也在不断发展。目前大型高炉煤气清洗工艺基本有两种：即塔文工艺和双文工艺。塔文工艺流程是高炉煤气从高炉炉顶排出后进入干式重力除尘器，再进入洗涤塔，然后进入文氏管，最后通过水分分离器进行脱水，再进入高炉煤气总管。而双文工艺流程所不同的是用溢流文氏管取代了洗涤塔。塔文工艺煤气除尘、清洗系统如图 8-1 所示。

8-2 高炉煤气净化与利用的工艺有几种？

答：高炉煤气是炼铁生产的副产品，使用热料入炉时，出炉煤气温度在 $400 \sim 450℃$，煤气中含尘量 $10 \sim 40 g/m^3$；使用冷料时，出炉的煤气温度为 $200 \sim 250℃$，煤气含尘量 $10 \sim 20 g/m^3$。作为气体燃料要求高炉煤气的含尘量必须达到 $10 mg/m^3$ 以下，因此，必须除尘净化。除尘净化分为湿法和干法两

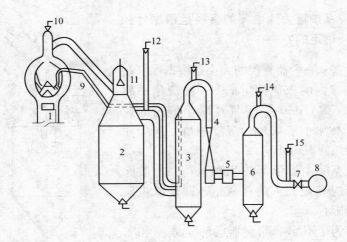

图 8-1　高炉煤气系统（湿法塔文系统）

1—高炉；2—除尘器；3—洗涤塔；4—文氏管；5—调压阀组；
6—脱水器；7—叶形插板；8—煤气总管；9—均压管；
10—炉顶放散阀；11—煤气切断阀；12～15—各放散阀

种工艺流程。

8-3　重力除尘器的构造及除尘原理是什么？

答：重力除尘器是高炉煤气进行粗除尘的设备。其构造如图 8-2 所示。

根据目前高炉的原燃料条件和冶炼操作制度，每 $1m^3$ 高炉煤气出炉的含尘量一般为 $10～40g/m^3$（标态）。

重力除尘器的除尘原理是：利用荒煤气进入除尘器内，煤气流速因中心导入管断面积扩大而降低，并改变煤气流方向，使煤气中大颗粒灰尘在重力和惯性力的作用下与煤气流分离，而沉降到除尘器底部，达到除尘的目的。

重力除尘器的除尘效率可达 60% ～80%，即经过粗除尘，煤气含尘量可降为 $1～10g/m^3$（标态）。

8-4 高炉重力除尘器的直径是根据什么确定的?

答：除尘器直径的大小是根据煤气在除尘器内的流速而定的，一般流速不超过 0.6 ~ 1.0m/s。煤气在除尘器内的速度，必须小于灰尘的沉降速度，灰尘才不会被煤气带走。

据除尘器下部体积和载荷，一般除尘器应满足三天的存灰量，即是除尘器的极限存灰量。

为了不影响除尘器的除尘效率和安全生产，保证高炉稳定顺行，除尘器要经常打灰，而且每天都要打净。

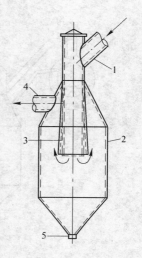

图 8-2　重力除尘器
1—煤气下降管；2—除尘器；
3—中心导入管；4—塔前管；
5—清灰口

8-5 洗涤塔的构造和工作原理是什么?

答：粗除尘不能除掉的细颗粒灰尘，要靠清洗的办法加以进一步清除。目前，应用比较广泛的半精细除尘设备是洗涤塔，也有采用溢流文氏管的。一般来说，经过半精细除尘，煤气含灰量可降到 500mg/m³（标态）以下。

洗涤塔为一细高的圆筒形结构。空心洗涤塔结构示意图如图 8-3 所示。其底部设有放水阀和排水系统，煤气由入口管道进入塔内。入口管道带有一定的角度，目的是避免煤气直接冲击对面器壁，在煤气入口管道上方设有煤气分配盘。其作用是使煤气流分布均匀，有利于降尘降温作用。分配盘是用两层相互垂直的角钢组成。每一层角钢之间有一定的距离。

在分配盘上方铺设有二层或三层给水环管和水喷嘴。洗涤塔内水嘴是采用 ϕ20mm 或 ϕ25mm 的渐开线水嘴。

洗涤塔的作用：一是对高炉煤气进一步除尘；二是起到降温的作用。

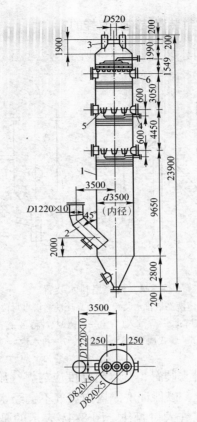

图 8-3　空心洗涤塔结构示意图

1—洗涤塔外壳；2—煤气导入管；3—煤气导出管；
4—喷嘴给水管；5—喷嘴；6—人孔

其工作原理为：当煤气由洗涤塔下部入口进入后，自下而上运动时，遇到由上向下喷洒的水滴，煤气和水进行热交换，使煤气温度降低；同时煤气中携带的灰尘被水滴所润湿，小颗粒灰尘彼此凝聚成较大颗粒，由于重力作用，这些较大颗粒离开煤气流随水一起流向洗涤塔下部，与污水一起经塔底水封排走。经冷却和洗涤后的煤气由塔顶部管道导出。

8-6　洗涤塔的水封装置结构是怎样的?

　　答: 洗涤塔排水装置如图8-4所示。

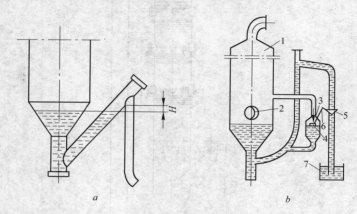

图8-4　洗涤塔排水装置
a—常压洗涤塔排水装置;b—高压洗涤塔水封位置
1—洗涤塔;2—煤气入口;3—水位调节器;4—浮标;
5—蝶式调节阀;6—连杆;7—排水沟

　　常压洗涤塔排水装置,其水封高度应与煤气压力相适应,一般为3000mm以上,以保证洗涤塔内煤气不会经水封逸出,又使塔内水柱不会把煤气入口封住。图8-4b表示的是设有自动控制的高压洗涤塔水封装置。它的作用是既能使水封保持在普通压力下的高度,又能在压力变化时使塔内水位稳定在一定水平上。

8-7　溢流文氏管的构造和工作原理是什么?

　　答: 溢流文氏管是由文氏管发展而来的。它在低喉口流速和低压头损失的情况下不仅可以部分地除去煤气的灰尘,而且可以有效地冷却。在众多高炉上已经采用溢流文氏管代替洗涤塔作为半精细除尘设备,效果很好,其结构示意图如图8-5所示。它是由煤气入口管、溢流水箱、收缩管、喉口和扩张管等几部分组

成。溢流水箱是避免灰尘在干湿交接
面集聚，防止喉口堵塞的必备设施。
溢流水箱的水不断沿溢流口流入收缩
段，以保证收缩段至喉口不断地有一
层水膜，防止灰尘堵塞。

　　溢流文氏管的工作原理是：当煤
气以高速通过喉口时，与净化煤气的
用水发生剧烈的冲击，使水雾化而与
煤气充分接触，两者进行热交换后，
煤气温度降低；同时，细颗粒的水使
煤气中所带灰尘湿润而彼此凝聚沉降
后，随水排除，以达到净化煤气的
目的。

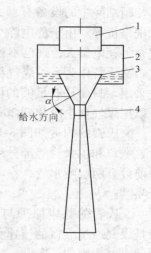

图 8-5　溢流文氏管示意图
1—煤气入口；2—溢流箱；
3—溢流口；4—喉口

　　溢流文氏管在生产实践中收到了
良好的效果，它与洗涤塔比较具有如
下特点：

　　（1）构造简单，节省钢材，其钢材消耗量仅是洗涤塔的
1/3～1/2。

　　（2）体积小，高度大大降低。因此，相应要求供水压力低，
减少了动力消耗。

　　（3）除尘效率比洗涤塔高，水消耗比洗涤塔低，一般为 4t/
1000m³（标态）。

　　压头损失比洗涤塔高，煤气出口温度比洗涤塔稍高，这是它
的不足。

8-8　文氏管的构造和工作原理是什么？

　　答：煤气经过半精细除尘之后，仍有一部分灰尘悬浮于煤气
中，由于所剩灰尘颗粒更细，不能被洗涤喷水所湿润，必须用强
大的外加力量来使其凝聚成大颗粒而与煤气分离，达到精洗的目
的，称为精细除尘。

　　精细除尘的设备有：文氏管、电除尘器和洗涤机等。由于静电除尘器和洗涤机结构复杂，耗电量大，现已不被采用。

　　文氏管作为高炉煤气精细除尘设备广泛被采用。只要是有足够的压力，文氏管完全可以把煤气含尘净化到 $20mg/m^3$（标态）以下。文氏管的构造如图 8-6 所示。它由收缩管、喉口和扩张管等部分组成。一般在收缩管前设有两层喷水管，在收缩管中心设有一个喷嘴。

　　文氏管的除尘原理与溢流文氏管相同，只是煤气通过喉口的流速更大，水和煤气的扰动也更为剧烈，因此，能使更细颗粒的灰尘被湿润而凝聚并与煤气分离，以达到精细除尘的目的。

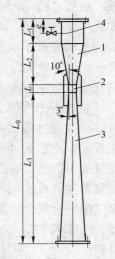

图 8-6　文氏管的结构示意图

1—收缩管；2—喉口；
3—扩张管；4—喷水管

8-9　静电除尘器的除尘原理是什么？

　　答：静电除尘器的除尘原理是将煤气通过两极间的高压电场，由于电晕现象煤气发生离子化，带阴离子的气体一部分聚集在灰尘上，使灰尘带负电，而被阳极所吸引。沉积在阳极的灰尘失去电荷后，便可用振动或用水冲洗的办法使灰尘流下而排除。

　　静电除尘器净化效率高，耗电量少，受高炉操作影响较小。但是投资高，需要的设备、材料多，维护要求高。

8-10　什么是湿法除尘？

　　答：高炉荒煤气经重力除尘器粗除尘后，进入湿式精细除尘，依靠喷淋大量的水，最终获得含尘量为 $10mg/m^3$ 以下的净煤气，此过程称湿法除尘。湿式精细除尘装置又分为塔文系统和双文系统。双文系统就是用溢流文氏管取代了洗涤塔的湿法除尘净化系统。

（1）重力除尘器结构。如图 8-2 所示，高炉煤气自顶部进入，经中心管导出。由于断面扩大，使流速降低，再转 180°后，向上流动，煤气中的粗尘粒则因失去动能，在惯性力的作用下沉淀下来，实现尘气分离。

煤气在除尘器内的流速为 0.6 ~ 1.0m/s；重力除尘器的除尘效率为 75% ~ 85%。

（2）洗涤塔。按结构分为空心塔和木格填料塔；按压力分为高压塔和常压塔。目前大多数高炉采用高压空心塔，其结构见图 8-4。煤气入口管道从洗涤塔下部插入，与塔壁夹角一般为 35° ~ 45°，内设 2 ~ 3 层喷嘴，煤气由下向上流动与喷水嘴喷出的细水滴相接触，使煤气中灰尘增湿、凝聚并分离出来。洗涤塔的作用就是用水作洗涤剂，在捕集灰尘的同时将煤气冷却。塔内的煤气流速为 1.8 ~ 2.5m/s，煤气在塔内的停留时间不小于 10s。煤气在出洗涤塔后的含尘量应在 1g/m³ 以下。

（3）文氏管。常用的文氏管有四种：溢流调径文氏管、溢流定径文氏管、调径文氏管、定径文氏管。

溢流（调径或定径）文氏管，因形成溢流水膜保护，可防止文氏管内壁干、湿交界面处积灰造成的堵塞以及灰尘引起的磨损等，多用于清洗高温含尘的未饱和的煤气，而取代洗涤塔。

文氏管（调径或定径）多用于常温的半净煤气的净化。安装在溢流文氏管（或洗涤塔）之后，组成双文系统或塔文系统。

煤气进入文氏管后，因收缩段截面不断缩小，煤气的流速不断增大，到喉口处煤气流速达到最大（在 100m/s 以上）。从喷嘴喷出的冷却水，在喉口处形成水幕，由于煤气的流速较高将水滴打碎成数目极多、直径极小的雾状小水滴阻碍了煤气的自由通路，此时煤气和水滴呈湍流状态，煤气的尘粒与液滴均匀混合、相互撞击凝集在一起，使颗粒变大。在扩张段中，由于煤气流速逐渐变低，凝集后的尘粒靠惯性力从煤气中分离出来。由文氏管流出的煤气含尘量达到 10mg/m³ 以下。

塔文系统和双文系统除尘效率是相同的，都能达到标准要求。双文系统与塔文系统相比，双文系统具有操作维护简便、占地少、耗水省、节约投资等优点，但煤气温度略高2~3℃，而且一级文氏管磨损较重。

8-11　什么是比绍夫（Bischoff）法精细除尘？

　　答：比绍夫（Bischoff）法是一种湿式环缝煤气清洗器，安装于高炉重力除尘器后，见图8-7。

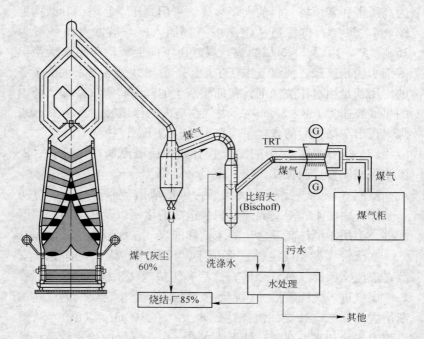

图8-7　比绍夫煤气清洗系统

　　在比绍夫清洗器的第一阶段，煤气通过预清洗可将约90%的颗粒尘去除而且气体的冷却几乎可在此阶段完成。在清洗塔中心配置多级喷头，这种结构可在很低的阻损条件下（小于1000Pa）达到很高的清洗和冷却效果。煤气清洗的第二阶段通过一环缝清洗器去除煤气中细小的粉尘并同时进行绝热冷却。在降压条件下，可保证煤气含尘量始终低于 5mg/m³（标态）。

8-12　脱水器的种类及工作原理是什么？

答：清洗后的煤气中含有大量的细颗粒的水滴（机械水），必须除去，否则会降低煤气发热值和因为水中带有灰尘使煤气除尘实际效果变差。有些中、小型高炉，往往由于除尘不佳和脱水不好，而造成管道和燃烧器堵塞。因此，对煤气脱水必须给予足够的重视。

脱水器的种类很多，我国高炉净化煤气系统中用得较多的是挡板式、重力式和旋风式三种。

（1）挡板式脱水器。挡板式脱水器构造如图 8-8 所示。这种

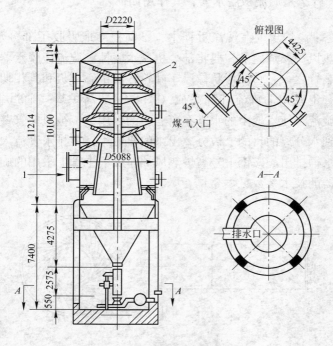

图 8-8　挡板式脱水器结构示意图

1—煤气入口；2—挡板

脱水器多用于高压高炉煤气系统，它设在调压阀组之后起脱水和除尘作用。其工作原理是：当煤气沿切线方向进入后，经曲折挡板，水滴在离心力和重力作用下与煤气流分离，也有一些水滴直接与挡板碰撞失去动能而与煤气分离。

（2）重力脱水器。它是利用煤气流速度的降低和方向的改变，使水滴在重力和惯性力作用下与煤气流分离。

（3）旋风式脱水器。这种脱水器多用于中、小型高炉，安装在文氏管之后。煤气流进入旋风式脱水器后，水滴在离心力作用下与脱水器壁发生碰撞，使水滴失去动能与煤气流分离，以达到除尘和脱水的目的。

8-13 什么是旋流板脱水器，其作用如何？

答：高炉煤气在洗涤过程中，不同程度地吸收了部分水分。在入热风炉燃烧之前，要将部分机械水脱掉。旋流板脱水器就是脱水装置之一。它的形状像风车叶轮，由中心盲板和其相切的并带有一定倾角的旋流叶片组成（图8-9）。高炉煤气通过它时，产生旋流，使煤气中的水雾在离心力的作用下，被甩向管壁，从而达到水分离的目的。被分离出来的机械水，由排水管流入水封式下水槽排出。鞍钢1号高炉热风炉净煤气主管上采用的旋流板脱水器的技术参数见表8-1。

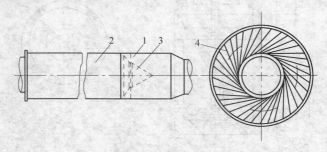

图8-9　旋流板脱水器

1—旋流板脱水器；2—脱水器管体；3—导流锥体；4—叶片

表 8-1　旋流板脱水器主要技术参数

序　号	项　目	单　位	数　量
1	脱水器直径	mm	1826
2	脱水器管长	mm	9290
3	叶板数量	片	36
4	叶板厚度	mm	5
5	叶板倾角	(°)	45
6	导流锥体角度	(°)	60
7	盲板直径	mm	800

8-14　如何降低高炉煤气含尘量?

答: 降低高炉煤气中的含尘量能避免格子砖格孔堵塞, 使高铝砖的渣化现象减轻、热风炉的使用寿命延长、高风温持久长效。湿式煤气清洗系统通过提高 1 文、2 文喉口压差, 降低 1 文入口煤气流速, 提高重力除尘器的除尘效率, 使 1 文出口煤气含尘量保持在 $100mg/m^3$ 以内, 通过调节控制 1 文、2 文压差, 净煤气中的含尘量下降至 2 文出口 $8mg/m^3$ 以内。干式煤气除尘要严格管理, 加强布袋检漏和更换工作, 严格控制布袋箱的入口温度, 确保煤气含尘达到 $5mg/m^3$ 以内的要求。

8-15　如何降低高炉煤气含水量?

答: 洗涤后的煤气中不但含大量饱和水蒸气并且还夹带有大量机械水, 严重影响了煤气的发热量和理论燃烧温度。高炉煤气不同饱和水量时的成分对煤气发热量的影响见表 8-2。

表 8-2　高炉煤气不同饱和水量时的成分对煤气发热量的影响

$w(H_2O)/\%$ （$g \cdot m^{-3}$）	$w(CO_2)$ /%	$w(CO)$ /%	$w(H_2)$ /%	$w(N_2)$ /%	Q_{DW} /$kJ \cdot m^{-3}$
干	16.3	25.1	2.1	56.5	3398
2.5(20.1)	15.9	24.5	2	55.1	3312
5.0(40.2)	15.5	23.8	2	53.7	3223
7.5(60.2)	15.1	23.2	1.9	52.3	3136
10(80.3)	14.7	22.6	1.9	50.8	3061

在饱和水与机械水不超过 10%（80g/m³）的范围内，水分每增加 1%，煤气发热量分别降低约 33kJ/m³ 与 18kJ/m³ 热量，理论燃烧温度 $t_{理}$ 也随之降低 51℃。

某厂为降低煤气中的水分，通过降低洗涤水温度，增大洗涤水量，由原先的 270t/h 提高至目前的 380t/h，洗涤后的煤气温度由原先的 55℃ 下降至目前的 45℃，有效降低了煤气饱和水含量。加强煤气洗涤后的机械水脱水效果，在 2 文出口至热风炉燃烧前利用管道的走向变化增设有 9 处冷凝排水器，以提高煤气系统的脱水能力，定期检查 2 文脱水填料的使用情况，确保煤气洗涤的脱水质量。

8-16　什么是排水器，如何确定煤气设备水封的高度？

答：排水器，又称水封、下水槽，是在煤气管网中连续不断地排出管网中冷凝水、积水和污物以保证管道畅通的一种设备。

排水器一般可分为低压、高压和自动排水器三种。

低压排水器适用于管道工作压力在 10kPa 以下的低压管网。架空管道上的低压排水器是连续排污的，地下煤气管道使用的低压排水器通常采用定期人工抽水的方式。

高压排水器适用于 10～30kPa 的喷水管网中，其排污是连续的。高压排水器为了降低排水器高度可以设计和制作成两室或多室。

自动排水器结构复杂，能连续排污，适用于高压煤气管道，但是，由于整个排水器需埋在地下，无法保温，维护困难，一旦出现泄漏很难处理，所以，不常采用。

为保证正常使用情况下的生产安全，一定要确保水封高度。

（1）对于最大工作压力小于 3000Pa 的煤气设备或管道，使用的水封有效工作压力应为设备或管道的最大工作压力加 1500Pa（但总高不应小于 2500Pa）。这种水封适用于安装在煤气加压机前或热煤气系统的煤气设备与煤气管上。

（2）最大工作压力大于或等于 3000Pa 的设备或管道，所使用水封高度应为设备或管道工作压力水柱高的 1.5 倍，该水封适用于安装在煤气加压机前的煤气设备或管道上。

（3）最大工作压力不超过 30kPa 的高炉煤气、发生炉煤气站厂区管网以及用户所使用的水封有效高度应为管网最大煤气工作压力加 5000Pa。

安装使用排水器应符合以下要求：

（1）排水器设在管道低洼处、孔板前，安装两个排水器应保持 200~250m 的距离。排水器水封的有效高度应为煤气计算压力加 5000Pa。

（2）煤气管道的排水器宜安装闸阀和旋塞，以便于维修、更换和发生事故时进行处理。

（3）两条或两条以上的煤气管道及同一煤气管道隔断装置的两侧，宜单独设置排水器，如设同一排水器，其水封有效高度按最高工作压力确定。

（4）排水器应设有清扫孔和放水的闸阀或设旋塞，每个排水器应设检查管头，排水器的溢流管口应设漏斗。装有冷水管的排水器应通过漏斗给水。

（5）排水器可设在露天，但在寒冷地区应有防冻措施。排水器如设在室内则应保证良好的自然通风条件。

（6）排水器不应设在生活间窗外或附近地区，以免煤气泄漏，窜入室内，造成人员中毒。

8-17　复合式排水器的结构和水封下水原理是怎样的？

答：复合式排水器是广泛使用的一种煤气下水装置，其结构如图 8-10 所示。复合式排水器由双水封室组成。当煤气中的机械水由煤气管道上的漏斗型下水口进入排水器时，首先进入左室，水封高度为 H，为了增加排水器的有效水封高度而不使排水器过于高大，在右室暗设溢流管，直至右室底部。只有当左室的水封高到足够溢流到右室，还需同样高度 H，水才能排出排水器外，此时，水封高度为 $2H$，水封的有效高度应为煤气的计算压

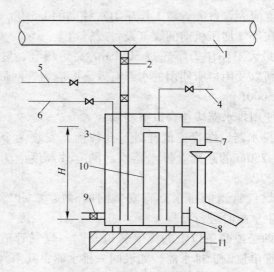

图 8-10　复式排水器结构图

1—煤气主管；2—排水管闸阀（2个）；3—水封体；4—补充水；
5—检查、测压管；6—保温蒸汽；7—溢流排水管；8—排污孔
（2个）；9—清洗用放水管（2个）；10—隔板；11—排水器托架

力加上 500mm。

该排水器设有补充水，在启用前用来充水和生产时作补充水。溢流出的水由排水管导入地下水井。下部设有清污孔（一室一个）和清洗用放水开闭器，用来清洗排水器。另外，还有保温蒸汽用来保温。

8-18　造成煤气管道排水器冒煤气的主要原因是什么，如何处理？

答：煤气管道排水器冒煤气的主要原因有以下几种情况：

（1）由于误操作，鼓风机升压过高往往会造成排水器跑冒煤气。

（2）当低压煤气管网串入了大量的高压煤气时也会在排水器部位跑冒煤气。

（3）如因排水器水封的桶体、隔板等处腐蚀漏孔，致使排

水器水封有效高度不够时会导致跑冒煤气。

（4）在自动排水器失灵、设备冻坏、排水器保温气量过大而又无法充水时也会有煤气从排水器冒出。

处理排水器冒煤气故障属于煤气危险作业，作业前要做好防护准备工作，作业区域严禁火源，禁止行人通过以免煤气泄漏对人造成伤害。作业人员应戴好防护用具，作业时要两人以上，设专人监护。处理故障前应先将排水器下水管开闭器关上，查找冒煤气原因。如排水器本身跑冒煤气，只需予以更换即可。如非排水器本身问题，可重新装水运行。高压排水器装水时应将高压放气头打开。旧立式排水器一般须用消防车配合强制装水。自动排水器则往往需要撬棍撬。

8-19　叶形插板的构造与作用是怎样的？

答：插板是煤气管道上用于切断煤气的可靠装置。

叶形插板（又称克林克插板）及电动化叶形插板，均由板面、压紧装置及卷扬机、钢绳、电动机组成。

叶形插板的板面上为一个 $\phi 1800mm$ 的圆孔，下面为一个 $\phi 1800mm$ 的堵板（也有 $\phi 1200mm$ 的）。插板的板面用压紧装置压紧。压紧装置的动作原理如下：链子带动转轮转动，使压紧器做横向运动，具有 8 个爪，均匀受力而使插板压紧或松开。

一般开关一次两分钟较适宜。

目前广泛采用的眼镜阀就是叶形插板的另一种改进形式。

第 2 节　高炉煤气干法除尘

8-20　干法除尘有何特点？

答：高炉煤气干法除尘工艺，净化的煤气质量高，含水量少，温度高，能保存较多的物理热，有利于能量利用；加之不用水，动力消耗少，又省去污水处理和免除了水污染，是一种节能环保型的新工艺。

高炉煤气干法除尘的方法很多，如布袋除尘器、移动床颗粒层除尘、沸腾床反吹法颗粒层除尘、干法电除尘等，除布袋除尘器干法净化工艺已用于工业生产外，其余均处于工业试验和试验室试验阶段。如武钢 $3200m^3$ 高炉、邯钢 $1260m^3$ 高炉均采用了干法电除尘净化工艺，但均未能长期、连续、稳定运行，主要原因是使用的温度范围对电除尘器不合适时，除尘设备运转就不稳定。

8-21 布袋除尘器干法净化工艺是什么？

答：布袋除尘器干法净化工艺是利用布袋除尘器，使高温煤气过滤而获得净煤气的干法除尘。

（1）布袋除尘的工作原理：通过箱体进入布袋（滤袋），滤袋以细微的织孔对煤气进行过滤，煤气中的灰尘被黏附在织孔和滤袋壁上，并形成灰膜。灰膜又成为滤膜，煤气通过布袋和滤膜达到良好的净化除尘目的。当灰膜增厚，阻力增大到一定程度时，再进行反吹，吹掉大部灰膜，使阻力减小到最小，再恢复正常过滤。反吹差压一般为 $5000 \sim 8000Pa$，即当煤气差压（荒煤气与净煤气压差）增大到 $5000 \sim 8000Pa$ 时，进行反吹。

（2）布袋除尘器的主要技术参数如下：

1）布袋除尘器的过滤面积。

布袋的过滤面积可用下式计算：

$$F = Q/i$$

式中　F——过滤面积，m^2；

　　　Q——过滤煤气量，m^3/h；

　　　i——过滤负荷，$m^3/(m^2 \cdot h)$（标态）。

过滤面积的大小，取决于过滤的煤气量的大小和过滤的负荷大小。

2）过滤负荷：布袋的过滤负荷用每小时、每平方米的滤袋，通过多少立方米的煤气表示（$m^3/(m^2 \cdot h)$）。高炉越大，过滤负荷越大；高炉越小，过滤负荷越小。中、小高炉过滤负荷取

$20 \sim 40 \mathrm{m}^3/(\mathrm{m}^2 \cdot \mathrm{h})$。

3）煤气温度。布袋有一定的温度适应性，过高布袋会受到损伤甚至烧坏。现在用玻璃纤维布袋，能耐温 300℃。煤气温度过低也不利，会使煤气结露，影响布袋工作。要求进入布袋前的温度控制在 80～250℃ 的范围内。但高炉出炉的煤气温度是变化的，大型高炉用往重力除尘器中喷超细水雾，来控制温度上限。实践证明，这种方法不好，引起重力除尘器器壁粘灰，放灰困难。现已改为在重力除尘器后用排管外喷水降温，效果不错。用在煤气管道设置烧嘴，来控制煤气温度下限。中、小高炉因场地所限和其他条件，一般不设置升温和降温措施，当煤气温度超过 300℃ 及低于 80℃ 时，就切断进入布袋的煤气，进行短时的放散。当温度正常后，布袋除尘器恢复工作。

（3）布袋除尘器的结构与工艺流程。布袋除尘器的结构见图 8-11。

目前我国高炉煤气干法布袋除尘工艺，有两种结构形式：一是大布袋内滤型布袋除尘器；二是喷气型布袋除尘器。

1）内滤型布袋除尘器，大多数布袋除尘高炉都采用此法。箱体内装圆筒形布袋若干条，为内滤式，一座高炉由 3～6 个除尘器组成，也有的采用 8～10 个箱体。一般用玻璃纤维滤袋，直径分 230mm、250mm、300mm 三种。高炉炉容大的选取较大直径，布袋长度与直径的比值一般为 25～30。

它的工艺流程是：含尘的煤气由除尘器的下部进入箱体，经过分配板进入各布袋，将灰尘滤下，煤气穿过布袋壁进入箱体变成净煤气由出口管引出。当灰膜增厚到影响过滤时，进行反吹。反吹有 3 种方式：即放散脏煤气、放散净煤气、净煤气加压反吹。反吹用的高压煤气来源于反吹加压风机，反吹后的脏煤气压回到脏煤气管道中，再分配到其他箱体过滤。加压净煤气反吹故障时，方可短时间使用放散反吹。

2）喷气型布袋除尘器，又称为脉冲除尘器。它采用压缩气喷吹进行反吹，自动化程度高，过滤负荷比大袋滤型高，相对体

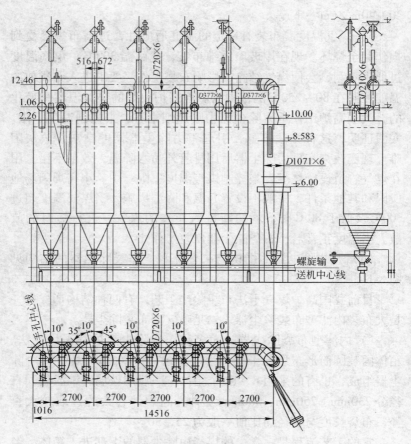

图 8-11 布袋除尘器的结构图

积小，效率高。喷气气源用 N_2 气或其他非氧化气体。

采用外滤式，含尘煤气由除尘器下部沿箱体壁切线方向，向下呈一定角度（如 15°）进入，在下部形成旋流并上升，此过程能除去部分粗尘粒。上升旋流在导流板处被阻挡重新分布，继续上升，到达布袋后粉尘被阻留在袋外，煤气穿过布袋壁进入袋内，向上由袋口和箱体顶部出口管出箱体。为防止布袋被气流从外压扁，袋内装有支撑框架。反吹采用 N_2 气，减压（如

0.2MPa）后进入脉冲反吹装置。在装置内，由电磁阀控制脉冲阀迅速开启，开启速度为 65～85m/s。在此瞬间氮气通过脉冲阀进入喷吹管，并从管内小孔垂直向下喷入布袋内，同时从四周带入大量的净煤气，使袋鼓胀，抖落掉附着在袋外的尘粒，达到清除灰膜的目的。

国内一些中、小高炉应用布袋除尘器的主要技术参数列于表8-3。

表 8-3　国内一些中、小高炉应用布袋除尘器技术参数

项　目	武进铁厂	北京炼铁厂	临汾钢铁厂	邯钢6 号高炉	邯钢1 号高炉
高炉容积/m³	28	55	100	380	300
过滤煤气量/m³·h⁻¹	(0.85～1.1)×10⁴	(1.5～1.8)×10⁴	(1.85～2.2)×10⁴	(8.0～8.3)×10⁴	(6.0～7.0)×10⁴
箱体规格（直径×高）/m×m	2.2×6.4	2.2×6.4	2.42×8.25	3.6×16.338	125×6000
箱体数/个	3	4	5	10	6
箱布袋数/条	27	27	28	45	130
布袋规格/mm×mm	230×5532	230×5532	250×5000	250×8000	125×6000
过滤面积/m²	324	432	550	2260.8	1224.6
过滤负荷/m³·(m²·h)⁻¹	26.2～34	34.8～41	33.6～40	35.4～36.6	49～57
反吹方式	自动放散	自动放散	电磁蝶阀	加压反吹	氮气脉冲
过滤方式	内滤	内滤	内滤	内滤	外滤
清灰设备	钟阀	钟阀	钟阀螺旋输送机	气动球阀螺旋输送机	气动球阀螺旋输送机

最近几年干法布袋除尘发展很快，300m³ 级及其以下高炉几乎全用布袋除尘结合球式热风炉，取得了明显的效果。1000m³ 级高炉正在试应用中，太钢 3 号高炉（1200m³）、攀钢 4 号高炉

（1350m³），使用效果较好。某厂小高炉布袋除尘器工艺参数见表 8-4。

表 8-4　某厂小高炉布袋除尘器工艺参数

炉　别	1 号、2 号 （378m³）	3 号 （420m³）	4 号 （500m³）	5 号、6 号 （500m³）
高炉除尘箱体个数/个	10/10	10	10	9/9
除尘器规格/mm × mm	$\phi3200 \times 17400$	$\phi3200 \times 17400$	$\phi3500 \times 17400$	$\phi3500 \times 17400$
单个箱体布袋条数/条	40	46	144	176
布袋规格/mm × mm	$\phi250 \times 8000$	$\phi250 \times 8000$	$\phi130 \times 6200$	$\phi130 \times 6200$
每条布袋过滤面积 /m² · 条⁻¹	6.2	6.2	2.5	2.53
布袋材质	无碱玻璃 纤维滤布	无碱玻璃 纤维滤布	氟美斯 针刺毡	氟美斯 针刺毡
除尘器工作温度/℃	85 ~ 200	85 ~ 200	85 ~ 200	85 ~ 200
反吹压力/kPa	90	80	300	300
荒煤气含尘量（标态） /g · m⁻³	12	12	12	12
净煤气含尘量（标态） /mg · m⁻³	< 10	< 10	< 10	< 10
反吹规定压差/Pa	6000	6000	3000	3000
荒煤气管直径/mm	$\phi1200$	$\phi1400$	$\phi1800$	$\phi2000$
净煤气管直径/mm	D1200	D1200	D1600	D1600
布袋过滤方式	内滤式	内滤式	外滤式	外滤式
引煤气适宜温度/℃	> 100	> 100	> 100	> 100

8-22　湿法除尘器与干法除尘器的优缺点是什么？

答：湿、干法除尘器的优缺点分别如下：

（1）湿法除尘净化工艺的特点：

1）除尘效果好，净煤气的含尘量低，可达到 10mg/m³；

2）整个除尘净化系统设备简单、工艺成熟，易于维护和修理；

3）耗水量大（5.0～5.5t/km³），煤气清洗后温度降低到45℃，煤气压力损失 25kPa，煤气机械水含量大，约 30～35g/m³；

4）设备较复杂、维护量大。

（2）干法除尘净化工艺的特点：

1）省水、省电，不必建污水处理设施；

2）煤气温度不降低，可有效利用；

3）布袋箱体结构庞大、复杂，更换布袋工作量大；

4）受高炉炉顶温度波动影响，布袋工作要求难度大，很容易损坏布袋；

5）布袋一旦损坏，更换不及时，除尘效果不佳，殃及所有煤气用户。

8-23　布袋除尘器单箱体停用如何操作？

答：布袋除尘器单箱体停用操作步骤：

（1）联系调度要求切煤气停箱体，经同意后进行操作；

（2）通知各煤气用户注意煤气压力波动，联系高炉值班室切煤气；

（3）确认重力除尘器遮断阀关闭后，关闭除尘器进出口蝶阀；

（4）通知各煤气除尘值班室调节好管网中煤气压力；

（5）打开所有箱体顶部放散阀；

（6）在煤气防护站人员的监护下，戴空气呼吸器，关闭该箱体进出口眼镜阀；

（7）确认箱体眼镜阀到位后，人员全部撤下，通知调度翻眼镜阀完毕，要求引煤气，经同意后操作；

（8）打开本系列箱体进出口蝶阀，联系高炉引煤气；

（9）停用箱体自然冷却4h以上后，方可打开上、下人孔自然通风或强制通风赶净残余煤气；

（10）防护人员检测箱体内气体合格后，方可进入，并建立监护。

8-24 布袋除尘器单箱体投用如何操作？

答：布袋除尘器单箱体投用操作步骤：

（1）箱体在投用前，确保该箱体所有人孔、手孔和阀门关闭箱体顶部放散阀打开；

（2）联系调度要求切煤气投入箱体，经同意后进行操作；

（3）通知各煤气用户注意煤气压力波动，联系高炉值班室切煤气；

（4）确认重力除尘器遮断阀关闭后，关闭除尘器进出口蝶阀，打开箱体顶部放散阀；

（5）通知1号、2号煤气除尘值班室调节好管网中煤气压力；

（6）在煤气防护站人员的监护下，戴空气呼吸器，打开箱体进出口眼镜阀；

（7）确认箱体眼镜阀到位后，人员全部撤下，通知调度翻眼镜阀完毕，要求引煤气，经同意后操作；

（8）打开本系列箱体进出口眼镜阀，联系高炉引煤气；

（9）箱体内净煤气充分放散后，关闭其顶部放散阀。

8-25 布袋除尘加压闭路反吹如何操作？

答：布袋除尘加压闭路反吹操作步骤：

（1）反吹操作在压差达到6000Pa时进行反吹，达不到6000Pa时，每4h反吹一次，反吹完毕后，除尘器进出口压差不应高于2500Pa。

（2）反吹压力应大于除尘器入口压力。

（3）每个除尘器箱体反吹两次，最多不应超过三次。

（4）反吹操作顺序如下：

1）对加压机放水，检查风机油箱油位是否合乎要求，并进行盘车；

2）打开加压机出口阀，打开一个箱体反吹阀，关闭该箱体出口阀，启动反吹风机，待电流稳定后，打开反吹风机进口阀，对箱体进行反吹；

3）反吹完本箱体后，打开下一个箱体反吹阀，关闭出气阀后，关闭上一个箱体反吹阀，开出气阀，对下一个箱体进行反吹；

4）依次对所有的箱体进行反吹，反吹完一遍，进行第二遍，对没有达到要求的箱体可以再反吹一遍；

5）全部箱体反吹完毕后，停加压风机；

6）加压风机停稳后，关闭反吹风机进、出口蝶阀，关闭箱体反吹阀，打开箱体出口阀。

8-26　脉冲反吹如何操作？

答：脉冲反吹操作步骤：

（1）氮气脉冲反吹，反吹压力为 250～300kPa，进出口压差达到 3000Pa 进行反吹，达不到 3000Pa，每 4h 反吹一次。

（2）每个除尘器箱体反吹两次，可自动反吹和手动反吹。

（3）自动反吹程序：将清灰选择开关打自动，画面选择开关打停止，启动自动清灰按钮。清灰启动，脉冲运行，按顺序对 1 号箱体反吹两遍自动停止，然后对下一个箱体进行反吹，依此类推，对所有箱体进行反吹后自动停止，关闭清灰按钮。

（4）手动反吹操作程序：将清灰选择开关打自动，将画面选择开关打画面，画面启动单箱体脉冲阀，自动反吹两遍，自动停止，启动下个箱体脉冲阀，对下个箱体反吹，依次对所有箱体反吹。

（5）脉冲反吹阀不需要开关。

8-27　布袋除尘器放灰如何操作？

答：布袋除尘器放灰操作步骤：

（1）布袋除尘器放灰可在单箱体反吹完毕后进行，也可以在全部箱体反吹完毕后进行。

（2）原则上应逐一箱体放灰，不可多箱体同时放灰。

（3）放灰时，岗位工必须到现场监护刮板机、提升机、平皮带、返矿等运行情况，发现问题及时停车处理。

（4）放灰操作顺序如下：

1）依次启动提升机、刮板机；

2）对放灰箱体，先打开上球阀，开动振动器，将灰放入中间灰仓；

3）灰放净后或放满中间灰仓，停振动器，关上球阀；

4）打开该箱体下球阀，开下振动器，将灰放入刮板机；

5）中间灰仓放灰完毕后，关下振动器和球阀；

6）间隔一段时间后，依次放其他箱体灰；

7）本系列箱体放灰完毕后，刮板机空转 3min 后，关闭 1 号或 2 号刮板机，1 号或 2 号刮板机全停后，空转 2min 再关 3 号刮板机（平皮带）；再停 3min 关提升机（返矿皮带）。

8-28 引风机升、降温如何操作？

答： 引风机升、降温操作步骤：

（1）布袋除尘器入口处温度最高不应超过 280℃，最低不超过 85℃；

（2）正常温度时，煤气经引风机旁通进入布袋除尘器，预热器进、出口蝶阀关闭，引风机不启动；

（3）布袋除尘器入口温度超过规定温度时，打开预热器进、出口蝶阀，关闭旁通阀，启动引风机，待电流稳定后，打开空气入口蝶阀，进行降温；

（4）布袋除尘器入口温度低于规定温度时，打开预热器进、出口蝶阀，关闭旁通阀，启动引风机，待电流稳定后，打开烟道入口蝶阀，进行升温；

（5）升、降温达不到要求时，联系高炉值班室切煤气，除

尘系统按切煤气操作;

（6）高炉切煤气后，煤气温度恢复正常按引煤气操作。

8-29　高炉正常生产时，布袋除尘器突然停电如何操作?

答：高炉正常生产时，布袋除尘器突然停电应采取的措施：

（1）通知调度布袋除尘器停电，联系维修人员处理;

（2）通知高炉值班室注意炉顶压力和温度;

（3）通知所有煤气用户烧炉过程中注意煤气压力波动;

（4）报告有关领导;

（5）恢复送电后，检查设备、仪表是否正常，煤气温度压力是否在规定的范围内。

8-30　箱体防爆膜突然鼓破后如何操作?

答：箱体防爆膜突然鼓破后应采取的措施：

（1）确认好是哪个箱体鼓防爆膜;

（2）紧急联系高炉值班室切煤气;

（3）按除尘单箱体停用操作规程执行，将该箱体停用;

（4）按规定更换防爆膜，检查更换箱体内布袋。

8-31　如何进行更换布袋操作?

答：更换布袋操作的步骤：

（1）联系好煤气防护站，要求防护员现场检测箱体内浓度，合格后方可入内操作;

（2）更换布袋过程中要求防护员现场监护;

（3）更换布袋人员必须认真检查布袋破损情况，对破损布袋必须全部更换，不得遗漏;

（4）对箱体内积灰必须彻底清理干净;

（5）对更换的布袋要求上紧，松紧度合适;对原有布袋全面检查，松动的布袋上紧，松紧度合适;

（6）对使用到期的布袋，必须全箱体更换，特殊情况下经检查可以继续使用的报告有关领导，经同意方可保留使用；

（7）布袋更换完毕，认真检查工具，人员全部撤出后经确认，方可封人孔；

（8）封人孔时，发现人孔密封垫有破损情况，必须及时更换，确保投入使用后，人孔不泄露煤气。

8-32 什么是高炉煤气干式除尘，加热装置是怎样的？

答：从高炉来的荒煤气，流经重力除尘器，经粗除尘后，进入管式换热器。在管式换热器中，荒煤气（走管内）与热风炉废气（走管外）进行换热，被加热后的荒煤气进入布袋箱进一步除尘，此过程称为高炉煤气干式除尘。

中、小高炉采用高炉煤气干式布袋除尘新工艺，收到了环保、节能的效果。为了有效控制因炉顶温度波动对高炉煤气干式布袋除尘造成直接影响，同时采用了高炉荒煤气加热/冷却热交换器。对于采用干式布袋除尘净化煤气工艺的中、小高炉，由于受焦炭水分大的影响，造成炉顶温度过低，一般低于100℃，荒煤气不能直接进入布袋箱，结露后黏结布袋，高炉被迫切断煤气操作，造成直接减产损失。

采用一套高炉荒煤气加热装置，安装于高炉荒煤气管道上，即高炉重力除尘器后、布袋箱之前，完全可以解决此类生产难题，已有多家企业成功应用。

工作原理：该装置由一套管式换热器，一台引风机，若干管道、阀门等组成。高炉荒煤气走管内，加热烟气走管间，可以把高炉荒煤气加热到150℃以上。该装置安装方便，可利用8～10h休风机会即可完成，工作稳定，操作灵活。

工艺流程简图见图8-12。这种换热器的主要特点在于，在换热过程中，完全靠煤气的余压和余热，不需任何二次能源，即可连续进行热量交换。经实践证实，该换热器的磨损和积灰两大难题，经技术处理，保证了生产的正常进行。

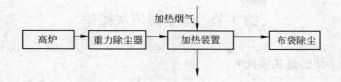

图 8-12　高炉荒煤气加热装置工艺流程简图

8-33　使用荒煤气加热换热器应注意哪些问题？

答：使用荒煤气加热换热器应注意以下几个问题：

（1）经常检查换热器各部位，有无泄漏点；温度、压力测试仪表是否正常；各阀是否处于指定状态，并做好记录；

（2）为避免将换热器管子烧坏，高炉炉顶温度不得高于 600℃；

（3）为防止换热器管子堵塞，大钟下蒸汽在高炉正常生产时，一定要关闭；

（4）为防止灰多，换热器堵塞，换热器要定期放灰；

（5）在正常生产中如果发现高炉炉顶压力升高，估计是换热器灰多堵塞，要采取紧急放灰措施。如果来不及，高炉应按处理洗涤塔水位升高的措施来处理。

8-34　换热器荒煤气通路堵塞如何处理？

答：换热器荒煤气通路堵塞的征兆：

（1）荒煤气入口、出口压力差增大；

（2）高炉炉顶压力升高；

（3）严重时除尘器摇晃。

处理方法：

（1）如果是换热器下部被灰堵住，打开清灰阀，放灰即可；

（2）如果是换热器堵塞，开高炉炉顶放散阀放散，生产、研究转为常规运行。

第3节 除尘器清灰操作

8-35 什么是灰铁比?

答:冶炼 1t 生铁所产生的煤气灰量（指从除尘器排放的煤气灰）称为灰铁比。一般用 kg/t-铁表示。灰铁比大小与炉料含粉率有直接关系。炉料含粉率高的厂吨铁灰铁比为 30～40kg,炉料条件较好的厂吨铁灰铁比在 30kg 以下。

8-36 高炉煤气灰的主要成分和粒度组成是怎样的?

答:高炉煤气灰的主要成分和粒度组成分别如下:

(1) 主要成分, 见表 8-5。

表 8-5 鞍钢高炉煤气灰的主要成分 （%）

C	S	SiO_2	CaO	MgO	Al_2O_3	P	FeO	TFe	Fe_2O_3	MnO	烧损
11.95	0.485	13.80	8.30	1.99	1.31	0.026	15.3	43.2	44.77	0.31	13.27

(2) 粒度组成, 见表 8-6。

表 8-6 煤气灰的粒度组成 （%）

取样点	粒度组成						
	160μm	80μm	50～80μm	30～50μm	20～30μm	10～20μm	0～10μm
1 号除尘器	37.0	45.6	12.56	3.65	0.28	0.91	0.91
2 号除尘器	44.3	33.3	13.84	5.64	1.75	0.05	1.12

8-37 除尘器清灰都有哪些要求?

答:除尘器清灰最基本的要求是打净灰、不跑灰、不漏灰。

(1) 清灰以前要做好各项准备工作:

包括做好联系工作,确保车皮、电源开关、清灰的机械正常好用等。准备工作要充分,联系工作要确认。

（2）清灰操作：

按清灰操作要求，操纵压扣小开清灰阀放灰，灰流正常，适当开大清灰阀。车放满后，联系另配车皮。清灰口见煤气后，表明灰已放净，应立即关上清灰阀。检查未放净的存灰量，整理作业现场。

（3）几个问题及其处理：

1）长期休风送风后要放水。

由于高炉长期休风，往除尘器通入大量蒸汽，冷凝后使除尘器内积水，如果不及时放出，将会使清灰口堵住，或除尘器内粘灰，因此，送风后要放水。

2）高炉休风，低压不能打灰。

高炉休风，低压时，整个煤气系统的煤气压力降低，打灰时可能出现空气被吸入除尘器而形成爆炸性混合气体，煤气灰中有火源，易产生爆炸，特别是在休风期间，由于炉顶放散阀开着，吸入空气的可能性更大。

如因灰过多，必须有领导亲自主持，采取措施后方许清灰。

8-38　除尘器螺旋清灰装置构造是怎样的？

答：除尘器螺旋清灰装置（又称搅笼），是一种加湿，缓慢输送潮灰，不扬尘清灰装置，其构造如图 8-13 所示。

8-39　进除尘器内抠灰应注意哪些问题？

答：进除尘器内抠灰应注意以下几个问题：

（1）进除尘器抠灰一定要有指定安全负责人参加并指导安全工作。

（2）除尘器是一类煤气区域，要严格遵守有关规定。整个煤气系统，处理完煤气，经检验合格，方可入内工作。

（3）进入前，煤气灰要放净，除尘器上的人孔要全部打开，除尘器内的温度要小于40℃。

（4）进入除尘器内工作，最少不得少于两人，在除尘器外

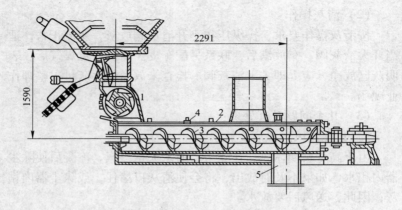

图 8-13　除尘器螺旋清灰装置

1—给料器；2—出灰槽；3—螺旋推进器；4—喷嘴；5—加水灰泥出口

面要有人监护，在里面工作时间每人每次不得大于 30min。工作面要放鸽子。

（5）高炉大钟下的残余煤气火要保持正常燃烧，并设专人看管。

（6）在抠灰期间严禁开动煤气切断阀。

第 4 节　炉顶煤气取样操作

8-40　炉顶煤气取样的正确名称是什么，设在哪一部位？

答：炉顶煤气取样的正确名称为：炉身上部半径煤气取样。

设在炉喉钢砖下 0.8 ~ 1.3m。

8-41　炉顶煤气取样的四个方向是怎样确定的，为什么？

答：根据高炉的四个上升管的方向确定，各上升管对应的方向上有一取样孔。

因为四个上升管影响着炉内的煤气流分布，为了使取样具有代表性，所以取样孔的位置和四个上升管相对应。

8-42　炉顶煤气取样各点的位置是如何确定的？

答：取样点的确定有两种方法：

（1）炉顶取样设 5 点。第 1 点在炉喉以下距炉墙 50mm 处，第 5 点定在高炉大钟的中心，第 3 点定在大钟边缘垂直处，第 2 点定在第 1 点与第 3 点中间，第 4 点定在第 3 点与第 5 点中间，如图 8-14 所示。

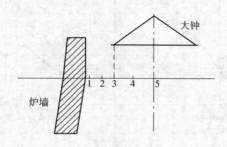

图 8-14　第一种取样点确定示意图

（2）也是 5 点取样。第 1 点仍定在距炉墙 50mm 处，炉中心（即大钟中心）为第 5 点。第 2、3、4 点在第 1 点与第 5 点中间按等面积（或等份）确定。如图 8-15 所示。

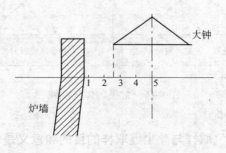

图 8-15　第二种取样点确定示意图

一般来说，广泛采用第一种方法。

8-43 常见的炉顶取样煤气曲线是怎样的？

答：常见的炉顶取样煤气曲线如图 8-16 所示。高炉操作者可根据煤气曲线，分析判断炉况，以便采取必要措施，保证高炉顺行。

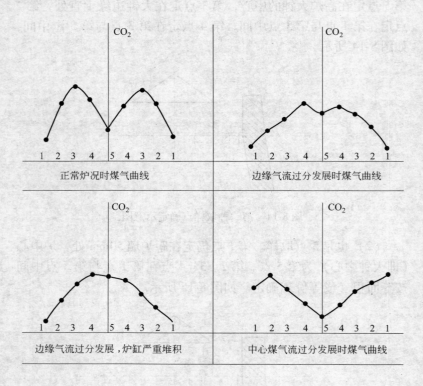

图 8-16 常见的煤气曲线

8-44 炉顶煤气取样与除尘器取样的目的和意义是什么？

答：炉顶煤气取样与除尘器取样的目的及意义分别如下：

（1）炉顶取样。目的在于分析炉顶 CO_2 的 5 点含量，它表明高炉煤气流分布是否合理，看炉顶的布料情况，观察高炉的冶炼进程，以及高炉煤气利用程度，给高炉操作提供重要依据。也可以说，是高炉操作者的一只锐利的眼睛，对高炉降低焦比，提高产量有重要的意义。

（2）除尘器取样。目的在于分析高炉煤气各化学成分及热值。它是度量高炉煤气价值的依据，检查煤气在炉内能量的利用情况，给高炉操作者提供高炉操作依据。对高炉搞好炉况顺行和降低焦比有重要意义。

8-45　炉顶煤气取样常见事故有哪些，如何处理？

答：炉顶煤气取样常见事故及处理：

（1）压管事故。在取样过程中，高炉开大钟翻料或高炉产生崩料或高炉坐料时，有时炉料把取样管压住的现象，称为压管。

处理方法：1）试探地往外拔，实在拔不动，用榔头打下；2）如果打不下来，遇撵煤气休风机会，再用氧气烧掉。

（2）取样孔堵塞和衬管下沉事故及处理：

1）用大钎子打通；

2）如打不通，遇撵煤气休风机会，用氧气烧通。

（3）电动取样机停电事故及处理：

1）正在取样时停电，如 10min 内修不好，立即用大锤将取样管打出，严防压管；

2）电动取样压管时，慢慢用取样机往外拔，再加大锤打。如果拔不出来，就得在高炉撵煤气休风时烧掉。

8-46　如何制作炉顶煤气取样管？

答：取样管总长度的计算：

因取样孔位于炉喉钢砖稍下的炉身处，其全长为：

（炉喉直径 + 100）/2 + 炉墙厚 + 取样孔法兰长

第 5 节　高炉煤气的余压发电

8-47　什么是 TRT？

答：高炉煤气余压回收透平发电装置是利用高炉炉顶煤气具有的压力能和热能，使煤气通过透平膨胀机膨胀做功，驱动发电机发电，进行能量回收的一种装置。该装置一般简称为 TRT，取英文 top gas pressure recovery turbine 其中的三个字首而得。

高压操作高炉的煤气，经过除尘净化处理后煤气压力还很高，用减压阀组将压力能白白地浪费掉变成低压十分可惜，故许多高压高炉将高炉炉顶煤气压力能经透平膨胀，驱动发电机发电，既回收了白白泄放的能量，又净化了煤气，也改善了高炉炉顶压力的控制质量。

8-48　TRT 的基本工作原理和特点是什么？

答：TRT 的工作原理说起来比较简单，在减压阀组前把高炉煤气引出，经过入口蝶阀、截止阀等阀门后进入透平入口，通过导流器使气体转成轴向进入叶栅。气体在静叶栅和动叶栅组成的流道中不断膨胀做功，压力和温度逐级降低，并转化为动能作用于工作轮（即转子及动叶片）使之旋转，工作轮通过联轴器带动发电机一起转动而发电。叶栅出口的气体经过扩压器进行扩压，以提高其背压达到一定值，然后经排气蜗壳流出（轴向排气时没有排气蜗壳，而扩压器较长）透平，经过止回阀进入减压阀组后的储气罐。

TRT 和蒸汽透平或燃气透平相对比有以下特点：

（1）系统的构成和作用不一样，TRT 主要用来节能；

（2）温度低，压力低，膨胀比小，而流量则相当大，一般为 $(20 \sim 50) \times 10^4 \, m^3/h$（标态）；

（3）介质复杂，存在气-固、气-液、气-固-液二相或三相形式，而且还会产生相变（凝结水析出）；

　　（4）受高炉影响，煤气流量波动大，变化频率大；

　　（5）由于有灰尘，叶片易磨损，并容易积灰和堵塞；

　　（6）气体中含腐蚀性的氯和二氧化硫等，溶于水后形成酸而造成叶片等腐蚀；

　　（7）TRT 作为高炉的附属设备，对高炉正常生产有着重要的作用，因此必须以保证高炉正常运行为前提，不允许对炉况产生不良影响；

　　（8）高炉煤气是有毒气体，所以 TRT 及系统的安全性十分重要，要求所有设备必须安全可靠。

8-49　TRT 的工艺流程是怎样的？

　　答：高炉煤气从炉顶经过重力除尘器和干式除尘布袋箱或湿式除尘装置（洗涤塔和文氏管进行精细除尘）进行除尘，然后经过减压阀组减压，最后进入管网供用户使用。由于高炉炉顶排出的煤气具有一定的压力和温度（压力一般为 120kPa 以上，温度约 150~300℃），也就是具有一定的能量。经过二次除尘后，压力稍有降低，温度降到约 50℃，但仍含有较低的压力能，这部分压力则通过减压阀组降到约 30kPa，大量的能量被白白损失在减压阀组上。在减压阀组的并排位置装上一台湿式 TRT 装置，其意义就是用来替代减压阀组，将这部分能量进行回收，用来发电，达到节能的目的，其工艺流程见图 8-17。

　　TRT 装置分湿式和干式两种。湿式 TRT 装置适用于用湿法除尘净化的煤气；干式 TRT 装置则适合用于干法除尘净化的煤气。

　　从高炉排出的高炉煤气，经重力除尘器后，送到一级和二级文氏管，在文氏管中对煤气进行湿法除尘净化。从二级文氏管出口分成两路，一路是当 TRT 不工作时，煤气通过减压阀组减压后进入煤气管网；另一路是 TRT 运转时，煤气经入口蝶阀、眼镜阀、紧急切断阀、调压阀进入 TRT，然后经可以完全隔断的水

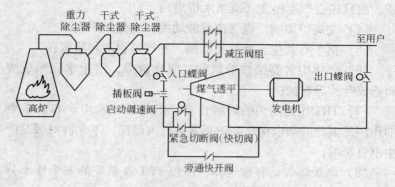

图 8-17　TRT 工艺流程图

封截止阀，最后从除雾器进入煤气管网。

TRT 发电量的计算公式：

$$W = Qc_p T[1 - 1/\varepsilon^{(k-1)/k}]\eta_r \eta_n / 3600$$

式中　W——煤气透平发电机功率，kW；

　　　Q——煤气流量，m³/h；

　　　c_p——煤气定压热容，kJ/(m³·℃)；

　　　T——入口煤气温度，K；

　　　ε——压缩比，$\varepsilon = p_1/p_2$；

　　　p_1——入口煤气压力（绝对），MPa；

　　　p_2——出口煤气压力（绝对），MPa；

　　　k——绝热系数，$k = 1.3 \sim 1.39$；

　　　η_r——透平效率，一般取 0.70 ~ 0.85；

　　　η_n——发电机效率，一般取 0.96 ~ 0.97。

可见煤气入口越高，发电量越大。国外进行高炉干法除尘研究，其主要着眼点在于力求提高透平回收的发电量。

炉顶余压发电装置，要求炉顶压力在 0.15MPa 以上，实际大于 0.1MPa 就可以运行，就是发电量少些。煤气的压力愈高、流量愈多，发电量就愈高。

当煤气流量为 $22 \times 10^4 \mathrm{m}^3/\mathrm{h}$，透平背压为 0.1MPa 时，煤气温度和压力与发电量的关系如表 8-7 所示。

表 8-7　余压发电时煤气温度、压力与发电量的关系　（kW）

表压/MPa	温度/℃					
	200	250	300	350	400	600
0.10	4600	5070	5560	3000	7000	8500
0.15	5900	6500	7150	3840	9000	11000
0.20	6900	7600	7350	4500	10500	12700

高炉煤气推动透平机，从而带动发电机旋转进行发电，对高炉煤气纯净度要求较高，如果煤气纯净度达不到要求，将会严重缩短叶轮使用寿命。因此要对高炉煤气的含尘量加大控制力度，增加了工作难度。

8-50　国内高炉煤气余压利用的发展情况如何？

答：最近几年来国内的大型高炉炉顶余压发电发展很快，像宝钢、首钢、武钢、邯钢的高炉均装备有炉顶余压回收透平发电装置。

如宝钢 1 号的 TRT 装置为湿式的，它的具体参数：

炉顶煤气压力：0.217MPa；

TRT 入口煤气压力：0.199MPa；

TRT 出口煤气压力：0.013MPa；

通过 TRT 的最大高炉煤气量：670000 m^3/h；

入口煤气温度：55℃；

出口煤气温度：25.7℃；

煤气机械水含量：<7g/m^3；

透平机入口煤气含尘量：≤10mg/m^3；

透平机出口煤气含尘量：<3mg/m^3；

发电机的设备能力：17440kW·h。

某厂 1 号高炉 TRT 装置的操作指标见表 8-8。

表 8-8　某厂 1 号高炉 TRT 装置的操作指标

| 月　份 | 发电量/MW·h | 运行时间/h | 炉顶平均压力/MPa | 吨铁发电量/kW·h | 每 1m³ 煤气发电量/kW·h | 运转效率/% | 事故率/% | | 平均小时发电量/kW·h |
							操作	设备	
9	68911	620.5	0.20	28.1	20.6	86.18	12.15	1.67	11106
10	68900	585.5	0.21	27.5	21.7	78.6	16.4	4.9	11768
11	80675	669.63	0.21	32.0	22.5	93.0	5.6	1.4	12047
12	85705	707.58	0.21	31.87	22.8	95.1	4.5	0.4	12133
1	85050	713.12	0.21	31.6	22.4	95.85	4.15	0	11926
2	70050	609.85	0.21	28.7	20.9	90.75	6.88	2.37	11478
平　均	76549	651.08	0.21	29.96	21.8	89.92	8.28	1.89	11745

宝钢四座高炉全配有炉顶余压发电装置，吨铁发电量已达到 35kW·h。

武钢 5 号高炉炉顶煤气余压发电装置为干式装置。设计炉顶压力为 0.25MPa，发电机的最大容量为 25000kW·h，现运行正常，平均每小时的发电量在 9000~10000kW·h，每吨铁的发电量已达到 35kW·h。如干法除尘能更加稳定运行，炉顶煤气压力提高到设计水平，发电量会更高。

运行正常的炉顶余压发电装置，所回收的电量相当于高炉本身设备系统（不包括鼓风机）的用电量，大、中型高压高炉都应装备炉顶煤气余压回收发电装置。

8-51　TRT 技术的优缺点有哪些？

答：TRT 技术的优缺点如下。

优点：

（1）节能降耗。TRT 技术是利用高炉煤气压差与余热进行发电，替代原煤气系统中的减压阀组，从而将高炉煤气在原减压阀组上消耗的机械能转化为电能，节约了能源，增加了直接经济效益。

（2）利于环保。现高炉煤气经过减压阀组时产生巨大的噪声和振动，投入 TRT 后噪声和振动将基本消除。

（3）稳定生产。投入 TRT 后炉顶压力非常稳定，波动很小（杭钢投入 TRT 后，高炉炉顶压力波动量在 +5 ~ -3kPa 范围内），将有利于高炉炉况的稳定。

（4）投资回收率高。初步估算投资会在 2 年内全部回收。

（5）操作维护简单可靠。此套设备操作简单，检查维护方便，全部操作可以由高炉主控室控制（杭钢一位专家称：TRT 就像傻瓜相机一样简单、易学）。

缺点：

（1）在有料钟且顶压低的小高炉上使用 TRT 效果不佳。

（2）现高炉焦炭水分含量高，煤气含水量大，易造成煤气温度低与堵塞过滤网，或者干法除尘布袋损坏，煤气含尘量大，磨损叶片，影响 TRT 运转效率。

（3）一次性投入较大。

第 9 章　煤气事故案例与事故预防

第 1 节　煤气爆炸事故案例与事故预防

9-1　如何预防除尘器煤气爆炸事故？

答：事故经过：

某厂 4 号高炉在 1970 年炉顶温度经常维持在 650℃ 左右，在长期休风处理煤气时，发生了一起除尘器煤气爆炸事故。

1970 年 10 月，该高炉计划检修 10h 按处理煤气程序休风。点火、休风都正常。在处理煤气，开除尘器人孔后发生了爆炸。西除尘器人孔已打开，东除尘器螺丝难卸打不开，在西除尘器人孔打开 20min 后，在东除尘器内发生了煤气爆炸，当即把东人孔鼓开，并喷出爆炸气浪。由于该系统的人孔基本都打开，没有损坏设备。

事故原因：

（1）该高炉使用热烧结矿，采用矿矿↓焦焦↓的正分装大料批（矿石批重 36t），炉顶温度一直较高，经常维持在 600℃ 的高水平。这就给煤气在除尘器内爆炸造成了温度条件。

（2）该炉顶的西放散阀没有打开，只打开了东放散阀。在西除尘器人孔打开后，空气被吸入东除尘器（切断阀不严），这是形成爆炸性混合气体浓度的原因。

（3）东除尘器内煤气灰积存较多（近 100t），温度条件较为充分。

事故预防：

（1）使用热烧结矿不但降低炉顶设备的使用寿命，而且对煤气系统的安全威胁很大，应切实地采取措施降低炉顶温度，对延长设备使用寿命和安全是必要的。

（2）在炉顶温度较高的情况下，除尘器没有清灰，不能进行长期撵煤气休风，否则在撵煤气时容易引起煤气爆炸事故。

9-2 如何预防除尘器芯管内的爆炸事故？

答：事故经过：

1981 年 7 月，某厂 5 号高炉停炉大修。在停炉控料前先"预休风"，割断炉顶 $\phi800mm$ 放散阀阀盖和进行除尘器沙封。休风按长期休风程序进行，除尘器清净了积灰，7 时 33 分开始驱逐除尘器系统煤气，8 时 10 分高炉炉顶点火休风完毕，9 时 00 分停止除尘器荒煤气管道蒸汽，接着打开除尘器切断阀上人孔，在阀上进行煤气测定（阀不严）CO 含量为零。然后又在阀罩上用气焊开一个通风孔，开始进入沙封，并动火焊接。于 10 时 30 分沙封工作已收尾，电焊工由里撤出，两个铆工进入工作。10 时 42 分突然煤气爆炸，声音低沉而持续，在除尘器下部人孔和清灰阀处喷出大量黑烟状的热气流，将整个除尘器都笼罩起来，7.7t 重的切断阀被崩起，落下时将其牵引钢绳拉断，在阀抬起的瞬间，炉顶放散阀处喷出黑烟，并将割断的成吨重的阀盖移位 300mm，洗涤塔放散阀也冒出黑烟。设备没有遭到破坏，但切断阀上两名工人被严重烧伤，其中一名在抢救中死亡。

事故原因：

（1）除尘器内的煤气，由于打开了下部清灰孔、人孔和大部分放散阀，又通入大量蒸汽，历经 1 小时，已经驱净。有人怀疑是否芯管内残留煤气，通过煤气测定和多次进入动火作业，证明是不存在的。洗涤塔内的煤气，由于只打开放散阀，未打开下部的放水阀和人孔，没有形成对流，故残余煤气量很大。洗涤塔与除尘器之间用 2.6m 荒煤气管道连通，煤气可经此管进入除尘器中，在除尘器通蒸汽阶段，不易过来，但是在停蒸汽后部分煤气就能流过来，成为此次爆炸的煤气来源。

（2）除尘器内部的芯管，当切断阀被沙封后上部通路隔绝，过来的煤气一部分由放散阀抽走，另一部分进入除尘器顶部和芯管内，并在那里积聚。在 2.6m 管道口附近，芯管衬板脱落三块，有 15 个 $\phi 35mm$ 螺孔，总面积为 $144cm^2$，形成窗口，可能进入煤气，但量少，时间长，故直到驱逐煤气后 3h，方才爆炸。

（3）在爆炸时，周围没有动火作业。据分析，可能是除尘器内残余煤气灰的火星引起爆炸。

事故预防：

（1）高炉煤气系统多为两个厂（炼铁厂和燃气厂）分段管理，在驱逐煤气作业时，应跨出厂际界限，由专人指挥，严格按规程办事。

（2）凡动火或在煤气区作业，要检查该连通系统的煤气驱逐情况，直到驱净后方能进入作业。

（3）除尘器和洗涤塔之间的煤气管道上，应安设人孔，防止串通和加快驱赶过程。

9-3　如何预防整个煤气系统的连续爆炸事故？

答：事故经过：

某厂 10 号高炉在长期休风处理煤气过程中，由于过早地进行整个系统的连通，在整个系统发生了连珠炮似的小爆炸。

1971 年 7 月，10 号高炉进行检修处理煤气，高炉炉顶点火，开启除尘器人孔情况都正常。但由于洗涤塔放水较慢，在洗涤系统人孔还没全打开，在煤气还没驱净的情况下，过早地打开煤气切断阀，进行整个煤气系统的联络、沟通。在切断阀打开 2 ~ 3min 后，高炉炉顶发生了小爆炸，接着连珠炮似的响声，由炉顶经除尘器一直响到洗涤塔、脱水器。幸好系统的放散阀、人孔基本上都打开，没有引起设备的损坏。

事故原因：

事故是由于过早地开启煤气切断阀进行联络、沟通而引起的。当除尘器和整个洗涤系统内形成爆炸性的混合气体时，切断阀被打开，爆炸性的混合气体被抽到炉顶，遇到大钟下点火的火源，而产生爆炸。因整个系统充满了程度不同的爆炸性混合气体，所以从炉顶一直爆炸到洗涤塔。

事故预防：

（1）整个煤气系统的连通，一定要在除尘器、洗涤系统煤气驱净之后方能进行。

（2）把煤气系统的放散阀、人孔都打开，是一旦发生煤气爆炸时减少损失的最好办法。

9-4　如何预防热风炉烟囱爆炸事故？

答：事故经过：

1968 年 10 月 19 日，某厂 2 号高炉热风炉烟囱发生了爆炸事故。65m 的烟囱爆炸后只剩下 9m，热风炉操作室被砸塌。烟囱发生爆炸事故之前，1 号高炉正在停炉炸瘤，因此 2 号高炉处于单高炉生产状态（该厂只有两座高炉），19 日 15 时 52 分至 20 时 24 分高炉换风口，送风后高炉恢复比较困难，炉顶压力低，不具备送煤气条件。送不了煤气，在这种情况下，热风炉工急于烧炉，就用充压的煤气将 1 号、2 号热风炉点上自燃炉（在单高炉生产时，如果高炉休风，就往高炉煤气系统管道中充焦炉煤气，来保证煤气管网的正压，当高炉复风送煤气后，各高炉煤气用户要首先将充压的焦炉煤气放散掉，然后再使用）。21 时 10 分左右，一声巨响，发生了严重的烟囱爆炸事故。

事故原因：

在高炉复风后尚未送煤气的情况下，利用充压的焦炉煤气将两座热风炉点自燃炉，是产生这次事故的根本原因。烧高炉煤气的金属套筒燃烧器不适合烧焦炉煤气。点自燃炉即使将煤气调节阀全关严，也能通过 5000m³/h 煤气，这相当于 30000m³/h 的高炉煤气量。点自燃炉助燃空气显得严重不足，而操作者点自燃炉又没有仔细检查，造成灭火。大量未燃烧的焦炉煤气，经过热风炉预热后的高温焦炉煤气进入烟道与 3 号热风炉烟道阀漏的风（该烟道阀漏风已有很长时间了）形成了爆炸性混合气体，热风炉本身就是火源。因此，发生了严重的爆炸事故。

事故预防：

（1）烧高炉煤气的金属套筒燃烧器不能全烧焦炉煤气或天然气，如果高炉煤气管道中充填焦炉煤气和天然气，应放掉，方可点炉。

（2）热风炉点自燃炉时，要经常检查，确保燃烧正常，不得熄灭。

（3）热风炉系统要保持严密性，发现漏风要及时处理。

9-5　如何预防冷风管道内的煤气爆炸事故？

答：事故经过：

某厂 11 号高炉，在 1977 年 7 月 3 日 6 时 25 分发生了冷风管道爆炸事故。

7 月 3 日夜班东渣口坏，4 时 30 分铁后低压换渣口，当风压降到 0.03MPa 时，渣口换不下来，改休风换。风拉到底通知热风炉休风，热风炉立即关上冷风大闸、冷风阀、热风阀，通知高炉休风操作完毕。渣口换完后，高炉于 6 时 25 分通知热风炉送风。热风炉用 2 号炉送风，当打开冷风阀、热风阀后发现燃烧口着火，处理时间较长，高炉工认为热风炉已送完风，回风回不来风，后来热风炉改了 3 号炉送风，冷风阀、热风阀打开后，听到一声巨响，高炉立刻一点儿风也没有了，经检查发现靠放风阀处（高炉侧）炸开 2mm。

事故原因：

渣口坏，决定低压换渣口，后又改休风换，风拉到底冷风大闸还没关闭。由于放风阀比较严，炉缸残余煤气倒流到冷风管道里，后又将冷风大闸、冷风阀和热风阀关严，将煤气关在冷风管道中。换完渣口送风，热风炉用 2 号炉送风。当冷风阀、热风阀打开后发现 2 号炉燃烧口着火，又关上冷风阀、热风阀，准备用 3 号炉送。由于处理时间较长，高炉工认为热风炉已送完风，回风高炉没风，这样使窜入冷风管边里的煤气与冷风充分混合，形成了爆炸性的混合气体。当热风炉用 3 号炉送风，打开冷风阀和热风阀后，爆炸性的混合气体进入高温的热风炉，当即引起爆炸，从薄弱环节放风阀处炸开。

事故预防：

（1）要严格防止煤气窜入冷风管道。放风阀严的高炉，风不能放到底，最低应留有 5kPa 的风压；高炉风放到 50% 以下就要将冷风大闸关严。

（2）确实发现煤气窜到冷风管道里，可以将送凉的热风炉（废气温度低的）烟道打开，冷风阀打开，将煤气由烟囱抽走。要避免已窜入冷风管道里的煤气形成爆炸性的混合气体。

9-6 如何预防放风阀煤气爆炸事故？

答：事故经过：

某厂 4 号高炉于 1973 年发生放风阀煤气爆炸事故。4 号高炉 4 号热风炉冷风阀发生故障无法关闭，经检查系冷风阀传动齿轮与齿条错位，高炉做倒流休风处理。虽然高炉休风放风阀全开，冷风压力仍有 80kPa。为了降低此压力，工长命令鼓风机放风，冷风管道压力下降到 10kPa，检修工人认为仍无法工作，后决定关闭鼓风机出口风门，冷风管道压力始为零。在此之前，为了降压曾将 4 号烟道阀打开借以放掉冷风，直到风机关出口风门数分钟以后，才关闭放风阀。正在这时，高炉工借机更换风口完毕，关闭倒流阀，刚一关闭，就发生了爆炸。一声巨响，在冷风阀和放风阀处出现火光，幸好人离得较远未伤，但放风阀阀饼炸变形，管口炸开。重新更换了放风阀，影响高炉生产 23 小时 24 分钟。

事故原因：

爆炸是由高温高炉炉缸煤气通过混风管进入冷风管道造成的。

（1）高炉没堵风口。冷风大闸如同热风阀的结构，当存在压力时可被压紧，起到隔离作用。没有压力时，阀饼则处于中间位置，在阀体与阀饼之间保留一定的通路。高炉风口未堵，风管未卸，因而形成一条连通高炉内残余煤气和冷风管道的通路。

（2）关风机出口风门后，冷风管道失去正压。

（3）开烟道阀产生负压。由于 4 号冷风阀处于开启位置，冷风管道与烟道连通，在风机出口风门关闭之前，尚可维持一点正压。此门关闭后便使冷风管道产生负压，高炉内残余煤气被抽过来，当再关闭烟道阀时，煤气与空气混合并积存于冷风管道内。

（4）关闭倒流阀。大量的高炉残余煤气由倒流阀排放出去，由于窥视孔的进风，部分煤气已燃烧，当窥视孔和倒流阀关闭后，高炉内的残余煤气在残余压力下，便较大量地通过冷风大闸进入冷风管道，由于它本身就具有点火温度，因而立即引起爆炸。

事故预防：

（1）凡停转风机和关出口风门，必须堵风口，最好卸下风管，断绝高炉与冷风管道的联系。

（2）在冷风管道没有压力的情况下，要始终开启倒流阀，以便将泄漏的高炉残余煤气抽出去。

9-7　如何预防炉顶煤气爆炸事故？

答：事故经过：

1978 年某厂 5 号高炉进行设备定期检修，高炉按长期休风程序进行，驱逐煤气和炉顶点火。当时炉顶两个 $\phi800mm$ 放散阀呈开启位置。大小钟点火后没有关闭。大钟下 $\phi600mm$ 人孔钳工只打开一个。检修工人休风后进入现场，更换布料器开始动火。突然有一爆响，从 $\phi800mm$ 放散阀、大小钟开口处和人孔处，喷出一股很大的火焰，当场烧伤 4 名工人（轻伤）。

事故原因：

爆炸是炉顶火焰熄灭造成的。

（1）残余煤气量大。5 号高炉容积是 2000m³，其残余煤气量较多。往往在休风初期，炉顶火燃烧位置很高，不在料面上，而是在人孔处，有时甚至在人孔外燃烧。显然这种燃烧方式远不如在烧红的料面上燃烧的火焰稳定，因此，一旦火焰断续，就可能失去燃点温度而熄灭。熄灭后由于焊接工人的动火而产生爆炸。幸好有较多的开口，未造成大的破坏。

（2）开一个人孔供风量小。5 号高炉炉顶设有两个 $\phi600mm$ 人孔，只打开一个是这次事故的主要原因。若打开两个人孔，就可有两处进风，使燃烧完后，并形成两侧火焰，燃烧相对稳定。

（3）炉顶放散阀抽力不足。对于 $2000m^3$ 的高炉，设计上只有两个 $\phi800mm$ 放散阀，与 $1000m^3$ 高炉相同，显然太小。放散阀距人孔的高度为 23.6m，而 $1000m^3$ 高炉是 33.9m，故也显矮，因而抽力不足。

事故预防：

（1）控制点火作业的残余煤气量。大型高炉要严禁休风期间炉内漏水，休风前要有一定的低压时间，大高炉应当在休风后，甚至休风后若干时间再进行炉顶点火作业，以保护炉顶设备不被烧坏，保证火焰稳定和检修人员的安全。

（2）点火作业必须打开足够的人孔，保证充足的助燃空气量。

（3）在人孔处增设焦炉煤气点火管，保证火焰不灭。

（4）检修作业必须与炉内火焰隔离。如检修炉顶设备时，大小钟必须关闭。

（5）利用大、中修机会，扩大或加高炉顶放散阀。

9-8　如何预防燃烧器煤气爆炸事故?

答：案例 1

事故经过：

1972 年，某厂 5 号高炉新建完后刚刚开炉。4 号热风炉的煤气阀密封不严，有少量煤气泄漏。当它燃烧完毕准备送风，在充压时燃烧器发生爆炸，将整个燃烧器炸坏，外壳部分飞出 30m

远。连续休风 9h（因当时只有两座热风炉），更换了新的燃烧器。

事故原因：

（1）煤气阀不严，停止烧炉后，泄漏的煤气充满燃烧器中。

（2）当时使用的是可往复运动的"大鼻子"燃烧阀，结果极限位置不对，燃烧阀未关严，在充压时，热风炉内的热风从炉内窜入燃烧器中。这样便在燃烧器中产生爆炸性的混合气体而爆炸。

事故预防：

（1）煤气阀要精密研磨，安装时保证严密。

（2）如产生煤气泄漏，要打开燃烧器上放散阀（没有的应安装），并在燃烧器中插入蒸汽管，将煤气冲淡和赶走。

（3）在煤气阀不严时，热风炉充压前要检查燃烧阀的关闭程度，若不严时，严禁用冷风充压。

（4）可往复运动的"大鼻子"阀不适合作燃烧阀，宜改用立式的插板阀。

案例 2

事故经过：

1979 年，某厂 3 号高炉 2 号热风炉正在由送风转入燃烧过程。废风阀开启，残余压力放尽，烟道阀正在开启，燃烧阀还没开。这时另一名热风炉工，手持焦炉煤气火头，刚要插入点火口，突然一声爆响，将燃烧器吸风口的助燃风机调节板全部崩坏。

事故原因：

（1）煤气来源是焦炉煤气。为了提高煤气热值，掺用少量焦炉煤气，焦炉煤气管直接接入燃烧器中，由于焦炉煤气阀关不严，往燃烧器里渗漏，因而形成爆炸性混合气体。

（2）点火管成为爆炸火源。

事故预防：

（1）必须保持煤气阀门的灵活好用，关闭严密。

（2）换炉时，点火管插入时间必须严格控制，只有燃烧阀开启后，煤气阀开启前插入，才是合适和安全的。

（3）如已知泄漏，应采用通汽措施。

9-9 如何预防洗涤塔煤气爆炸事故？

答：事故经过：

1958 年，某厂 4 号高炉荒煤气管道很长，从除尘器到洗涤塔长一百余米，由于磨损，荒煤气管道 90°弯头等处泄漏。为进行补焊，高炉长期休风，驱逐煤气。驱逐方法是打开除尘器和洗涤塔的放散阀和下部人孔。在驱逐煤气半小时左右，检修工人为了抢时间，提前上荒煤气管道上动火进行补焊，刚一打着电火花，就使管道中残余煤气爆炸，热气流从洗涤塔人孔处冲出，将附近工作的人员冲倒，幸未造成重大伤亡。

事故原因：

（1）煤气未驱净。荒煤气管道很长，中间没有放散阀和人孔，所以只靠一个蒸汽管和除尘器、洗涤塔放散抽力来驱煤气，驱逐过程显然半小时不够，致使管中仍残留煤气。

（2）在煤气管道上动火以前，未先进行煤气含量测定，盲目动火，使爆炸性混合气体获得火源。

事故预防：

（1）在除尘器和洗涤塔之间较长的煤气管道上应安设人孔，利于迅速驱逐煤气。

（2）煤气系统动火应有完善的规章制度，只有撵净煤气才能动火，为此动火前要进行测定，要在煤气负责人同意下进行。

（3）如果煤气管道长，又要缩短时间，可采用风机鼓风方法，在管道一端鼓风，在另一端放散残余煤气；或者在管道中间人孔处向两端鼓风，由两端放散。这种方法驱赶煤气又快又净。例如用热风炉助燃风机，驱赶整个净煤气管道（几百米长）效果尤佳。

9-10 如何预防高炉炉内煤气爆炸事故？

答：事故经过：

1969 年，某厂 3 号高炉炸瘤打水控料，控料已到炉腰下部，达到规定料线，出铁后休风。在休风后更换风口和风口二套，这时控料打水的喷水管继续喷水，休风后一小时余，风口二套更换完毕，正准备上风口，突然一低沉响声，所有风口均冒火，其中未上的风口处，喷火达十余米，并带出十余吨红焦炭，将风口旁工作的两名工人烧伤。

事故原因：

由于料线较深，距高温区较近，而在休风时喷水管继续打水，水无热气流阻碍，便全部落在料面上。喷水管位置和水压是不变的，所以落点固定，在休风时打的水，便不可能全部及时汽化，必然有部分水在料面附近积累起来，一旦集中进入高温区（遇到红焦和铁水），就立刻汽化，产生爆炸。爆炸力的大小取决于积累的数量（马钢一座高炉停炉，大钟上存满水，开钟后造成的爆炸威力就十分强大，致使炉体钢甲拔节）。控料不停风打水时，部分水和大部分水在下落的中途就已经汽化了，料面不断得到热量补充，到达料面的大部分水能够立即汽化，不能产生严重的水积累。

事故预防：

控料线作业休风时，严禁往炉内打水，并要将炉内煤气点燃。更换风口等作业，必须待炉内火焰燃烧稳定后方能进行。

第 2 节　煤气着火事故案例与事故预防

9-11 如何预防除尘器煤气着火事故？

答：事故经过：

1975 年，某厂 7 号高炉清除尘器煤气灰时，清灰阀卡住铁板，在处理过程中将清灰阀帽头碰掉，大量煤气冒出。高炉立即改常压，并采取了降低煤气压力的措施，用炮泥将清灰口堵住，堵不严，待出铁驱煤气处理。由于出铁口正对着除尘器，渣罐就在除尘器下方，怕煤气着火，在除尘器清灰口周围围上了铁板，但是在出铁时，清灰口还是出现冲天大火，将除尘器清灰口附近器壁烧红了，当时情况十分严重，有出现恶性事故的危险。为防止爆炸和烧坏除尘器，逐渐地往除尘器清灰口上打水，降低除尘器和清灰口附近的温度，然后用四氯化碳灭火剂将煤气火熄灭。高炉按炉顶点火驱煤气休风程序休风处理煤气，将清灰阀帽头安上后送风。从清灰阀关不上到高炉休风，历时 7h（休风 4h）。

事故原因：

这起事故是由于除尘器内砌砖的托砖环脱落卡在清灰阀门上，经反复打开清灰阀和用钎子往下撬，将清灰帽头的法兰撬掉，发生了清灰帽头脱落事故，由于出铁口正对着除尘器，出铁时引起着火，增加了事故的严重性。

事故预防：

（1）在大修和新建高炉除尘器内壁时，最好不砌砖，应采用耐磨耐热钢板或者铸铁为衬板。

（2）发生大的煤气着火事故，应在煤气防护站人员的监护下，请消防人员用四氯化碳灭火剂灭火。

（3）处理除尘器清灰帽头事故，要特别注意除尘器内要保持正压，以免吸入空气，引起爆炸。如果需要处理煤气必须用泥球将清灰口堵严或采用薄铁板做一个假帽头安上后，方可关闭叶形插板。

9-12 如何预防焦炉煤气管道着火事故？

答：事故经过：

1985 年 5 月 25 日，通往 6 号高炉和 6 号热风炉的 $\phi500mm$ 焦炉煤气管道，在燃气厂二管理室北侧，发生了一起着火事故。25 日下午燃气厂青年综合厂，在 $\phi500mm$ 焦炉煤气管道上方动火施工，用气焊切割拉杆，溅落的火花，将煤气管道点燃，开始火很小，施工者试图用干粉灭火剂打灭，但火势越烧越大，后将该管道横向焊缝烧裂，使管道横向断裂。在灭火中首先采用关开闭器降压、消防车用水枪灭火，但仍未打灭，而后往管道内通入蒸汽和倒流高炉煤气，将火扑灭。从着火到扑灭火历时1小时30分钟。由于管道损坏严重，必须停气处理，立即组织堵盲板，处理煤气，进行焊补，于26日4时30分焊补完了，恢复送气。从着火到恢复送气共历时14小时30分钟。

事故原因：

（1）该管道年久失修，腐蚀较重，出现轻微的煤气泄漏，是发生煤气着火的基本原因。

（2）动火制度管理不严。在有缺陷的管道上动火，是这次事故的直接原因。

事故预防：

焦炉煤气管道腐蚀较快，应建立定期的更换制度；在煤气管道上动火时，应严格贯彻动火制度。由于钢铁企业煤气管网较为复杂，各厂之间管网交错排列，动火施工，一定要考虑安全，凡动火区域有几家的煤气管道，就应到几家去开动火票。

9-13 如何预防倒流管烧红、着火事故？

答：事故经过：

1983年12月17日，由于某企业7号高炉炉体破损严重，很多冷却设备已经烧坏，高炉已接近一代中修的后期。当日17点30分高炉倒流休风换风口，在倒流5min后，倒流管被烧红和着火，当时，关闭了几个视孔盖后，仍着火不止，没有解决问题。风口的煤气很大，人上不去。当时分析认为是切断阀没关严，重复开关几次，火势仍不减弱，并请来了燃气厂领导，要求关叶形插板，关完后仍未解决问题。这时怀疑高炉冷却设备漏水，于是将所有怀疑的冷却设备都闭水或关小，很快倒流管火势减弱，转入正常，风口的煤气也小了。

事故原因：

这次事故的原因就是炉子已到了晚期，炉体破损严重。破损的冷却设备往炉内漏水，在炉缸内遇到赤热的焦炭，发生了碳与水蒸气的反应：$C + H_2O = CO + H_2$，产生大量的 CO、H_2 等可燃气体，抽到倒流管中激烈燃烧的结果。

这次事故没有造成更大的损失，只是延误了高炉的休风时间。

事故预防：

遇到这种事故应果断处理，首先检查煤气切断阀是否关严。如果已关严，就要着重检查高炉冷却设备漏水情况。冷却设备破损严重的高炉，在休风时一定要把坏的冷却设备闭水和关小，避免往炉内漏水。

9-14　如何预防切断阀不严、倒流管着火事故？

答：事故经过：

1985 年 5 月 19 日 21 时，某企业 7 号高炉倒流休风换风口，在休风后就发现倒流管烧红着火，高炉风温表指示为 1450℃。煤气班长当即和高炉工长商量采取紧急措施，关上几个风口视孔盖，温度得到初步控制，并立即检查高炉煤气切断阀的关严情况，发现切断阀没有关严，钢绳虽已存套，但阀没有关到位置，立即稍许提紧钢绳，再关就关严了，倒流管的火熄灭。整个倒流管着火不到 10min 就处理好了。

事故原因：

高炉煤气切断阀没有关严，使管网的煤气漏窜到 7 号高炉，经过赤热的焦炭层和料层，加热后，提高了燃烧温度，致使倒流管着火。

事故预防：

如要关闭切断阀，不能只看钢绳存套就停止，应看阀实际关的位置和钢绳的记号，以防止由于偶尔出现切断阀卡，而引起煤气切断阀关不严的情况出现。

9-15　如何预防盲目动火引起煤气着火事故?

答：事故经过：

1979 年，某化工厂四炼焦焦炉煤气管道改建。处理煤气后，不通蒸汽就动火，结果管道内沉积物挥发爆炸，使动火处 20m 远盲板振动，盲板后加的铁牙子脱落，大量煤气外泄，造成着火。消防队使用三辆水车，一辆干粉车灭火，前后近 2h，才在燃气厂关阀后降低煤气压力的情况下，将火扑灭。

事故预防：

在已经停产的煤气设备上动火，不采取必要措施，盲目动火，造成煤气着火事故。

9-16　如何预防在生产中的煤气设备上动火造成煤气着火事故?

答：事故经过：

1976 年某修建公司包工队在化工厂门前煤气管道上在无动火手续情况下擅自动火，结果将该处直径为 φ350mm 天然气管道焊缝裂口处引着，火苗达 3m 多高，严重威胁着精苯车间的安全；另外，不办理动火手续，往往造成严重后果。1977 年，某燃气厂在发电厂西头改建直径 φ600mm 管道，处理煤气后大修队不办动大票就动火，结果把附近直径为 φ800mm 的焦炉煤气管道误认为是改建管道，用气焊割开长达 500mm 的口子，险些造成管道断裂的危险事故。

事故预防：

凡动火，必须办理相关手续。

9-17　如何预防抽、堵盲板作业煤气着火事故?

答：案例 1

事故经过：

1968 年 12 月 16 日，某化工厂二回收车间管式炉炉管道闸阀冻坏，堵盲板作业中发生着火，烧伤 4 人，其中 1 人死亡。

事故原因：急于抢修闸阀，没有做好充分的准备工作，裸体中压气管道表面温度285℃，没有做绝热处理；作业中冒出的煤气流速很高，撞击裸体气管，产生着火；因为没有搭平台，没有斜梯，着火后无处躲避，只得从平台上跳下来。

案例2

事故经过：

1970年，某煤气防护站抽2号公路φ2020mm焦炉煤气管道盲板时，发生着火事故，将盲板工和救护工烧伤12人，死亡1人，其他人住院。

事故原因：管道法兰顶开启后，法兰反回，抽盲板时擦出火花引起着火；着火后，一操作人员往地面跳，被摔死。

事故预防：完善作业平台，规范作业程序。

9-18　如何预防电气设备漏电、煤气着火事故？

答：事故经过：

1979年，某燃气厂通往四加压站的电缆铺在焦炉气管道上，由于架设不好，随风摇摆，电缆经常与管道加固圈摩擦，将电缆皮磨破而漏电产生火花，把该煤气管道泄漏的煤气引着，结果，把电缆烧毁十几米，四加压鼓风机被迫停产。

事故预防：

煤气设备上不应架设电气设备，否则当煤气泄漏而电气设备漏电产生火花时，会引起煤气着火事故。

第3节　煤气中毒事故案例与事故预防

9-19　检修高炉设备时，如何防止煤气中毒事故？

答：1971年7月10日，某钢铁厂300m³高炉检修料钟拉杆。休风后，该炉炉长叫一名钳工进料斗检修，不到5min，该钳工中毒倒在料斗中；炉长向下呼喊，一名炉前工听到喊声后，就告诉了看水班长，自己迅速上炉顶，发现炉长也中毒倒在料斗中，他立即抢救炉长，刚把炉长背到料斗口，自己也中毒倒下；等到看水班长来到炉顶后，立即把炉长背出料斗，然后跑下去找人。结果钳工和炉前工中毒死亡，炉长经抢救无效死亡。

防范措施：（1）掌握煤气安全常识，落实安全措施，不要盲目进入煤气区域，造成中毒；（2）了解救护常识，不要致使事故一再扩大。

9-20 上高炉炉顶排除故障时，如何防止煤气中毒事故？

答：案例1

1959 年 5 月，某钢铁厂 3 号高炉夜班发生故障。马某等 6 人上炉顶排除故障，结果发生煤气中毒，当即死亡 4 人，另两名中毒后摔伤。1 名残废，1 名抢救无效死亡。

案例2

1978 年 11 月 7 日，某厂 1 名卷扬工，去炉顶处理料钟表面积灰，当即中毒倒下；15min 后，工长发现他没在岗位，立即到炉顶上去找，才被发现。

防范措施：（1）掌握煤气安全知识，严禁单人去炉顶作业。在没有安全措施的情况下不要上炉顶处理故障。（2）在煤气区域作业，一定要戴氧气呼吸器，并有专人监护。

9-21 处理高炉夹料故障时，如何防止煤气中毒事故？

答：1978 年 9 月 7 日，某钢铁厂 2 号高炉大料块卡在大小钟间，张某等 2 人在没有放风和休风的情况下，用撬棍处理夹料故障。结果，因炉顶煤气冒得很大，张某中毒致死。

防范措施：（1）在炉顶煤气冒得大的情况下处理夹料，应休风后处理。（2）一定戴氧气呼吸器，或采取其他安全措施。设专人监护，发现中毒及时抢救。

9-22 突发煤气管道破裂时，如何防止煤气中毒事故？

答：1974 年 12 月，某厂突然停电，高炉紧急休风，15min

后，靠近锅炉房处的煤气管道发生爆鸣，半小时后送风，爆鸣处管道破裂 250mm，煤气冒出，造成炉前班全体中毒。

防范措施：（1）突然停电休风通蒸汽、锅炉房止火应及时，严防空气及火源吸入管道内造成爆鸣。（2）爆鸣后，应对设备进行详细检查，发现裂口，煤气泄漏后，紧急疏散人员。

9-23　高炉煤气压力导管漏煤气时，如何防止煤气中毒事故？

答：1973 年 2 月，某厂领导同 5 号高炉值班工长在值班室研究工作，由于室内高炉煤气压力导管漏煤气，约 15min 后，两人中毒，经抢救一天，才恢复知觉。

防范措施：（1）值班室与一次仪表室严禁放在一起。（2）发现煤气导管漏煤气，应及时处理，防止煤气中毒。

9-24　在一次仪表室排除故障时，如何防止煤气中毒事故？

答：1977 年 6 月 22 日，某计量厂炼铁班维护工苗某，单人去 11 号高炉一次仪表室作零位差，打开导管阀门后，由于导管下部排水和排气弯头泄漏，煤气冒出，造成中毒死亡。

防范措施：（1）到一次仪表室排除故障时，首先要做好确认，具有良好的通风。（2）经常检查一次仪表导管排水排气弯头等处有无泄漏。（3）禁止单人作业，防止中毒后无人发现，无人抢救，造成中毒时间太久而死亡。

9-25　在煤气设备上作业时，如何防止煤气中毒事故？

答：案例 1

1971 年，某厂 3 号热风炉支管清灰，清完后，人孔螺丝刚拧上两个，高炉操作工误认为人孔已上好，即引入高炉煤气，使正在上人孔的工人中毒；发现有人中毒，在场人员争先抢救，结果进入煤气区域连续中毒倒下，造成 17 人严重中毒。

防范措施：（1）在煤气设备上作业要进行详细检查和联系，不要擅自盲目引入煤气，以防造成中毒。（2）发现有人中毒后，应正确救护，采取安全措施，绝不能凭热情冒险抢救，造成事故扩大。

案例 2

1978 年 9 月，某厂 1 号高炉休风 40h，更换空气管道阀门，施工人员在空气管道内施工即将结束时，高炉热风炉工没有通知施工人员，将热风炉送煤气点火，一小时后，施工人员发觉头痛，马上往外跑，结果 7 人中毒。

防范措施：（1）空气闸阀不是可靠的切断设备，热风炉内燃烧不净的残余煤气会窜入空气管道内，造成施工人员中毒。（2）热风炉工送煤气点火一定要做到确认。

9-26　助燃风机停转时，如何防止煤气中毒事故？

答：1978 年 10 月 13 日，某厂 5 号高炉 1 号热风炉，风机电源发生故障，本应立即合上备用电源，但是两名在岗位人员，一名去买饭，不在场；另一名不懂操作，不是合上备用电源启动电机，而是去关切断阀。结果风机停转，燃烧器大量冒煤气，使该操作工中毒倒下，另一名操作工买饭回来，也中毒倒在平台上。后来被发现，报告防护站，又没有就地抢救，失去时机，造成死亡一名，另一名重伤。

防范措施：（1）操作工要了解设备才能上岗操作。（2）操作工误操作后，不要顶煤气去关阀门。

9-27　煤气设备没有完全封闭时，如何防止煤气中毒事故？

答：1975 年 5 月 8 日，某厂 2 号高炉 2 号热风炉，点炉前没有详细检查，由于燃烧器一个人孔没有封闭，大量煤气外逸，致使炉前工、信号室操作工、配管工等多人中毒；抢救过程中，救护人员及医生也发生中毒，共 28 人中毒，其中 12 人住院。

防范措施：（1）点炉前对煤气设备做详细全面的检查，不留下漏洞。（2）发生事故后，救护人员要戴氧气呼吸器进行抢救，才不使事故扩大。

9-28　进入热风炉内作业时，如何防止煤气中毒事故？

答：1972 年 7 月，某厂 3 号高炉 3 号热风炉停炉大修，炉子停产一周，上下人孔早已打开，燃烧阀已卸掉，煤气管道已堵盲板，热风阀及烟道阀都已关闭，进入热风炉内作业的 11 人中毒，其中 1 人经抢救无效死亡。

防范措施：由于烟道内积水达 1.5m 深，严重影响烟囱吸力，烟道阀又不严，燃烧不净的残余煤气由烟道窜入热风炉内，造成多人中毒。因此在进入热风炉内作业前要做到全面检查确认，方可作业。

9-29　煤气设备投产前，如何防止煤气中毒事故？

答：1953 年 3 月 11 日，某厂新建 8 号高炉，在附属设备没有全面检查试车的情况下，急于投产。投产后，由于炉况不正常，炉顶压力波动频繁，幅度大，放散装置没投产，结果造成洗涤机水分分离器的排水器冒煤气，使两管理室多人中毒；当调度及领导得知发生事故后，立即到现场抢救，又发生多人中毒。结果，31 人中毒，其中 11 人死亡。

防范措施：（1）煤气设备投产要按有关规定进行检查和验收。（2）排水器设计、安装要合乎要求。（3）管网压力升高，要及时放空。（4）救护者进入煤气区域要佩戴氧气呼吸器，严防中毒事故扩大。

9-30　处理放散管燃烧器发生堵塞故障时，如何防止煤气中毒事故？

答：1971 年 1 月 6 日，某厂高炉煤气直径为 $\phi600mm$ 过剩放散管燃烧器堵塞。切断煤气通入蒸汽后，4 名工人上去处理故障，其中 1 名中毒，并从 40m 高的放散管顶部坠落，当即死亡。

防范措施：（1）切断煤气通入蒸汽要确认畅通，通入蒸汽时间要长，煤气要处理干净。（2）高空作业，安全措施要齐全。

9-31 生活设施靠近煤气设施附近时，如何防止煤气中毒事故？

答：案例 1

1977 年 6 月 23 日，某厂夜班职工在值班室睡觉，因为煤气总管压力升高，值班室窗外排水槽冒煤气，值班室内睡觉的 11 人中毒，其中 1 人死亡。

防范措施：（1）排水槽有效高度要足够。（2）煤气设施附近，不应有生活设施，休息室更不应设在煤气设备附近。

案例 2

1978 年 5 月 16 日，某厂 2 号高炉炉长上夜班时，因临近 1 号高炉下降管焊口裂缝长达 500mm，勉强生产，裂缝处离地面 15m，时值阴天，气压低，裂缝冒出的煤气使该炉炉长在洗气室门口洗衣服时中毒死亡。

防范措施：煤气设施如有缺陷要及时处理。

9-32 进入洗涤塔检修喷嘴时，如何防止煤气中毒事故？

答：1966 年 6 月 25 日，某厂高炉休风，陈某等两人进 1 号塔检修喷嘴，由于事先没有做好塔内一氧化碳含量分析，盲目入塔，造成中毒，结果，陈某中毒后跌入塔底，头部及右腿受伤，抢救无效死亡。

防范措施：进塔内作业，事先要分析塔内一氧化碳含量，或做鸽子试验，不要冒险作业。

第 4 节 其他煤气事故案例与事故预防

9-33 如何防止洗涤塔被水封闭事故？

答：若洗涤塔水位自动调节失灵，会造成洗涤塔被水封闭，如未及时发现并进行处理，将会造成重大事故，如洗涤塔摇晃、憋坏高炉鼓风机、洗涤塔抽瘪等。

事故经过：

某年 9 月 10 日 17 时左右，某高炉炉顶压力突然升高，被迫炉顶放散。经检查发现是洗涤塔水位升高。当即强制开 1 号、2 号排水翻板，增大排水量，同时减少塔东线给水量，检查 1 号排水翻板见水，关闭放水砣，检查排水正常。于 18 时 50 分高炉开始送煤气，当时高炉的热风压力为 0.4MPa，炉顶压力为 50kPa，两个炉顶放散阀关闭后，炉顶压力增到 0.05MPa，两个炉顶放散阀关闭后，炉顶压力增到 0.5MPa，并继续上涨，又采取了紧急放散措施，再次检查洗涤塔时，发现塔前管道的人孔往外淌水。操作人员随即将 2 号排水翻板打开，约 20min 后（19 时 30 分）塔内连响两声，接着塔上部往下淌水。检查发现塔的南北两侧塔皮严重变形，变形范围长约 15m，宽约 3m，内陷深度达 500mm。并有两处裂开小口，部分梯子、走台已断裂。

事故原因：

主要是由于洗涤塔排水管被泥堵塞，排水不畅，塔内水位升高所致。而文氏管的脱水器排水管插入洗涤塔下锥体上，水位随塔内水位升高，当塔内水位升高到将煤气入口封死时，塔的出口管道也被封死，使高炉和管网的煤气都进不了洗涤塔，从而使洗涤塔成了密闭容器。当加大排水量时，随着塔内水位迅速下降，塔内形成了负压，同时塔内的高温气体被水喷淋冷却，体积缩小，进而增加了负压，致使塔皮薄弱的地方被抽瘪。

事故预防：

（1）事故的主要原因是煤气灰将排水管堵塞，塔水位升高所致，所以，除尘器应定期除灰，除尘器内严禁大量积灰。（2）当洗涤塔已成为封闭容器，水位上涨很高时，应先采取紧急措施，打开塔顶放散阀，使洗涤塔与大气相通，方能大量排水降低水位，以免形成负压而损坏塔体设备。如果洗涤塔通蒸汽后，不能先开水，后开放散阀，应该先开放散阀，后开水，防止形成真空，抽瘪塔皮。（3）应改革工艺，取消文氏管脱水器排水引入塔内的设施，根除塔内水位升高，文氏管排水封闭，管网煤气不能倒流入塔内的缺点。

9-34 如何预防翻斗汽车作业撞裂煤气管道事故?

答：某车间煤气分配主管出现过三次，翻斗汽车在煤气管道下作业，车斗翘起撞击煤气管道，致使管道拉裂，大量煤气外泄。

事故预防：

车间内煤气管道标高应高于6m；翻斗车在车间内作业后，应及时放下翘起的车斗，然后再行驶。

9-35 如何预防煤气管道冻裂事故?

答：1981年1月5日夜，室外温度已降至零度以下。某厂八车间煤气压力下降，经检查发现煤气管道出现八处裂缝，煤气外泄。

事故预防：

在气温降至0℃以下前，应对煤气管道采取防冷措施。

9-36 如何预防煤气管道下坠引起焊缝开裂事故?

答：1979年，某机电部锻工车间煤气分配主管（$\phi420mm \times 6mm$）突然出现三处裂口（当时该主管后面的加热炉正值停炉），大量煤气逸出。

事故预防：

（1）维护工应经常检查管道托架卡箍，防止松动；

（2）应及时清理管道内沉积的水泥，减轻管道负荷，防止管道焊缝开裂。

第 10 章　热风炉有关计算实例

10-1　煤气成分如何换算?

热风炉燃烧所用的高炉煤气常以干煤气成分表示,实际上是含有水分的,因此计算时要先将干煤气成分换算成湿煤气成分。

已知煤气含水的体积百分数,应用下式换算:

$$V_{湿} = V_{干} \times \frac{100 - \varphi(H_2O)}{100} \qquad (10\text{-}1)$$

若已知每 $1m^3$ 干煤气在任意温度下的饱和水蒸气量 (g/m^3),可以用下式换算:

$$V_{湿} = \frac{100}{100 + 0.124g_{H_2O}^{干}} \times V_{干} \qquad (10\text{-}2)$$

式中　$V_{湿}$——湿煤气各组成的含量,%;

$V_{干}$——干煤气各组成的含量,%;

$\varphi(H_2O)$——湿煤气中水含量,%;

$g_{H_2O}^{干}$——$1m^3$ 干煤气所能吸收的饱和水蒸气量,g/m^3。

[计算实例]

已知某热风炉使用高炉煤气,其干煤气成分如下:CO_2:18.5%,CO:23.5%,H_2:1.5%,N_2:56.5%,并已知煤气水含量为5%,求湿煤气成分。

解:根据公式:

$$V_{湿} = V_{干} \times \frac{100 - \varphi(H_2O)}{100}$$

$$= V_{干} \times \frac{100 - 5}{100}$$

$$= 0.95V_{干}$$

则 CO_2：　　　　　　$18.5 \times 0.95 = 17.575\%$

　　CO：　　　　　　$23.5 \times 0.95 = 22.325\%$

　　H_2：　　　　　　$1.5 \times 0.95 = 1.425\%$

　　N_2：　　　　　　$56.5 \times 0.95 = 53.675\%$

　　H_2O：　　　　　　5%

　　合计　　　　　　100%

[计算实例]

某厂所在地年平均气温为 20℃，该厂热风炉采用冷高炉煤气，其干成分为：CO：23.6%，H_2：3.1%，CO_2：17.4%，CH_4：0.1%，O_2：0.1%，N_2：55.7%，试计算高炉煤气的湿成分。

解：根据公式：

$$V_{湿} = \frac{100}{100 + 0.124 g_{H_2O}^{干}} \times V_{干}$$

查表可知在 20℃下 $1m^3$ 干煤气所能吸收的饱和水蒸气量为 $19g/m^3$，所以

$$V_{湿} = \frac{100}{100 + 0.124 g_{H_2O}^{干}} \times V_{干}$$

$$= \frac{100}{100 + 0.124 \times 19} \times V_{干}$$

$$= 0.977 V_{干}$$

则 CO_2：　　　　　　$17.4\% \times 0.977 = 17.000\%$

　　CO：　　　　　　$23.6\% \times 0.977 = 23.057\%$

　　H_2：　　　　　　$3.1\% \times 0.977 = 3.029\%$

　　CH_4：　　　　　　$0.1\% \times 0.977 = 0.098\%$

　　O_2：　　　　　　$0.1\% \times 0.977 = 0.098\%$

　　N_2：　　　　　　$55.7\% \times 0.977 = 54.419\%$

10-2　煤气低发热值如何计算?

煤气发热值有高发热值、低发热值两种,一般燃料燃烧计算采用低发热值。每 $1m^3$ 煤气中含 1% 体积的各种可燃成分的热效应如下:

煤气可燃成分	CO	H_2	CH_4	C_2H_4	H_2S
热效应/kJ	126.36	107.85	358.81	594.4	233.66

[计算实例]

已知某热风炉使用的高炉煤气成分为:CO_2:17.2%,CO:23.8%,H_2:0.8%,CH_4:0.1%,N_2:53.1%,H_2O:5.0%,求该煤气的低发热值。

解: 根据公式:

$$Q_{低} = 126.36\varphi(CO) + 107.85\varphi(H_2) + 358.81\varphi(CH_4)$$

(10-3)

则　　$Q_{低} = 126.36 \times 23.8 + 107.85 \times 0.8 + 358.81 \times 0.1$

$$= 3007.4 + 86.28 + 35.88$$

$$= 3129.56 kJ/m^3$$

10-3　实际空气需要量如何计算?

为了保证煤气完全燃烧,实际空气需要量应比理论空气量略大些。实际空气需要量和理论空气需要量之比称为空气过剩系数。空气过剩系数以下式表示:

$$n = \frac{L_n}{L_o}$$

(10-4)

式中　n——空气过剩系数;

L_n——实际空气需要量;

L_o——理论空气需要量。

[计算实例]

某热风炉烧高炉煤气 $30000 m^3/h$ ，每 $1 m^3$ 高炉煤气理论助燃空气量为 $0.75 m^3$ ，求过剩空气系数在 1.05 时，实际空气需要量。

解： 由给定的已知条件可知，理论助燃空气量为 $L_o = 30000 \times 0.75 = 22500 m^3/h$ 。

根据公式：
$$n = \frac{L_n}{L_o}$$

则　　$L_n = nL_o = 1.05 \times 22500 = 23625 m^3/h$

答： 实际空气需要量为 $23625 m^3/h$ 。

[计算实例]

已知某煤气的理论空气需要量为 $180 m^3/min$ ，如果空气过剩系数取 1.2 时，实际空气需要量为多少？

解：　　　　$180 \times 1.2 = 216 m^3/min$

答： 实际空气需要量为 $216 m^3/min$ 。

[计算实例]　理论空气需要量的计算：

已知湿煤气成分为 $\varphi(CO) = 25\%$ 、$\varphi(H_2) = 2\%$ 、$\varphi(C_2H_4) = 0.5\%$ 、$\varphi(CO_2) = 15\%$ 、$\varphi(N_2) = 56\%$ 、$\varphi(H_2O) = 1\%$ ，求该煤气燃烧的理论空气需要量。

解： 根据公式

$$L_o = \frac{4.762}{100} \left[\frac{1}{2}\varphi(CO) + \frac{1}{2}\varphi(H_2) + 2\varphi(CH_4) + \right.$$

$$\left. 3\varphi(C_2H_4) + 1\frac{1}{2}\varphi(H_2S) - \varphi(O_2) \right] \qquad (10\text{-}5)$$

将数值代入公式，则：

$$L_o = \frac{4.762}{100}\left(\frac{1}{2} \times 25 + \frac{1}{2} \times 2 + 2 \times 0.5 \right)$$

$$= 0.69 m^3/m^3$$

答： $1 m^3$ 煤气燃烧理论空气量为 $0.69 m^3/m^3$ 。

10-4　空气过剩系数如何计算？

1. 求空气过剩系数。

[计算实例]

某热风炉烧高炉煤气 $30000 m^3/h$，每 $1 m^3$ 高炉煤气理论助燃空气量为 $0.75 m^3$，助燃风量指示为 $24000 m^3/h$ 时，求空气过剩系数。

解：理论空气需要量　$L_o = 30000 \times 0.75 = 22500 m^3/h$

实际空气需要量　　　$L_n = 24000 m^3/h$

所以

$$n = \frac{L_n}{L_o}$$

$$= 24000/22500$$

$$= 1.067$$

答：空气过剩系数为 1.067。

2. 根据废气成分计算空气过剩系数。

[计算实例]

已知某热风炉正常燃烧时，其烟道废气成分分析如下：CO_2：24%，CO：0%，O_2：1%，求过剩空气系数。

解：根据公式：

$$n = \frac{21}{21 - 79\left[\dfrac{\varphi(O_2)}{100 - \varphi(RO_2 + O_2)}\right]} \tag{10-6}$$

式中　　n——过剩空气系数；

$\varphi(O_2)$——废气中氧含量，%；

$\varphi(RO_2)$——$CO_2 + SO_2$ 体积百分含量，%

所以

$$n = \frac{21}{21 - 79\left[\dfrac{1}{100 - (24 + 1)}\right]}$$

$$= 1.053$$

答：过剩空气系数为 1.053。

[**计算实例**]

某热风炉只烧高炉煤气，烟气化验为：CO_2：24%，O_2：2%，CO：0%，问该燃烧是否合理？

解：根据公式有：

$$n = \cfrac{21}{21 - 79\left[\cfrac{\varphi(O_2)}{100 - \varphi(RO_2 + O_2)}\right]}$$

$$= \cfrac{21}{21 - 79\left[\cfrac{2}{100 - (24 + 2)}\right]}$$

$$= 1.135$$

答：只烧单一高炉煤气时 $n = 1.05 \sim 1.10$ 为宜，故燃烧不太合理，过剩空气系数偏大。

10-5 混烧高热值煤气如何计算？

在实际生产中，往往要同时使用几种煤气，一般来说，将部分高热值煤气混合到发热值较低的煤气中去。对于热风炉来说，常见的就是把发热值较高的焦炉煤气混合到发热值较低的高炉煤气中去。根据要求的发热值求出高炉煤气和焦炉煤气的混合比。

设高炉煤气含量为 x，焦炉煤气含量为 $1 - x$，则

$$Q_{低}^{混} = x Q_{低}^{高} + (1 - x) Q_{低}^{焦}$$

经推导得出：

$$V = 1 - x = \frac{Q_{低}^{混} - Q_{低}^{高}}{Q_{低}^{焦} - Q_{低}^{高}} \times 100\% \tag{10-7}$$

式中　x——需要混入的高炉煤气量，%；

　　　V——需要混入的焦炉煤气量，%；

　　　$Q_{低}^{高}$——高炉煤气发热值，kJ/m^3；

　　　$Q_{低}^{混}$——所要求达到的混合煤气发热值，kJ/m^3；

$Q_{低}^{焦}$——焦炉煤气发热值，kJ/m³。

[计算实例]

某热风炉烧混合煤气 40000m³/h，高炉煤气的发热值为 3350kJ/m³，焦炉煤气发热值为 17600kJ/m³，求混合煤气发热值为 46000kJ/m³ 时，需加入多少焦炉煤气量。

解：根据公式有：

$$V = \frac{Q_{低}^{混} - Q_{低}^{高}}{Q_{低}^{焦} - Q_{低}^{高}} \times 100\%$$

$$= (4600 - 3350)/(17600 - 3350) \times 100\%$$

$$= 8.8\%$$

需焦炉煤气量为：

$$40000 \times 8.8\% = 3520 \text{m}^3/\text{h}$$

答：需加入焦炉煤气量 3520m³/h。

[计算实例]

某热风炉烧高炉煤气 36480m³/h，高炉煤气的发热值为 3350kJ/m³，焦炉煤气的发热值为 17600kJ/m³，求混合煤气发热值 4600kJ/m³ 时，需加入多少焦炉煤气量。

解：根据公式有：

$$V = \frac{Q_{低}^{混} - Q_{低}^{高}}{Q_{低}^{焦} - Q_{低}^{高}} \times 100\%$$

$$= \frac{4600 - 3350}{17600 - 3350} \times 100\%$$

$$= 8.8\%$$

又根据比例相等原则，设混入焦炉煤气量为 x，即

$$\frac{36480}{1 - V} = \frac{x}{V}$$

则

$$\frac{36480}{1 - 0.088} = \frac{x}{0.088}$$

所以
$$x = \frac{36480 \times 0.088}{0.912}$$

$$= 3520 \text{m}^3/\text{h}$$

答：需加入焦炉煤气 $3520 \text{m}^3/\text{h}$。

[计算实例]

某热风炉烧高炉煤气 $36480 \text{m}^3/\text{h}$，焦炉煤气 $3500 \text{m}^3/\text{h}$。高炉煤气发热值为 $3350 \text{kJ}/\text{m}^3$，焦炉煤气发热值为 $17600 \text{kJ}/\text{m}^3$，求该炉用混合煤气发热值。

解：方法一：

根据公式
$$V = \frac{Q_{低}^{混} - Q_{低}^{高}}{Q_{低}^{焦} - Q_{低}^{高}} \times 100\%$$

其中
$$V = \frac{3500}{36480 - 3500} \times 100\%$$

$$= 0.0875$$

将各数值代入上式，得

$$0.0875 = \frac{Q_{低}^{混} - 3350}{17600 - 3350}$$

解得
$$Q_{低}^{混} = 4595 \text{kJ}/\text{m}^3$$

方法二：

$$Q_{低}^{混} = \frac{36480 \times 3350 + 3500 \times 17600}{36480 + 3500}$$

$$= 4596 \text{kJ}/\text{m}^3$$

答：混合煤气的发热值为 $4596 \text{kJ}/\text{m}^3$。

10-6 理论燃烧温度如何简易计算？

理论燃烧温度的计算是非常复杂的，往往采取简易计算。

根据实践统计，高炉煤气的理论燃烧温度可用下式计算：

$$t_{理} = 0.287 Q_{低} + 330 \qquad (10\text{-}8)$$

或
$$t_{理} = 0.25 Q_{低} + 450 \qquad (10\text{-}9)$$

高炉煤气和焦炉煤气的混合煤气理论燃烧温度可用下式计算：

$$t_{理} = 0.1485Q_{低} + 770 \qquad (10\text{-}10)$$

式中　$t_{理}$——理论燃烧温度，℃；

　　　$Q_{低}$——煤气低发热值，kJ/m³。

[计算实例]

某热风炉只烧高炉煤气，其湿煤气热值为 3433kJ/m³，试用简易方法计算该煤气的理论燃烧温度。

解： 用公式：

$$t_{理} = 0.287Q_{低} + 330$$

则

$$t_{理} = 0.287 \times 3433 + 330$$

$$= 1314℃$$

或者用公式：

$$t_{理} = 0.25Q_{低} + 450$$

则

$$t_{理} = 0.25 \times 3433 + 450$$

$$= 1308℃$$

答： 理论燃烧温度为 1308℃，或 1314℃。

若混合煤气低发热值为 4600kJ/m³，其理论燃烧温度为：

$$t_{理} = 0.1485Q_{低} + 770$$

$$= 1454℃$$

10-7　热风炉需要冷却水压力如何计算？

热风炉冷却水压力的确定 $p_{水}$(MPa)：

$$p_{水} = p_{风} + \frac{热风阀全开进出水管的高度(m) - 水压表的高度(m)}{10} + 0.05$$

$$(10\text{-}11)$$

[计算实例]

某高炉热风炉风压为 0.23MPa，由地面到热风阀全开进出水管最高位置的 27m，距地面 12m 处有一水压表指示为 0.45MPa，问该热风炉水压是否够用？

解： 根据公式，则有：

$$p_水 = 0.23 + \frac{27 - 12}{10} + 0.05$$

$$= 0.43MPa$$

比较：0.45 > 0.43

答： 水压够用。

[计算实例]

某热风炉为落地式热风炉，其热风压力为 0.20MPa，热风阀全开进出水管距地面 12m，求该热风炉需要的最低水压。

解： 根据公式，则

$$P_水 = 0.20 + \frac{12 - 0}{10} + 0.05$$

$$= 0.37MPa$$

答： 最低水压需 0.37MPa。

10-8 热风炉热效率如何计算？

热风炉热效率的计算公式如下：

$$\eta = \frac{V_风(c_风 t_风 - c_冷 t_冷)}{V_煤气 Q_低 + V_煤气 c_煤气 t_煤气 + V_空 c_空 t_空} \times 100\% \quad (10\text{-}12)$$

式中　η ——热风炉热效率，%；

$V_风$ ——周期风量，m^3/周期；

$V_煤气$ ——周期煤气消耗量，m^3/周期；

$Q_低$ ——煤气低发热值，kJ/m^3；

$c_煤气$ ——煤气比热容，$kJ/(m^3 \cdot ℃)$；

$c_冷$ ——冷风比热容，$kJ/(m^3 \cdot ℃)$；

$c_风$ ——热风比热容，$kJ/(m^3 \cdot ℃)$；

$c_空$ ——助燃空气比热容，$kJ/(m^3 \cdot ℃)$；

$t_{煤气}$ ——煤气温度,℃ ;

$t_{冷}$ ——冷风温度,℃ ;

$t_{风}$ ——热风温度,℃ ;

$t_{空}$ ——助燃空气温度,℃ ;

$V_{空}$ ——助燃空气周期用量, m³/周期。

[计算实例]

某高炉通过热风炉风量为 2000m³/min , 热风温度为 1100℃ , 冷风温度为 100℃ , 三座热风炉采用两烧一送制, 送风时间为 60min , 燃烧时间 110min , 相当 1.83h , 每座热风炉烧高炉煤气量为 36000m³/h , 助燃空气量为 26000m³/周期, 试用国际单位制计算该热风炉的热效率。

已知条件:

$c_{冷} = 1.305$kJ/(m³·℃);

$c_{风} = 1.426$kJ/(m³·℃);

$c_{煤气} = 1.298$kJ/(m³·℃);

$c_{空气} = 1.322$kJ/(m³·℃);

$t_{冷} = 100$℃;

$t_{风} = 1100$℃;

$t_{煤气} = 25$℃;

$t_{空} = 20$℃;

$V_{煤气} = 36000 \times 110/60 = 65880$m³;

$V_{空} = 26000 \times 1.83 = 47580$m³;

$Q_{低} = 3433$kJ/m³。

将各数值代入:

$$\eta = \frac{2000 \times 60(1.426 \times 1100 - 1.305 \times 100)}{36000 \times 1.83(3433 + 1.298 \times 25) + 26000 \times 1.83 \times 1.322 \times 20} \times 100\%$$

$= 75.16\%$

答: 该热风炉的热效率为 75.16% 。

[计算实例]

已知热风炉热效率，求每座炉燃烧的煤气量。

某高炉通过热风炉的风量为 $2000m^3/min$，热风温度 $1100℃$，三座热风炉采用两烧一送制，燃烧时间为 $110min$，换炉 $10min$，送风时间为 $60min$，已知该炉的热效率为 74.88%，求实际每座炉燃烧煤气量。

已知条件：

$c_冷 = 1.305kJ/(m^3 \cdot ℃)$；

$c_风 = 1.426kJ/(m^3 \cdot ℃)$；

$c_{煤气} = 1.298kJ/(m^3 \cdot ℃)$；

$c_{空气} = 1.302kJ/(m^3 \cdot ℃)$；

$t_冷 = 100℃$；

$t_风 = 1100℃$；

$t_{煤气} = 35℃$；

$t_空 = 20℃$；

$V_{煤气} = 36000 \times 110/60 = 65880m^3$；

$V_空 = 26000 \times 1.83 = 47580m^3$；

$Q_低 = 3433kJ/m^3$；

$V_风 = 2000 \times 60 = 120000m^3/周期。$

解： 根据公式：

$$\eta = \frac{V_风(c_风 t_风 - c_冷 t_冷)}{V_{煤气}Q_低 + V_{煤气}c_{煤气}t_{煤气} + V_空 c_空 t_空} \times 100\%$$

变换公式：

$$V_{煤气} = \frac{V_风(c_风 t_风 - c_冷 t_冷) - \eta V_空 c_空 t_空}{\eta Q_低 + \eta c_{煤气}t_{煤气}}$$

将各数值代入，有：

$$V_{煤气} = \frac{20000 \times 60(1.426 \times 1100 - 1.305 \times 100) - 0.7488 \times 47580 \times 1.302 \times 20}{(3433 + 1.30 \times 35) \times 0.7488}$$

$$= 65875.8m^3/周期$$

$65875.8 \div 1.83 = 35997.7 = 36000 \text{m}^3/\text{h}$。

答：实际每座炉燃烧煤气量为 $36000\text{m}^3/\text{h}$。

10-9 如何做高炉煤气发生量的理论计算与简易计算？

（一）理论计算：

高炉煤气发生量的理论计算公式为：

$$V_{煤气} = \frac{C_焦 + C_煤 + C_料 + C_熔 + C_挥 - C_铁 - C_尘}{\dfrac{\varphi(CO_2) + \varphi(CO) + \varphi(CH_4)}{100} \times \dfrac{12}{22.4}} - V_损$$

$$(10\text{-}13)$$

公式说明：高炉煤气发生量的计算，以碳平衡为基础，入炉碳素量应等于排出碳素量。对单位生铁而言，入炉碳素包括：焦炭、煤粉、原料、熔剂、挥发物带入的碳素，分别用 $C_焦$、$C_煤$、$C_料$、$C_熔$、$C_挥$ 表示。排出碳素包括生铁带出，炉渣带出，炉顶炉尘带出，高炉煤气带出及炉顶均压用煤气、休风损失煤气、出铁放渣带出的煤气中的碳素，分别用 $C_铁$、$C_渣$（化学分析中不含 C，所以不计），$C_尘$、$C_煤气$、$C_损$（包括均压用煤气、休风损失煤气、出铁放渣带出煤气中的碳素）表示。

$$C_入 = C_焦 + C_煤 + C_料 + C_熔 + C_挥$$

$$C_出 = C_铁 + C_尘 + C_煤气 + C_损$$

$$C_入 = C_出$$

$$C_煤气 + C_损 = C_焦 + C_煤 + C_料 + C_熔 + C_挥 - C_铁 - C_尘$$

$$C_煤气 = \frac{\varphi(CO_2) + \varphi(CO) + \varphi(CH_4)}{100} \times \frac{12}{22.4} \times V_煤气$$

式中，$\varphi(CO_2)$、$\varphi(CO)$、$\varphi(CH_4)$ 为炉顶煤气中各组成的百分数。

$C_损$ 是产生煤气后输送过程中的损失，所以上式变为：

$$V_{煤气} = \frac{C_{焦} + C_{煤} + C_{料} + C_{熔} + C_{挥} - C_{铁} - C_{尘}}{\dfrac{\varphi(CO_2) + \varphi(CO) + \varphi(CH_4)}{100} \times \dfrac{12}{22.4}} - V_{损}$$

现以 2007 年 6 月生产数据为依据列表，如表 10-1 和表 10-2 所示。

表 10-1　某厂 6 月份高炉生产数据煤气发生量理论计算

序　号	名　　称	单耗/kg·t⁻¹	碳含量/%	总碳量/kg
1	焦　炭	392.02	86.50	339.10
2	煤　粉	127.18	79.02	100.50
3	焦　丁	25.16	84.50	21.26
4	重力灰	15.6	25.75	4.02
5	布袋灰	3.9	36.21	1.41
6	铁　水	1000.00	4.30	43.00
	气化碳量			412.43

表 10-2　2007 年上半年高炉煤气平均成分

组　分	CO_2	CO	CH_4	H_2	N_2	O_2	含碳组分	备　注
含量（体积分数）/%	19.07	25.05	0.70	1.93	52.73	0.5	44.82	$Q_{低} = 3623$ kJ/m³（标态）

重力灰、铁水数据为历史均数据，布袋灰数据为估计数据。

吨铁煤气量计算：

$$煤气量 = 412.43 \times 22.4/(0.12 \times 44.82)$$

$$= 1717 m^3/t（标态）$$

（二）简易计算：

理论计算比较复杂，常用的简易计算有三种计算方法：

（1）系数法：一般情况下高炉煤气发生量是高炉每小时鼓风（冷风）流量的 1.3 ~ 1.5 倍。

（2）焦炭系数法：是指每小时高炉生产需要消耗多少焦炭（如果喷煤，煤粉也要折合为焦炭加进去），一般情况下每吨焦炭会产生 3500m³ 高炉煤气。

（3）氮气平衡法：就是先计算出每小时高炉鼓风中的氮气含量，然后对照高炉煤气分析查出高炉煤气中氮气的百分比，即可计算出高炉煤气的量，这种方法是最精确的计算方法。例如：高炉每小时鼓风 200000m³，空气中氮气的含量为 78%；查出的高炉煤气中氮气的比例为 58%，则高炉煤气为

$$[（200000 \times 78\%）\times 100]/58 = 268965.5m³$$

仍按高炉内碳的平衡，推出吨铁煤气发生量的简单计算公式：

$$V_{煤气} = 4.668C_单 \tag{10-14}$$

式中　$C_单$——每吨生铁所产生煤气量的全部碳含量。

[计算实例]

某高炉吨铁焦比为 392.02kg，吨铁煤比为 127.18kg，焦炭含固定碳 86.50%，煤粉含固定碳 79.02%，进入生铁和煤气灰带走的碳量，每吨按 50kg 计算，则

$$C_单 = 392.02 \times 0.865 + 127.18 \times 0.7902 - 50$$

$$= 389.56kg$$

所以　$V_{煤气} = 4.668C_单$

$$= 4.668 \times 389.56$$

$$= 1818.46m³/t$$

与理论计算法十分相近。

[计算实例]

某高炉吨铁焦比为 548kg，吨铁煤比为 45kg，焦炭含固定碳 85%，煤粉含固定碳 74%，进入生铁和煤气灰带走的碳量，每吨按 50kg 计算。

$$C_单 = 548 \times 0.85 + 45 \times 0.74 - 50$$

$$= 449.1kg$$

简单计算公式 1：　$V_{煤气} = 4.668C_单$

$$=4.668 \times 449.1$$
$$=2095.9 m^3/t$$

简单计算公式2：焦比高取较大系数值，焦比低取较小系数值。

$$V_{煤气} = (1.2 - 1.35) \times 风量(m^3/h) \qquad (10\text{-}15)$$

[计算实例]

某高炉冷风流量为1100m³/min，日产生铁1000t，计算其煤气发生量。

$$V_{煤气} = 1.35 \times 风量(m^3/h)$$

所以　　$$V_{煤气} = 1.35 \times 1100 \times 60$$
$$=89100 m^3/h$$
$$89100 \div 1000 \times 24 = 2138.4 m^3/t$$

与理论计算法十分相近。也可按1t焦炭产生3500m³煤气大致计算。

要知道吨铁煤气量，就必须先知道高炉的吨铁综合焦比（就是吨铁焦炭消耗量加喷煤煤粉消耗折合为焦炭的总量），然后乘以3500就是吨铁煤气发生量。

例如：高炉吨铁焦比400kg，吨铁喷煤比160kg，煤粉折合焦炭系数一般为0.85~0.9。

则　　　$$(0.16 \times 0.9 + 0.4) \times 3500 = 1904 m^3$$

[计算实例]

已知高炉鼓风量为900m³/min，求煤气发生量。

（高炉煤气成分：CO_2：15%、CO：25%、H_2：2%、N_2：58%，风中水分不计）

解：煤气量 = 风量×（风中N_2%/煤气中N_2%）　(10-16)

则有：煤气量900×60×79/58 = 73550m³/h(标态)

答：煤气发生量为73550m³/h（标态）。

10-10　煤气标准状态下的密度如何计算?

煤气的成分为 CO: 27.4%、CO_2: 10%、H_2: 3.2%、N_2: 59.4%,求此煤气标准状态下的密度。($r_{CO} = 1.251kg/m^3$、$r_{CO_2} = 1.997kg/m^3$、$r_{H_2} = 0.0899kg/m^3$、$r_{N_2} = 1.251kg/m^3$)

解:

$$r_{煤气} = \varphi(CO) \times r_{CO} + \varphi(CO_2) \times r_{CO_2} +$$
$$\varphi(H_2) \times r_{H_2} + \varphi(N_2) \times r_{N_2} \qquad (10\text{-}17)$$
$$0.274 \times 1.251 = 0.3375kg/m^3$$
$$0.1 \times 1.997 = 0.1997kg/m^3$$
$$0.032 \times 0.0899 = 0.0029kg/m^3$$
$$0.594 \times 1.25 = 0.7425kg/m^3$$

$$r_{煤气} = 0.3375 + 1.997 + 0.0029 + 0.7425 = 1.2826kg/m^3$$

答: 此煤气密度为 $1.2826kg/m^3$。

10-11　煤气流速如何计算?

煤气管道直径为 600mm,煤气流量是 $15000m^3/h$。求煤气流速。

解:

每秒流量为: $\dfrac{15000}{3600} = 4.17m^3/s$

管道截面积为: $\dfrac{0.6^2}{4} \times \pi = 0.283m^2$

流速为: $\dfrac{4.17}{0.283} = 14.7m/s$

答: 流速为 $14.7m/s$。

10-12　烟道废气的流速如何计算?

已知热风炉煤气消耗量为 $7200m^3/h$,燃烧产物量为 $2.9m^3/$

m³（标态）。煤气废气流经烟道的温度为 450℃。烟道截面积为 1.2m²。求废气在烟道中的流速是多少？

解：

$$废气流量 = 2.9 \times 7200/3600 = 5.8m/s（标态）$$
$$450℃时的废气体积流量 = 5.8m/s \times (1 + 450/273)$$
$$= 15.4m/s（标态）$$
$$烟道流速 = 15.4/1.2 = 12.8m/s$$

答：烟道废气的流速为 12.8m/s。

10-13　炉顶煤气取样管如何计算？

炉顶煤气取样管总长度的确定：

全长 =（炉喉直径 + 100）/2 + 炉墙厚度 + 取样孔法兰长度

$$(10-18)$$

实际炉身半径煤气取样五点位置确定：

第一点：距炉墙 50mm；

第二点：大钟边缘与炉喉间隙中第一点距离的一半；

第三点：大钟边缘；

第四点：大钟半径的一半；

第五点：炉子中心（大钟中心）。

[计算实例]

做一取样管：某高炉炉喉直径为 6000mm，大钟直径为 4200mm，取样孔处炉墙厚度为 800mm，取样孔阀门的法兰长 600mm。

解：（1）取样管全长的计算：

$$L = [(6000 + 100) + 800 + 600]/2 = 4450mm$$

（2）各取样点的确定

第一点：距炉墙 50mm 处，则

$$50 + 800 + 600 = 1450mm$$

第五点，位于炉子中心，则

$$50 + 3000 + 800 + 600 = 4450mm$$

第三点：位于大钟边缘处，则

$$50 + (6000 - 4200)/2 + 800 + 600 = 2350mm$$

第一点到第二点的距离为

$$(6000 - 4200)/4 = 450mm$$

所以第二点的位置为

$$50 + 450 + 800 + 600 = 1900mm$$

第三点到第四点的距离为

$$4200/4 = 1050mm$$

第四点的位置为

$$2350(第三点) + 1050 = 3400mm$$

10-14　煤气管道盲板与垫圈如何计算？

（一）盲板厚度的确定：

盲板厚度可根据下式计算：

$$\delta = d \sqrt{\frac{Kp}{[\sigma]}} + C \qquad (10-19)$$

式中　δ——盲板厚度，mm；

d——计算直径，mm；

K——系数，取 0.3；

p——计算压力，MPa；

$[\sigma]$——许用应力，MPa；

C——负公差及腐蚀，$C = 1.5 \sim 2mm$。

一般来说，直径不大于 250mm 的盲板厚度不小于 4mm，直径不小于 300mm 的盲板厚度不小于 4.5mm。

但是，在生产实践中，盲板的厚度一般不是计算出来的，因为它往往受作业条件等因素的影响，因而盲板厚度的确定，一般要考虑下列因素而确定：

（1）盲板直径：一般直径越大，盲板越厚。

（2）作业法兰撑开的程度：作业条件艰苦，估计法兰很难撑开，盲板要适当偏薄。

（3）盲板使用时间：一般属临时性的盲板，可适当偏薄，而永久性盲板则应偏厚。

（4）管道工作压力：管道工作压力高则应偏厚，否则可以偏薄。

（5）煤气品种：一般永久性盲板应考虑煤气中腐蚀性气体含量，即考虑盲板的腐蚀速度。

根据上述条件和工作经验，盲板厚度大约数值如表 10-3 所示。

表 10-3　不同直径下盲板厚度数值

盲板直径/mm	≤500	600~1000	1100~1500	1600~1800	1900~2400	≥2500
盲板厚度/mm	6~8	8~10	10~12	12~14	16~18	20 以上

（二）盲板直径的确定：

用盘尺量得抽堵盲板法兰附近管道外圆周长 S，同时量得螺丝孔里边距管道外壁距离 H，那么：

$$盲板直径 = 0.3185 \times S + 2 \times H - 10 \qquad (10\text{-}20)$$

其中，0.3185 为圆周率 π（3.145926）的倒数；（-10）是为了防止由于管道的不圆度造成的盲板假大，因而，计算出盲板直径后，应适当减小 10mm。

（三）垫圈厚度及大小的确定：

垫圈厚度的确定：

垫圈的作用是将盲板抽出后用来填补管道法兰空隙使法兰更加严密，其厚度根据下式条件决定：

（1）法兰间空隙：如法兰间确实空隙太小，应适当偏薄。

（2）保证垫圈不变形过大，以妨碍作业，因此，垫圈厚度一般为：

垫圈直径小于 1000mm 时，厚度为 3mm。

垫圈直径大于 1000mm 时，厚度一般在 4～5mm。

垫圈直径的确定：

垫圈直径的确定与盲板直径的确定相同。

[计算实例]

现有一高炉煤气管道要堵盲板，但不知道管道的直径是多少，经测量该管道周长为 3768mm，求盲板直径。

解：根据公式：

$$盲板直径 = 0.3185 \times S + 2 \times H - 10$$

H 取 40mm，则

$$盲板直径 = 0.3185 \times 3768 + 2 \times 40 - 10$$

$$= 1270mm$$

答：盲板直径为 1270mm。

[计算实例]

某一高炉煤气管道，已较长时间没用，但不知道管道直径是多少，经现场测量管道周长为 4712mm，求盲板圈的内径与外径。

解：(1) 求垫圈内径：

$$L = D\pi$$

$$D = L/\pi = 4712/3.14 = 1500.63mm$$

$$\approx 1500mm(可作内径)$$

(2) 求垫圈外径：

取 $H = 40mm$，则

$$垫圈的外径 = 1500 + 2 \times 40 = 1580mm$$

答：垫圈的内径应为 1500mm，外径应为 1580mm。

附　录

附录1　冶金生产工人技术等级标准、晋级考题及参考答案

F1.1　冶金生产工人技术等级标准（五）
——炼铁部分

F1.1.1　热风炉工技术等级标准

初级工技术等级标准

应知：

1. 本工种的生产技术操作规程、安全技术规程、设备使用维护规程、岗位责任制及有关的各项规章制度。

2. 高炉生产过程及一般冶炼知识。

3. 高炉、热风炉、烘炉、煤气燃烧的基本原理和调火原则。

4. 热风炉的工作原理、技术特性。

5. 热风炉主体设备及风、水、电管网的名称、走向和分布。

6. 热风炉各仪表的名称、计量单位与作用。

7. 热风炉有关设备的冷却制度。

8. 触电、煤气中毒的预防及急救知识。

9. 电工的一般知识。

应会：

1. 按热风炉的热工周期工作制度和高炉风温需要，进行燃

烧与送风，确保风量，风压稳定。

2. 休、送风和高炉倒流休风操作。

3. 高炉鼓风机停风，热风炉紧急停电、停水的操作。

4. 处理和更换热风炉主体与附属设备的安全操作。

5. 热风炉主体及附属设备的维护、检查和一般故障排除。

6. 长期休风时驱除净煤气和送煤气的有关操作。

7. 预防煤气爆炸、着火的安全措施。

8. 准确填写生产班报及各种记录。

中级工技术等级标准

应知：

1. 对高炉生产与炉内操作有较全面了解。

2. 了解热风炉煤气富化与强化燃烧，提高风温水平与高炉冶炼的关系。

3. 开、停炉时热风炉的操作与煤气处理知识。

4. 混合煤气配比、发热值的计算方法，计量调节仪表的一般知识。

5. 热风炉系统各机电设备、仪表的性能及工作原理。

6. 热风炉大修、单炉中修的防护措施及准备工作。

7. 电工的有关知识。

应会：

1. 热风炉的各种操作，并能根据废气成分、温度合理组织燃烧制度。

2. 开、停炉，紧急休风时有关煤气的安全操作和特殊情况下的各种应急措施及方法。

3. 准确判断和及时处理热风炉操作的各种事故，防止煤气爆炸与着火。

4. 大、中修质量检查工作。

5. 热风炉烘炉、凉炉操作技术。

6. 预热与其他新工艺的操作技术。

7. 培训新工人，讲授技术课。

高级工技术等级标准

应知：

1. 详知煤气系统、送风系统、热风炉系统全部设备的构造及性能，热风炉工作原理。

2. 热风炉主体设备各部设计参数和技术特性。详知砌筑热风炉的各种耐火材料的理化性能。

3. 高炉开、停炉及各种事故状态下的煤气处理方法。

4. 熟知驱除荒、净煤气及送荒、净煤气的程序。

5. 一般了解国内外先进热风炉工艺和新技术的应用。

6. 有关企业管理知识。

应会：

1. 独立指导各热风炉全部操作。

2. 制订热风炉局部中修、大修的安全防护措施和操作方法。

3. 根据煤气流量、风量、压力、热工周期的各种条件，进行热工的一般计算。

4. 组织新工艺、新技术的推广，并能提出改进意见。

5. 参与热风炉系统设计、新建、新革的审查，大、中修的质量监督和调试工作。

6. 掌握热风炉新工艺的操作技术，改进操作制度与管理方法，讲解热风炉的结构和工作原理。

7. 组织与指挥煤气的调节与平衡。

8. 绘制热风炉平断面图及烘炉的曲线图。

9. 解决热风炉操作的技术疑难问题。

10. 讲授本工种技术理论和操作实践知识。

F1.1.2　高炉清灰、煤气取样工技术等级标准

初级工技术等级标准

应知：

1. 本工种的生产技术操作规程、安全技术规程、设备使用维护规程、岗位责任制及有关的各项规章制度。

2. 高炉生产过程及一般的冶炼知识。

3. 及时、准确清灰、取样对高炉生产的意义。

4. 高炉正常生产与非正常生产对取样工作的要求。

5. 除尘器及附属设备的构造、作用与性能。

6. 炉喉取样的五点位置及取样设备的构造。

7. 各种规程煤气区域分类。

8. 一般机电设备操作常识和煤气救护知识。

9. 机、电一般知识。

应会：

1. 正确使用维护清灰、取样的各种设备。

2. 准确掌握清灰调节比例、放灰时间。

3. 清灰设备停电下的操作，漏嘴、喷水管堵塞故障及其排除方法。

4. 炉顶与除尘器煤气取样的方法，准确取样。

5. 取样开闭器的检查和卡管、漏煤气故障的排除。

6. 各高炉取样管的制作。

7. 煤气中毒的预防和急救措施。

中级工技术等级标准

应知：

1. 煤气系统除尘工艺过程及瓦斯灰成分。

2. 熟知正常煤气清灰与高炉长期休风炉顶点火驱除残余煤

气的作用。

3. 高炉开、停炉煤气取样的意义。

4. 除尘器煤气的分析成分，并能绘制炉喉煤气成分曲线图。

5. 重力除尘器构造、工作原理。

6. 全面了解炉顶取样设备构造、设计安装要求及维护、制作方法。

应会：

1. 根据高炉不同的冶炼强度和不同含尘原料，预测除尘量和除尘效率，准确判断除尘器内潮灰堆积情况，提出处理意见。

2. 高炉长期休风、送风前后应做的工作。

3. 根据高炉大、中修不同情况，取好各种参考煤气样。

4. 各种煤气样、大气样的化验程序。

5. 准确判断各种故障，并能及时排除。

6. 设备检修、更换后的质量检查、验收、调试工作。

7. 培训新工人，讲授技术课。

F1.2 热风炉工初、中、高级工理论知识测试题

F1.2.1 初级热风炉工理论知识测试题

一、判断题：每题 1 分（共 25 分）

（在题末括号内做记号，"√"表示对，"×"表示错）

1. 高炉产量高，其有效容积的利用系数就高。　　　（　　）

答案：（√）

2. 提高风温是高炉降低焦比的重要手段。　　　（　　）

答案：（√）

3. 压力的单位是千克。　　　　　　　　　　　（　　）

答案：（×）

4. 仪表所显示的压力数是指被测容器内的压力比周围大气

压力高出或低出多少的压力数。　　　　　　　　　　（　　）

答案：（√）

5. 空气过剩系数是烧炉时空气用量过多的指标。　（　　）

答案：（×）

6. 粗除尘器是利用离心力的作用使高炉炉尘撞击器壁失去动能来达到除尘目的的。　　　　　　　　　　　　　（　　）

答案：（×）

7. 在湿式除尘系统中，高炉煤气的含水量是随煤气温度的升高而增加的。　　　　　　　　　　　　　　　　（　　）

答案：（√）

8. 高炉煤气中的饱和水分，不影响其理论燃烧温度。

　　　　　　　　　　　　　　　　　　　　　　　　（　　）

答案：（×）

9. 热风炉是通过控制向高温热风中兑入冷风的量来达到高炉指定风温水平和稳定风温的目的。　　　　　　　（　　）

答案：（√）

10. 在煤气区作业时应注意站在可能泄漏煤气设备的下风侧。　　　　　　　　　　　　　　　　　　　　（　　）

答案：（×）

11. 热风炉单炉送风制时，换炉时应先将送风的炉子改为燃烧。　　　　　　　　　　　　　　　　　　　　（　　）

答案：（×）

12. 高风温是高炉扩大喷煤的条件。　　　　　　　（　　）

答案：（√）

13. 引煤气操作时，应先关上高炉炉顶放散阀。　（　　）

答案：（×）

14. 停送煤气，空气预热器的操作时，应先切断热烟气。

　　　　　　　　　　　　　　　　　　　　　　　　（　　）

答案：（√）

15. 高炉休风，减风到50%以下，可以切断、放散煤气。

（　　）

答案：（×）

16. 高炉休风操作时热风炉应先通知高炉关放风阀，然后打开准备送风炉子的冷热风阀。（　　）

答案：（×）

17. 热风炉烘炉的目的是尽快将炉顶温度烘上去，使其达到正常工作温度。（　　）

答案：（×）

18. 集中助燃风机，引风机启动前应先关闭其进风口的阀门，再启动马达。（　　）

答案：（√）

19. 利用重力、离心力和机械撞击都可以脱除煤气中的饱和水。（　　）

答案：（×）

20. 烧炉时如助燃风机突然跳闸，应首先关煤气阀，切断煤气来源。（　　）

答案：（√）

21. 热风炉大墙是紧贴着炉壳砌筑的，其内层是绝热砖，在二者之间是绝热填料。（　　）

答案：（×）

22. 清理电气设备时，不允许用水或湿布擦。（　　）

答案：（√）

23. 风温、风压的大幅度波动会给高炉顺行带来不利。（　　）

答案：（√）

24. 热风炉单独送风制的换炉次序，应以离高炉最远的热风炉开始，依次进行。（　　）

答案：（×）

25. 当热风炉炉顶温度已达到指定值或升不上去时，提高烟道温度也能提高风温水平。（　　）

答案：（√）

二、选择题：每题 1 分（共 15 分）

1. 任何类别的高炉休风操作首先要关闭的阀门是（　　　）。
    A. 热风阀　　　　　　　　B. 冷风阀
    C. 混风阀　　　　　　　　D. 烟道阀
答案：C

2. 煤气中最容易使人中毒的是（　　　）。
    A. 高炉煤气　　　　　　　B. 焦炉煤气
    C. 混合煤气　　　　　　　D. 转炉煤气
答案：D

3. 热风炉快速烧炉的目的主要是尽量缩短（　　　）的时间。
    A. 燃烧　　　　　　　　　B. 换炉
    C. 保温　　　　　　　　　D. 加热
答案：D

4. 煤气中饱和水的含量与（　　　）有关。
    A. 煤气压力　　　　　　　B. 煤气流量大小
    C. 煤气温度高低　　　　　D. 煤气流速大小
答案：C

5. 热风炉烧炉时严格控制烟道温度的主要目的是（　　　）。
    A. 减少热损失　　　　　　B. 节约煤气
    C. 防止烧坏下部衬　　　　D. 保护炉箅子和支柱
答案：D

6. 高炉煤气的理论燃烧温度是（　　　）。
    A. 1000℃　　　　　　　　B. 700℃
    C. 1300℃　　　　　　　　D. 800℃
答案：C

7. 高炉煤气的着火温度是（　　　）。
    A. 700℃　　B. 550℃　　C. 800℃　　　D. 1000℃
答案：B

8. 煤气中具有毒性的成分有（　　　）。
    A. CO_2、N_2　　　　　　　B. CO、H_2

    C. O_2、CH_4 D. H_2、C_nH_m

答案：B

9. 高炉煤气与空气混合形成爆炸性气体，其爆炸极限是
（　　）。

    A. 1.5% ~75%   B. 30% ~69%

    C. 45% ~90%   D. 5% ~38%

答案：B

10. 焦炉煤气的理论燃烧温度是（　　）。

    A. 1500℃   B. 2000℃

    C. 2150℃   D. 1800℃

答案：C

11. 焦炉煤气的着火点是（　　）。

    A. 550 ~650℃   B. 350 ~400℃

    C. 900℃   D. 2000℃

答案：A

12. 当热风炉助燃风量不足时，应该采用（　　）的燃烧
制度。

    A. 固定煤气量、调节空气量

    B. 固定空气量、调节煤气量

    C. 煤气量、空气量都不固定

    D. 煤气量、空气量都固定

答案：B

13. 热风炉开始烧炉时就（　　）。

    A. 边开煤气，边点火   B. 先开煤气，后点火

    C. 先开小煤气，后点火   D. 先点火，后开煤气

答案：D

14. （　　）适宜用在热风炉的中、下部。

    A. 高铝砖   B. 硅砖   C. 黏土砖   D. 镁砖

答案：C

15. 下列情况（　　）不会形成爆炸性气体。

A. 高炉休风时，混风阀忘了关

B. 净煤气压力过低，热风炉继续烧炉

C. 高炉长期休风，炉顶没点火

D. 热风炉燃烧改送风时，先关煤气阀，后关空气阀和烟道阀

答案：D

三、填空题：（每空 1 分，共 20 分）

1. 高炉生产的主要产品是_____；副产品是_____、_____、_____。

答案：生铁；煤气、炉渣、炉尘

2. 热风炉的主要工作分为_____期和_____期。

答案：燃烧；送风

3. 热风炉的传热方式有_____、_____、_____。

答案：传导、对流、辐射

4. 煤气三大事故是指_____、_____、_____。

答案：中毒、爆炸、燃烧

5. 当高炉放风阀失灵或炉台无法放风操作时，可临时通过送风热风炉的_____阀将冷风放掉。

答案：废风

6. 长期休风时，高炉炉顶点火的目的是防止煤气的_____、_____。

答案：中毒、爆炸

7. 煤气压力低于_____时，热风炉应停止烧炉。

答案：1kPa（或根据本单位规定）

8. 热风炉用来预热助燃空气和煤气的能源是_____。

答案：烟气余热

9. 高炉煤气使人中毒的主要成分是_____。

答案：CO

10. 气体分流定则认为放热气体仅能分为均匀的_____气

流。吸热气体仅能分为均匀的_____气流。

答案：向下；向上

四、问答题：每题 8 分（共 40 分）

1. 画出内燃式热风炉纵剖面简图，指出热风炉的炉壳、拱顶、蓄热室、燃烧室、隔墙及燃烧器、热风出口、炉箅子、支柱的具体位置。

答：见右图。

2. 热风炉烧炉时为什么要规定炉顶温度和烟道温度的界限？

答：虽然提高炉顶温度和烟道温度能提高风温，但当炉顶温度过高，高于炉顶耐火砖的最低荷重软化温度时，将使其软化变形，甚至烧塌。而烟道温度过高时会烧坏蓄热室下部的金属炉箅子和支柱，同时，烟道温度过高也会影响热风炉的热效率，所以要规定炉顶温度和烟道温度的界限。

3. 热风炉由燃烧改送风时，如果烟道阀、空气阀先于煤气阀关闭，在向热风炉内灌冷风时，可能出现什么事故，怎样避免？

答：可能出现热风炉炉内煤气爆炸事故，甚至炸坏炉顶。因为烟道阀、空气阀先于煤气阀关闭，会使部分没燃烧的煤气滞留于热风炉中，当开始灌冷风时，正好与里面的煤气混合达到爆炸

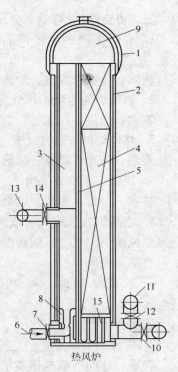

热风炉

1—炉壳；2—内衬；3—燃烧室；
4—蓄热室；5—隔墙；6—煤气管道；
7—煤气阀；8—燃烧器；9—拱顶；
10—烟道阀；11—冷风管道；
12—冷风阀；13—热风管道；
14—热风阀；15—炉箅子及支柱

范围，遇热风炉内的高温就会发生爆炸。避免的办法，一定要先关煤气阀，后关空气阀，最后关烟道阀。

4. 烧炉时为什么要选择合适的空气过剩系数？

答：由于煤气的燃烧速度非常快，所以其完全燃烧的程度取决于煤气和空气混合的速度，为确保煤气的完全燃烧，实际需要的空气量要比理论需要的空气量大，目的是使燃烧反应在较大范围内进行。但当空气过剩系数过大时，会使废气量增加，降低煤气理论燃烧温度。所以选择空气过剩系数一定要适当。

5. 冷风小门（充风阀）和废风阀的作用是什么？

答：因为当热风炉由燃烧改送风时，冷风阀阀板因受冷风管道处的单侧压力而打不开，只有当有冷风小门（或充风阀）向热风炉内灌风均压后，冷风阀阀板两侧的压力相同，才便于打开。同理，当热风炉由送风改燃烧时，烟道阀也受热风炉炉内的单侧压力而打不开，用废风阀将风放入烟道中，两侧压力均衡，烟道阀才能打开。

F1.2.2　中级热风炉工理论知识测试题

一、判断题：每题 1 分（共 25 分）

（在题末括号内做记号，"√"表示对，"×"表示错）

1. 当高炉冶炼强度一定时，降低焦比就意味着提高生铁产量。　　　　　　　　　　　　　　　　　　（　　）

答案：（√）

2. 高炉产量高，其焦比也一定高。　　　　　　（　　）

答案：（×）

3. 温度是表示物质具有热量多少的参数。　　　（　　）

答案：（×）

4. 热容是把温度和热量联系起来的物理量。　　（　　）

答案：（√）

5. 高炉焦比高，其冶炼强度也一定高。　　　　（　　）

答案：（×）

6. 鼓风中风温带入的热量在高炉中是百分之百被利用的。 （　）

答案：（√）

7. 热风炉烘炉开始点火时，应从距烟囱最近的热风炉开始，依次进行。 （　）

答案：（×）

8. 对于因煤气中毒而昏迷不醒的伤员，应尽快送医院抢救。 （　）

答案：（×）

9. 热风炉烘炉时，如因某种原因使炉顶温度超过规定时，应立刻降下来，严格按烘炉曲线规定升温。 （　）

答案：（×）

10. 紧急休风时，应先切断煤气。 （　）

答案：（×）

11. 高炉用热风烘炉时，其送风操作与正常一样先开热、冷风阀，后用混风阀控制入炉风温。 （　）

答案：（×）

12. 煤气管道上的冷凝物排水器和水封应该保持不断溢水。 （　）

答案：（√）

13. 烧炉时，热风炉高温烟气的流动主要靠烟囱的抽力。 （　）

答案：（×）

14. 热风炉内的辐射传热只有在送风期的高温段才比较强烈。 （　）

答案：（×）

15. 直径小于或等于200mm煤气管道着火时，可直接关闭煤气阀来灭火。 （　）

答案：（×）

16. 煤气是否完全燃烧，也可以根据废气中的可燃物含量来判断。（　　）

答案：（√）

17. 格砖越厚，其达到最大热交换率所要求的时间越长。（　　）

答案：（√）

18. 热风炉燃烧时间越长，其烟气带走的热损失就越大。（　　）

答案：（√）

19. 各种风、电机运转时，清扫工作应特别小心，防止发生意外。（　　）

答案：（×）

20. 煤气的着火温度越高，爆炸范围越小，其危险性也越大。（　　）

答案：（×）

21. 当煤气烧嘴处火焰传播的速度大于煤气供应的速度时，就会发生回火。（　　）

答案：（√）

22. 文氏管的除尘效果和煤气的压力大小有很大关系。（　　）

答案：（√）

23. 煤气管道的冷凝物排水器设在位置最高处，以保持水位，确保安全。（　　）

答案：（×）

24. 热风炉的燃烧期主要传热方式是辐射传热。（　　）

答案：（×）

25. 热风炉内气体呈层流状态时，对流传热效果最好。（　　）

答案：（×）

二、选择题：

1. 热风炉燃烧期和送风期，其热交换都主要在（　　）中完成的。

    A. 蓄热室   B. 燃烧室   C. 拱顶

答案：A

2. 煤气中具有的毒性成分有（   ）。

    A. CH_4、H_2 B. CO、H_2S C. O_2、CO_2

答案：B

3. 煤气在具备（   ）条件时，爆炸才可能发生。

    A. 高浓度、煤气遇明火

    B. 煤气与空气混合成一定比例遇明火

    C. 煤气与水蒸气混合成一定比例遇明火

答案：B

4. 下列三种快速烧炉的方法中，（   ）法的烟气量变化最小，热交换作用较好。

    A. 固定煤气，调节空气

    B. 固定空气，调节煤气

    C. 煤气、空气都不固定

答案：A

5. 工作环境空气中，一氧化碳的浓度为 $100mg/m^3$，连续工作不得超过（   ）。

    A. 1h   B. 3h   C. 30min

答案：A

6. 内燃式热风炉蓄热面积是由（   ）三部分组成。

    A. 蓄热室受热面积、热风总管受热面积、燃烧室热风出口中心线以上受热面积

    B. 蓄热室受热面积、拱顶受热面积、燃烧室燃烧器以上受热面积

    C. 蓄热室受热面积、拱顶受热面积、燃烧室热风出口中心线以上受热面积

答案：C

7. 热风炉周期时间是指（   ）。

A. 送风时间＋燃烧时间

B. 送风时间＋换炉时间

C. 送风时间＋燃烧时间＋换炉时间

答案：C

8. 发现热风阀某冷却部位水管出现（　　）时，可以认为该部位已烧坏漏水。

　A. 断水　　　　　　　　　　B. 水量变小

　C. 有一股一股白色泡沫出现

答案：C

9. 下列情况（　　）不会形成爆炸性气体。

　A. 高炉拉风时，炉顶蒸汽没开

　B. 高炉风机突然断风，没及时发现

　C. 高炉休风时煤气系统用蒸汽保正压

答案：C

10. 当炉顶温度已达到规定的最高值时，烧炉操作应使空气过剩系数（　　），控制炉顶温度不再上升。

　A. 保持不变　　　B. 增大　　　C. 减小

答案：B

11. 不得不进入煤气大量泄漏的区域进行抢救工作的人员应该（　　）。

　A. 用湿毛巾捂住口鼻　　　　B. 憋住呼吸

　C. 佩戴氧气（空气）呼吸器

答案：C

12. 下列几种提高煤气理论燃烧温度的方法中，最经济的是（　　）。

　A. 混入高发热值煤气　　　　B. 煤气降温脱湿

　C. 预热助燃空气和煤气

答案：C

13. 热风炉的热损失主要是（　　）等的热损失。

　A. 外部、换炉、废气带走

  B. 冷却水、煤气不完全燃烧漏风

  C. 炉顶、热风管道、煤气泄漏

答案：A

14. 风温带入高炉的热量约占高炉热量收入的（ ）。

  A. 10%   B. 70% ~80%   C. 20% ~30%

答案：C

15. 下列耐火砖荷重软化点由低到高的顺序是（ ）。

  A. 黏土砖、半硅砖、高铝砖、硅砖

  B. 硅砖、半硅砖、黏土砖、高铝砖

  C. 高铝砖、硅砖、黏土砖、半硅砖

答案：A

三、填空题：每空 1 分（共 20 分）

1. 热风炉的损坏一般分为_____损坏和_____及设备的损坏。

答案：耐火材料；金属结构

2. 进入煤气设备内部工作时，所用照明灯电压不得超过_____伏。

答案：36

3. 未经_____检测合格，不得进入煤气设施内工作。

答案：CO

4. 内燃式热风炉烧炉时，如出现炉顶温度烧不上去而烟道温度却上升很快，烟气分析中 CO、CO_2 含量均高，此时可认为_____已烧穿，发生气流短路。

答案：下部隔墙

5. 热风炉对筑炉时砖缝的要求为：炉顶及各洞孔，热风管道系统为_____mm，大墙、隔墙及烟道拱顶为_____mm。

答案：1.5；2

6. 没办_____证，严禁在煤气设施上检修动火。

答案：动火

7. 热风炉砌体采用_____泥浆砌筑时，对砖缝的要求可适当放宽（不大于 4mm）。

答案：磷酸盐

8. 高炉煤气除尘系统可分为_____除尘、_____除尘和_____除尘。

答案：粗；半净；精细

9. 文氏管由_____、_____和_____三部分组成，只要有足够的_____损失，文氏管就能达到精细除尘的要求。

答案：收缩管；喉口；扩张管；压头

10. 高压操作的高炉炉顶煤气压力是用设在文氏管后的_____来调节的。

答案：调压阀组

11. 热风出口和燃烧口周围 1m 半径范围内的耐火砖应_____砌筑，以防填料脱落时窜风。

答案：紧靠炉壳

12. 当 Re（雷诺数）小于 2300 时流体呈_____流动，而当 Re 大于或等于 10000 时流体呈稳定的_____流动。

答案：层流；紊流

四、问答题：每题 8 分（共 40 分）

1. 画出混风阀安装位置平面图，指出冷风管、热风管及混风调节阀和混风切断阀（冷风大闸）和倒流休风管的位置。

答：见下图。

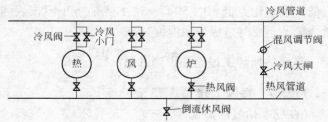

2. 高炉鼓风机突然停风，而热风炉混风阀没及时关闭，炉缸煤气已倒入冷风管道时，应怎样处理？

答：这时仍应先关闭混风切断阀，把原来送风的炉子的热风阀关掉，冷风阀先不要关，然后打开该炉的废风阀，让倒入冷风管道的煤气经废风阀由烟道抽走，数分钟后再关冷风阀、废风阀。

3. 保证煤气完全燃烧的基本条件有哪些？

答：（1）合适的空气过剩系数；

（2）煤气和空气的充分混合；

（3）燃烧室有足够高的温度；

（4）燃烧生成的废气能顺利排出。

4. 倒流休风的作用是什么，用热风炉倒流的害处有哪些，怎样克服？

答：高炉休风后炉缸内仍残留一定压力的煤气，如任其从风口冒出，遇空气就会燃烧起来，长长的火焰给炉前工工作带来困难，所以必须采用倒流休风，将这部分煤气通过热风管道经热风阀进入热风炉，燃烧后再由烟道排出。由于炉缸残剩的煤气特别在高炉喷吹的情况下，含有大量氢气，其燃烧后温度升高，比风温高100~300℃，所以对热风围管及热风炉砖衬不利。另外，该部分煤气含尘量也大，进入热风炉易渣化结瘤，所以不希望用热风炉倒流，可在热风总管上安装倒流休风管来解决这个问题。

5. 热风炉炉顶温度为什么不能过高，其规定的界限根据是什么？

答：炉顶温度过高时，会使炉顶耐火砖软化或局部熔化，甚至烧垮炉顶。规定炉顶温度最高界限是根据炉顶耐火材料的荷重软化点和高温抗蠕变性能。一般规定的炉顶温度应比炉顶耐火材料的最低荷重软化点低40~50℃，这主要是防止因仪表测量误差或燃烧调节不及时造成炉顶温度过高。

F1.2.3 高级热风炉工理论知识测试题

一、判断题：每题1分（共25分）

（在题末括号内做记号，"√"表示对，"×"表示错）

1. 用风温作为调节炉缸温度的手段是最经济的。　　（　　）

答案：（×）

2. 随高炉用风温的提高，焦比降低，高炉煤气的发热值就会跟着降低，影响热风炉烧炉。　　（　　）

答案：（√）

3. 热风炉产生的烟气量等于燃烧时所消耗的煤气量和空气量之和。　　（　　）

答案：（×）

4. 因为热风炉下部耐火砖承重大，所以适宜采用荷重软化温度高的耐火砖。　　（　　）

答案：（×）

5. 置换高炉煤气，不允许用压缩空气吹扫。　　（　　）

答案：（√）

6. 煤气设备烧红时，应赶快喷水冷却。　　（　　）

答案：（×）

7. 冷煤气设施的最高处，应该设放散阀。　　（　　）

答案：（√）

8. 热风出口短管与热风炉大墙的结合部应该咬砌，形成一坚固的整体，保证强度。　　（　　）

答案：（×）

9. 如果没有温度差，再高再粗的烟囱也不会有抽力。

　　（　　）

答案：（√）

10. 热风炉缩短送风时间，提高风温的前提条件是热风炉燃烧能力有富余。　　（　　）

答案：（√）

11. 高炉使用的风温越高，每提高 100℃ 风温所降低的焦比幅度越大。　　（　　）

答案：（×）

12. 在不增煤气耗量的前提下，热风炉由单独送风改为交叉

并联送风，都可以提高风温水平。　　　　　　　　（　　）

答案：（×）

13. 砌砖时所要求的砖缝越小，其砌筑时所用的泥浆浓度要求越稀。　　　　　　　　　　　　　　　　　（　　）

答案：（√）

14. 煤气的爆炸范围，燃烧范围，着火范围实际上是相同的。　　　　　　　　　　　　　　　　　　　　（　　）

答案：（√）

15. 煤气中饱和水的含量，随其温度升高而增加，因此煤气经预热后，其含水量也会有较大的升高。　　（　　）

答案：（×）

16. 对于高效热风炉，随意变更设计所要求的送风制度，将使风温水平大幅度下降。　　　　　　　　　（　　）

答案：（√）

17. 高炉采用富氧鼓风后，煤气中氮含量减少，使发热值提高，有利于热风炉烧炉。　　　　　　　　　（　　）

答案：（√）

18. 热风炉燃烧控制废气成分时，宁愿有剩余的氧，而不希望有过量的 CO。　　　　　　　　　　　　（　　）

答案：（√）

19. 随燃烧时间的延长，热风炉废气的显热损失将不断减少。　　　　　　　　　　　　　　　　　　　（　　）

答案：（×）

20. 热风炉通过缩小格孔，增加对流热交换系数的限度使阻力系数增加，导致燃烧器能力下降。　　　　（　　）

答案：（√）

21. 高压操作高炉的煤气调压阀组，还起煤气除尘作用。

　　　　　　　　　　　　　　　　　　　　　　　　　（　　）

答案：（√）

22. 热风炉可通过加强对拱顶、热风管道等高温部位的保温

措施来减少外部热损失。 （　　）

答案：（√）

23. 正常烧炉，热风炉烟道温度低且上升慢时，说明热风炉换热效率高。 （　　）

答案：（×）

24. 进入煤气设施内工作时，测定 CO 含量在 1×10^{-2}%（100ppm）以下时，可较长时间工作。 （　　）

答案：（×）

25. 随着燃烧时间的延长，热风炉热交换系数是不断增大的。 （　　）

答案：（×）

二、选择题：每空 1 分（共 15 分）

1. 从改善传热和热利用的角度看，热风炉蓄热室上、下部格砖设计时应（　　）是合理的。

 A. 上部强调蓄热量，砖可厚些，下部强调加强热交换，格孔小些，砖薄些

 B. 上、下格孔应该一致

 C. 上部格孔稍小些，砖薄些，下部格孔大些，砖厚些

答案：A

2. 下列几种送风制度，（　　）换热效率高些。

 A. 单独送风 B. 冷并联送风 C. 热并联送风

答案：C

3. 当煤气设施空气取样测得 CO 含量达到（　　）时，可进入连续工作不超过 1h 是安全的。

 A. 80×10^{-4}%（80ppm）

 B. 40×10^{-4}%（40ppm）

 C. 160×10^{-4}%（160ppm）

答案：B

4. 下列几种切断煤气的方法（　　）是不可靠的。

　　A. 插盲板　　　　B. 阀后水封　　　　C. 闸阀

答案：C

5. 下列几种置换煤气的介质（　　）是不安全的。

　　A. 蒸汽　　　　B. 氮气　　　　C. 空气

答案：C

6. 热电偶热端两根不同材料金属丝结点受热后与冷端产生温差会产生（　　），由仪表测出后，就能测出温度。

　　A. 电阻　　　　B. 电容　　　　C. 电动势

答案：C

7. 下列几种烟气余热利用方式，（　　）是利用工作液的潜热来传递热量的。

　　A. 回转式　　　　B. 热媒式　　　　C. 热管式

答案：C

8. 下列情况（　　）时，高炉不能接受风温。

　　A. 难行悬料

　　B. 炉温偏低，炉况顺行

　　C. 加湿或加大喷吹时

答案：A

9. 高炉风量相同时，采用（　　）拱顶的热风炉蓄热室断面上气流分布均匀程度最好，而（　　）拱顶最差。

　　A. 半球形　　　　B. 锥形　　　　C. 悬链线形

答案：C；A

10. 带煤气作业时与工作无关的人员应离开作业点（　　）以外。

　　A. 10m　　　　B. 20m　　　　C. 40m

答案：C

11. 整个格子砖砌完后，统计格孔堵塞的数量不超过（　　）为合格。

　　A. 5%　　　　B. 3%　　　　C. 4%

答案：B

12. 水封的有效高度应为煤气计算压力加（　　）mm。

　　A. 1000　　　　B. 800　　　　C. 500

答案：C

13. 测流量是根据流量孔板前后的（　　）换算出来的。

　　A. 静压差　　　B. 速度　　　　C. 动压差

答案：A

14. 下列格子砖特性指数，（　　）可表示格子砖贮热能力大小。

　　A. 1m³ 格子砖受热面积

　　B. 1m³ 格子砖体积

　　C. 1m³ 格子砖断面上有效通道面积

答案：B

15. 下列三种燃烧室形状，以（　　）煤气燃烧较好，也是外燃式热风炉普遍采用的形状。

　　A. 眼睛形　　　B. 圆形　　　　C. 复合形

答案：B

三、填空题：每空 1 分（共 20 分）

1. 物体在不发生化学反应与相变的情况下，其温度升高所需的热量称_____热，而因为物体受热发生相变时，其所需的热量称_____热。

答案：显；潜

2. 高风温使高炉内高温带下移_____还原区扩大，提高了高炉内煤气的化学能利用，有利于降低焦比。

答案：间接

3. 影响电除尘效率的因素，是煤气在电极间的_____，而影响文氏管除尘效率的因素是煤气在喉口部位的_____降。

答案：流速；压力

4. 在送风期中，热风出口的风温，随送风时间的延长而逐渐下降，其降低的速度与风量成_____比，与贮热量成_____比。

答案：正；反

5. 热风炉的燃烧形式属于扩散式，其燃烧反应速度非常大，所以其完全燃烧的程序与煤气的_____速度有关。

答案：混合

6. 控制好_____温度，不使其上升过快，是硅砖热风炉烘炉的关键。

答案：烟道

7. 各种煤气冷凝物排水器和水封的工作原理都是利用_____产生压力来切断煤气。

答案：水的高度

8. 为了防止由于温度变化而引起的煤气管道线性膨胀和收缩所造成的破坏，在煤气管上应设_____来吸收这些位移。

答案：补偿器

9. 热风炉燃烧期煤气的瞬时流量应与热风炉送风的瞬时送风负荷_____，并与燃烧煤气的发热值和热效率成_____比。

答案：相适应；反

10. 随燃烧期的延长，废气的显热损失不断_____，而随燃烧期的缩短，热风炉换炉的热损失也迅速_____。

答案：增加；增加

11. 当煤气压力骤然下降到最低允许压力时，使用煤气的单位应立即_____。

答案：止火保压（或停烧）

12. 当烧嘴煤气速度大于火焰速度时，将发生_____，小于火焰速度时将发生_____，都是不希望发生的。

答案：脱火；回火

13. 热风炉送风系统阀门漏风时，值班室风量表上的风量反而_____，这是因为_____位置造成的。

答案：增加；冷风流量测点（或流量孔板）

四、问答题：每题 8 分（共 40 分）

1. 影响热风温度提高的因素主要有哪些，提高风温有哪些措施？

答：影响风温的因素主要有热风炉炉顶温度的高低和热风炉的结构、蓄热面积、烟道温度及煤气质量和压力、耐火材质、设备状况、热风炉操作水平等。

提高风温的措施可从以下几方面着手：

（1）提高热风炉炉顶温度；

（2）适当提高烟道废气温度；

（3）强化热风炉操作；

（4）改进热风炉结构和材质。

2. 提高热风炉炉顶温度为什么能提高风温水平，提高炉顶温度的主要方法有哪些？

答：炉顶温度是表示热风炉储备"高温热能"水平高低的重要标志，热风温度的高低与炉顶末期温度的高低有直接关系。烧炉时炉顶末期温度越高，送风期炉顶温度降落就越小，能保持的风温水平就高。另外，烧炉末期炉顶温度越高，能使冷风与蓄热室格子砖之间的温差加大，可提高对流传热的效果使冷风更易吸收热量，风温水平提高。

提高炉顶温度的方法主要是提高煤气的理论燃烧温度，可通过兑入一定比例的高热值煤气，空气、煤气的预热，降低煤气的含尘、含水和改进燃烧器，降低空气过剩系数等方法，也可采用富氧燃烧。另外，当炉顶温度达到一定水平时，改进耐火材料和改善热风炉结构也是必不可少的措施。

3. 简述根据高炉风温水平确定热风炉应兑入焦炉煤气的比例和根据高炉风量，确定煤气用量的简单计算方法。

答：首先应根据本厂热风炉状况按经验确定风温与炉顶温度和炉顶温度与煤气理论燃烧温度的差值（一般前者差值为 150～200℃，后者差值为 70～100℃），求出所需的煤气理论燃烧温度值，及本厂热风炉的换热效率（一般取 75%～80% 左右），然后用以下算式计算。

（1）焦炉煤气兑入比例计算。

1）根据所需的理论燃烧温度，确定所需混合煤气的发热值，可按如下经验式：

$$t_{理} = 0.1485 \times Q_{低}^{混} + 770$$

式中　$t_{理}$——理论燃烧温度，℃；

$Q_{低}^{混}$——混合后煤气的低发热值，kJ/m³。

2）确定焦炉煤气混入量的计算：

$$V = \frac{Q_{低}^{混} - Q_{低}^{高}}{Q_{低}^{焦} - Q_{低}^{高}} \times 100\%$$

式中　V——焦炉煤气混入量，m³；

$Q_{低}^{高}$——高炉煤气的低发热值，kJ/m³；

$Q_{低}^{焦}$——焦炉煤气的低发热值，kJ/m³。

（2）煤气用量计算：

$$V_{煤} = \frac{V_{风} c (t_2 - t_1)}{\eta Q_{低}^{混}}$$

式中　$V_{煤}$——所需的煤气用量，m³/h；

$V_{风}$——高炉风量，m³/h；

c——风的比热容，kJ/(m³·℃)；

t_2——热风温度，℃；

t_1——冷风温度，℃；

η——热风炉热效率，%。

4. 热风炉对燃烧器的要求有哪些，目前哪一类燃烧器能满足这些要求？

答：（1）充分的燃烧能力，满足高炉提高风温的需求；

（2）煤气和空气能充分混合，空气过剩系数小，燃烧充分、完全，烟气进入格孔中不产生二次燃烧；

（3）容易点火，燃烧平稳，阻力小；

（4）对热风炉内衬损害小，阀门免受高温。

目前采用的陶瓷燃烧器能较好地满足这些技术要求。

5．蓄热室的结构和作用是什么，热风炉对格子砖型结构有哪些要求？

答：蓄热室是由格子砖砌筑而成，是热风炉进行热交换的主要组成部分。热风炉要求格子砖型结构有最大的受热面积，有和受热面积相适应的砖的质量来贮存热量，以保证在一定的送风周期内不引起大的风温降落。格孔应尽可能地引起气流扰动和保持较高流速，以提高传热效率，有足够的建筑稳定性。

F1.3　热工工人技师晋升理论
复习题及参考答案

一、名词解释

1. 高炉有效容积利用系数
   煤气的发热值
   高铝砖
   内燃式热风炉
2. 焦比
   标准煤
   耐火材料
   外燃式热风炉
3. 综合焦比
   热风温度
   黏土砖
   顶燃式热风炉
4. 冶炼强度
   "三勤一快"
   硅砖
   高架式热风炉

5. 综合冶炼强度
   两烧一送制
   耐火度
   落地式热风炉
6. 休风
   传热
   荷重软化温度
   金属燃烧器
7. 焦炭负荷
   焦耳
   煤气爆炸
   倒流休风
8. 煤气消耗定额
   附加加热换热系统
   热管换热器
   陶瓷燃烧器
9. 休风率
   着火点
   焦比
   引射器
10. 灰铁比
    热风压力
    过剩空气系数
    热风炉的工作周期
11. 渣铁比
    热容量
    两烧两送制
    高炉煤气的粗除尘
12. 崩料
    理论燃烧温度

交叉并联送风

高炉煤气的精细除尘

13. 悬料

烘炉曲线

半并联送风制

耐火材料的热稳定性

14. 高压操作

特殊休风

热风炉的燃烧室

千人负伤率

15. 液压传动

热风炉的蓄热室

热风炉的集中鼓风

高炉有效容积受热面积

16. 冶炼周期

煤比

格子砖

帕斯卡

17. 高炉内型

热风炉自身预热

高炉煤气的半精细除尘

负压

18. 热风炉的热效率

快速烧炉法

热电偶

天然气

19. 高炉煤气

摄氏温度

燃料

塔文除尘、净化系统

20. 焦炉煤气
    绝对温度
    燃烧
    双文除尘、净化系统
21. TRT
    眼镜阀
    下水槽
    干法除尘
22. 比绍夫
    组合砖
    热风炉保温
    减振环
23. 低蠕变砖
    卡鲁金热风炉
    热风炉凉炉
    冷风均配
24. 脉动燃烧
    荒煤气加热装置
    球式热风炉
    潜热

二、填空与判断题

1. （1）热风炉工作的"三勤一快"是（　　）、（　　）、
       （　　）和（　　）。
   （2）一高炉热风炉为（　　）热风炉，它的高温部用
       （　　）砌筑，它的全高（　　）mm。
   （3）国家卫生标准规定，工作环境空气中，CO浓度为
       $1m^3$ 不大于（　　）；CO浓度为 $50mg/m^3$ 时，连续
       工作时间不得超过（　　）；$100mg/m^3$ 时，不得超
       过（　　）；$200mg/m^3$ 时，不得超过（　　）。

(4) 热风炉烧好的标志是 (　　) 和 (　　) 达到规定值。

2. (1) 在生产的煤气设施上动火，事先办理好 (　　)；准备好 (　　) 和 (　　)，煤气压力 (　　) 方能动火。

(2) 热风炉烧炉时，必须 (　　)，后给 (　　)。

(3) 外燃式热风炉的四种类型是 (　　)、(　　)、(　　) 和 (　　)。

3. (1) 焦炉煤气的爆炸范围是 (　　)，它的着火温度是 (　　)，它的主要可燃成分是 (　　)。

(2) 高炉煤气的塔文除尘、净化系统是 (　　)→(　　) →(　　)→(　　)。

(3) 高炉煤气中 (　　) + (　　) 含量之和为 40% 左右，是不变的。

4. (1) 高炉煤气的爆炸范围是 (　　)，它的着火温度是 (　　)。

(2) 热风炉确认制的八字方针是 (　　)、(　　)、(　　) 和 (　　)。

(3) 高炉煤气的双文除尘、净化系统是 (　　)→(　　) →(　　)→(　　)。

5. (1) 天然气的爆炸范围是 (　　)，它的着火温度为 (　　)，它的主要可燃成分是 (　　)。

(2) 用热风炉倒流休风的注意事项为：(　　)、(　　)、(　　)、(　　) 和 (　　)。

(3) 内燃式热风炉燃烧室的形状有 (　　)、(　　) 和 (　　)。

6. (1) 处理煤气的三原则是 (　　)、(　　) 和 (　　)。

(2) 送电时先给 (　　)，后给 (　　)；停电时先停 (　　)，后停 (　　)。

（3）高炉的冶炼周期是指炉料从（　　　）装入，下降到（　　　）所经过的时间。

7. （1）高炉冶炼的产品有（　　　）、（　　　）、（　　　）和（　　　）。

（2）热风阀停水，均应将热风阀（　　　），处于（　　　）状态。

（3）检修煤气设备的工具，应为（　　　）工具，如用铁质工具应（　　　）。

8. （1）钢与铁同是（　　　）和（　　　）的合金，一般认为（　　　）是钢与铁的分界线。

（2）热风炉燃烧时，热风阀内圈停水，应停止（　　　），送风时热风阀外圈停水，应停止（　　　），外圈停水可以（　　　），不得（　　　）。

（3）高炉炉型分五个部分，它们是（　　　）、（　　　）、（　　　）、（　　　）和（　　　）。

9. （1）热风炉集中鼓风的风机要经常检查，运转中轴承温升不得超过（　　　），表温不准超过（　　　），否则停车，启动（　　　）。

（2）启动引射器时，一定要先开（　　　），后开（　　　）。停止时，先关（　　　），后关（　　　）。

（3）热风炉换炉操作中，各阀门的开关有均压或不均压两种，请写出不均压开关的三个阀门：（　　　）、（　　　）、（　　　）。

10. （1）高炉出炉煤气含尘量（　　　），经重力除尘含尘量降到（　　　），经半精细除尘降到（　　　），经精细除尘煤气含尘量降到（　　　），达到要求标准。

（2）七高炉热风炉集中鼓风，拥有两台（　　　）的风机，用（　　　）电机拖动，每分钟转（　　　）转。

（3）合理的过剩空气系数，单烧高炉煤气为（　　　），烧混合煤气为（　　　）。

11. （1）热风炉在换炉操作中，阀门的开启和关闭有的是均压，有的不均压，请列举出四个均压开关的阀门：
　　　　（　　　）、（　　　）、（　　　）、（　　　）。

　　（2）煤气的三大事故是（　　　）、（　　　）、（　　　）。

　　（3）使用煤气的三原则是:（　　　）、（　　　）、（　　　）。

　　（4）据国内外生产实践统计，热风炉拱顶温度比平均风温，大中型高炉高（　　　），小型高炉高（　　　）。

12. 新建的高铝砖热风炉，须烘炉（　　　）天，在（　　　）和（　　　）设有恒温段。

13. （1）热量的法定计量单位是（　　　）、（　　　）、（　　　）和（　　　）。

　　（2）热风炉计器仪表按测量对象分为：（　　　）测量、（　　　）测量和（　　　）测量。

　　（3）当前蓄热式热风炉，按燃烧室所在的位置不同分为（　　　）、（　　　）和（　　　）。

14. （1）自然界中的铁大多数是以铁的（　　　）形态存在于铁矿石中，高炉炼铁就是用（　　　）的方法从铁矿石中提取铁。

　　（2）试写出本企业高炉的有效容积（　　　）、（　　　）、（　　　）。

　　（3）写出高炉的六大系统:（　　　）、（　　　）、（　　　）、（　　　）、（　　　）、（　　　）。

　　（4）热风炉所使用的阀门分为（　　　）、（　　　）、（　　　）。

15～20题为判断题，正确的在括号内用"√"表示，错误的用"×"表示。

15. （1）炉顶温度是测量炉顶耐火材料的温度。（　　　）

　　（2）冷风小门是开、关冷风阀、热风阀均压用的。（　　　）

　　（3）热风炉烟道废气中，有一氧化碳，又有氧。（　　　）

  (4) 一个物理大气压等于一个工程大气压。 ( )

  (5) 热风炉的拱顶，燃烧室砖衬表面积应算在加热面积之内。 ( )

16. (1) 炉顶温度测量高温烟气的温度。 ( )

  (2) 冷风小门是开冷热风阀均压用的。 ( )

  (3) 一吨标准煤，就是一吨煤。 ( )

  (4) 每提高 100℃ 风温，能降低焦比 20kg。 ( )

  (5) 高炉突然停风，热风压力、冷风压力同时回零。高炉说是热风炉换错炉了。 ( )

17. (1) 高炉休风，拉风到 50% 以下，可以切断，放散煤气。 ( )

  (2) 带煤气抽、堵盲板，压力降到零最安全。 ( )

  (3) 废风阀只是为了开烟道阀做均压用的。 ( )

  (4) 高炉冷风流量的孔板，设在放风阀的前面（靠鼓风机侧）合理吗？ ( )

  (5) 交叉并联送风适用于拥有四座热风炉的高炉。 ( )

18. (1) 热风炉烘炉烘到 900℃ 宣告结束，可给高炉送风烘高炉。 ( )

  (2) 电气设备着火时采用消火栓灭火。 ( )

  (3) 由于炉墙的热损失，实际炉顶温度低于理论燃烧温度 70 ~ 90℃。 ( )

  (4) 废风阀轴断，追究热风炉操作的责任对吗？ ( )

  (5) 废气温度热电偶安在烟道阀的外侧合理吗？ ( )

19. (1) 天然气、焦炉煤气设施，撵完煤气，用鸽子试验合格可以动火。 ( )

  (2) 煤气爆炸的两个条件为：

   1) 空气和煤气达到爆炸范围；

　　　2）达到着火温度。　　　　　　　　　　（　　）
　（3）废气温度在 200～400℃ 的范围内，每提高 100℃ 废
　　　气温度，可提高风温 40℃。　　　　　　（　　）
　（4）耐火材料的耐火度，就是该耐火材料的熔点。

　　　　　　　　　　　　　　　　　　　　　　（　　）
　（5）半并联送风适用于拥有三座热风炉的高炉。

　　　　　　　　　　　　　　　　　　　　　　（　　）
20.（1）黏土砖、高铝砖、硅砖均属硅酸铝质耐火材料。

　　　　　　　　　　　　　　　　　　　　　　（　　）
　（2）在经常工作的地点，空气中一氧化碳的含量应小于
　　　0.0029%。　　　　　　　　　　　　　　（　　）
　（3）煤气压力低于 1000Pa 时，应主动撤炉。　（　　）
　（4）炉缸煤气比炉顶煤气毒性大。　　　　　　（　　）
　（5）摄氏温度为 0℃ 时，绝对温度为 273℃。（　　）

三、理论题

1. 简述高炉冶炼的基本原理。
2. 简述高炉生产的工艺过程。
3. 简述蓄热式热风炉的工作原理。
4. 用图说明热风炉的工艺流程。
5. 什么是引射器? 说明其基本工作原理。
6. 什么是耐火材料，对耐火材料有哪些基本要求?
7. 什么是硅砖，硅砖有何特性，硅砖热风炉日常使用有哪些注意事项?
8. 热风炉燃烧制度有几种，各种制度的优缺点是什么?
9. 热风炉的送风制度有几种? 以图说明。
10. 简述热风炉烘炉的目的和意义。
11. 画出高铝砖热风炉的烘炉曲线，并写出烘炉的注意事项。
12. 说明高炉煤气的生成、特性、用途。

13. 高炉煤气为什么要除尘，除尘分哪几级？画出高炉煤气系统图。

14. 重力除尘器的构造及其除尘原理是什么？

15. 洗涤塔的构造及其除尘原理是什么？

16. 什么是煤气爆炸，煤气爆炸的条件是什么？

17. 燃料有几种，气体燃料的优点是什么？

18. 炉顶煤气取样，半径各点的位置是如何确定的，四个方向又是如何确定的？

19. 以炉顶温度为参数，画出热风炉的工作周期图。

20. 各种煤气的爆炸范围和着火温度是多少？

四、实际操作题

1. 传统内燃式热风炉的通病是什么？

2. 内燃式热风炉燃烧室的形状有几种，其各自的优缺点是什么？

3. 外燃式热风炉有何特点，有哪几种类型？

4. 炉顶温度的上限是根据什么确定的，炉顶电偶测量的是什么温度？

5. 高炉突然停风的原因是什么，如何从计器仪表上来判断停风是鼓风机突然停风、热风炉换错炉还是放风阀失灵？

6. 什么是理论燃烧温度，它与热风炉炉顶温度有什么关系？

7. 试说明炉顶温度与风温、废气温度与风温是什么关系。

8. 高炉鼓风机突然停风，热风炉如何操作，为什么要这样操作？

9. 在高炉休风中，已知煤气倒入冷风管道中，应如何处理？

10. 高炉休风放风阀失灵，热风炉如何操作？

11. 进除尘器抠灰的安全注意事项有哪些？

12. 处理除尘器清灰阀掉砖卡铁应注意哪些问题？

13. 怎样进行高炉不休风检查大钟？

14. 高炉炉顶放散阀失灵，而且还必须立即休风，高炉应如何休风?

15. 高炉长期休风,如何进行炉顶点火和处理煤气?

16. 煤气为什么会爆炸?试举一煤气爆炸事故事例来说明。

17. 煤气为什么会发生着火事故?试举一煤气着火事故的事例来说明。

18. 为什么洗涤塔会被抽瘪?试举一洗涤塔抽瘪事故事例来说明。

19. 在炼铁厂煤气设备上动火,必须遵守哪些原则?

20. 试画出炼铁厂焦炉煤气三大系统(1、2、3 排)示意图。

五、计算题

1. 已知某热风炉使用高炉煤气,其干煤气成分如下:CO_2:16.5%,CO:25.5%,H_2:1.5%,N_2:56.5%,并已知煤气含水5%,求湿煤气成分。

2. 已知某热风炉使用的高炉煤气成分为:CO_2:14.2%,CO:25.4%,H_2:1.4%,N_2:54%,H_2O:5%,求该煤气的低发热值。(已知 $1m^3$ 煤气中含1%体积的各可燃成分的热效应为(kJ):CO:126.36,H_2:107.85,CH_4:358.81)

3. 某热风炉烧高炉煤气 $30000m^3/h$,每 $1m^3$ 高炉煤气理论助燃空气量为 $0.75m^3$,求过剩空气系数在 1.05 时的实际需要空气量。

4. 某热风炉烧高炉煤气 $30000m^3/h$,每 $1m^3$ 高炉煤气理论助燃空气量为 $0.75m^3$,助燃风量指示为 $24000m^3/h$,求过剩空气系数。

5. 已知某热风炉正常燃烧时,其烟道废气分析如下:CO_2:24%,CO:0%,O_2:1%,求过剩空气系数。

6. 某热风炉烧混合煤气 $40000m^3/h$,高炉煤气的发热值为 $3350kJ/m^3$,焦炉煤气发热值为 $17600kJ/m^3$,求混合煤气发热值为 $4600kJ/m^3$,需加入多少焦炉煤气量?

7. 某热风炉烧高炉煤气 $36480m^3/h$，高炉煤气的发热值为 $3350kJ/m^3$，焦炉煤气的发热值为 $17600kJ/m^3$，求混合煤气发热值为 $4600kJ/m^3$，需加入多少焦炉煤气量？

8. 某热风炉烧高炉煤气 $36480m^3/h$，焦炉煤气 $3500m^3/h$，高炉煤气热值为 $3350kJ/m^3$，焦炉煤气热值 $17600kJ/m^3$，求该炉混合煤气的发热值。

9. 某高炉热风炉风压为 $0.23MPa$，由地面到热风阀全开进出水管最高位置为 $27m$，距地面 $12m$ 处有一水压表指示为 $0.45MPa$，问该热风炉水压够用否？

10. 某热风炉为落地式，其热风压力 $0.2MPa$，热风阀全开进出水管距地面 $12m$，求该热风炉需要的最低水压是多少？

11. 现有一高炉煤气管道要堵盲板，但不知管道的直径是多少，经测量该管道周长为 $3768mm$，求盲板直径。

12. 某一高炉煤气管道，已较长时间没用，但不知管道直径是多少，无法做盲板垫圈，经现场测量管道周长为 $4712mm$，求盲板圈的内径与外径。

13. 试做高炉炉顶煤气取样管：炉喉直径为 $6000mm$，大钟直径为 $4200mm$，取样孔处炉墙厚为 $800mm$，阀门的法兰长度为 $600mm$。

14. 某热风炉只烧高炉煤气，其湿煤气热值为 $3433kJ/m^3$，试用简易方法计算该煤气的理论燃烧温度。

15. 某热风炉只烧高炉煤气，烟气化验为 CO_2：24%，O_2：2%，CO：0%，问该燃烧合理否？

16. 已知某干煤气成分为：CO_2：15.0%，CO：25.6%，H_2：3.5%，N_2：55.9%，并已知该煤气含水 5%，求湿煤气成分。

17. 已知某热风炉用湿煤气成分为：CO_2：14.3%，CO：24.3%，H_2：3.3%，N_2：53.1%，H_2O：5%，求该煤气的低发热值。（已知每 $1m^3$ 煤气中含 1% 体积的各可燃成分的热效应为（kJ）：CO：126.36，H_2：107.85，CH_4：358.81）

18. 某高炉通过热风炉的风量为 2000m³/min，热风温度为 1100℃，冷风温度 100℃，三座热风炉，采用两烧一送制，送风时间为 60min，每座热风炉烧 36000m³/h 高炉煤气，试计算该热风炉的热效率。（难度较大）

已知条件：

$c_{冷} = 1.305 \text{kJ}/(\text{m}^3 \cdot ℃)$，$t_{冷} = 100℃$；

$c_{风} = 1.425 \text{kJ}/(\text{m}^3 \cdot ℃)$，$t_{风} = 1100℃$；

$c_{煤气} = 1.30 \text{kJ}/(\text{m}^3 \cdot ℃)$，$t_{煤气} = 35℃$；

$c_{空} = 1.302 \text{kJ}/(\text{m}^3 \cdot ℃)$，$t_{空} = 20℃$；

$V_{空} = 26000 \text{m}^3/\text{h}$；

$Q_{低} = 3433 \text{kJ}/\text{m}^3$。

19. 某高炉通过热风炉风量为 2000m³/min，热风温度为 1100℃，冷风温度为 100℃，三座热风炉采用两烧一送制，送风时间为 60min，每座热风炉烧 36000m³/h 高炉煤气，试用国际单位制计算该热风炉的热效率。（难度较大）

已知条件：

$c_{冷} = 1.305 \text{kJ}/(\text{m}^3 \cdot ℃)$，$t_{冷} = 100℃$；

$c_{风} = 1.4257 \text{kJ}/(\text{m}^3 \cdot ℃)$，$t_{风} = 1100℃$；

$c_{煤气} = 1.298 \text{kJ}/(\text{m}^3 \cdot ℃)$，$t_{煤气} = 25℃$；

$c_{空} = 1.322 \text{kJ}/(\text{m}^3 \cdot ℃)$，$t_{空} = 20℃$；

$V_{空} = 26000 \text{m}^3/\text{h}$；

$Q_{低} = 3433 \text{kJ}/\text{m}^3$。

20. 某高炉通过热风炉的风量为 2000m³/min，热风温度为 1100℃，冷风温度为 100℃，三座热风炉采用两烧一送制，燃烧时间 110min，换炉 10min，送风时间 60min，已知该热风炉的热效率为 74.88%，求实际每座炉燃烧的煤气量。（难度较大）

已知条件：

$c_{冷} = 1.305 \text{kJ}/(\text{m}^3 \cdot ℃)$，$t_{冷} = 100℃$；

$c_{风} = 1.425 \text{kJ}/(\text{m}^3 \cdot ℃)$，$t_{风} = 1100℃$；

$c_{煤气} = 1.30\text{kJ}/(\text{m}^3 \cdot ℃)$，$t_{煤气} = 35℃$；

$c_{空} = 1.302\text{kJ}/(\text{m}^3 \cdot ℃)$，$t_{空} = 20℃$；

$V_{空} = 26000\text{m}^3/\text{h}$；

$Q_{低} = 3433\text{kJ}/\text{m}^3$。

参考答案

一、1~24 题请参考《热风炉知识问答》有关各题。

二、1.（1）勤联系　勤调节　勤检查　快速换炉

　　（2）改造内燃式　高铝砖　34993

　　（3）30mg　1h　0.5h　5~20min

　　（4）炉顶温度　废气温度

2.（1）动火手续　防毒面具、灭火器械　有防护站人员在场　保持正压

　　（2）先给空气　煤气

　　（3）地得式　科珀斯式　马琴式　新日铁式

3.（1）6%~30%　650℃　H_2(58%~60%)，CH_4(20%)

　　（2）重力除尘器　洗涤塔　文氏管　灰泥捕集器(脱水器)

　　（3）$CO_2\%$　$CO\%$

4.（1）40%~70%　700~750℃

　　（2）确认　默诵　操作　检查

　　（3）重力除尘器　溢流文氏管　净化文氏管　灰泥捕集器（脱水器）

5.（1）5%~15%　550℃　CH_4（90%以上）

　　（2）炉顶温度大于1000℃　每炉倒流时间小于1h时　不能用几座炉同时倒流　倒流炉不能点自燃　倒流炉不得马上送风

　　（3）圆形　苹果形（复合形）　眼睛形

6.（1）断来源　大敞开　不动火

　　（2）动力电源　操作电源　操作电源　动力电源

　　（3）炉顶大钟　风口处

7. （1）铁水　高炉煤气　高炉渣　煤气灰
  （2）全打开　小送风
  （3）铜质　涂油
8. （1）铁　碳　碳含量为 1.7%
  （2）燃烧　送风　燃烧　送风
  （3）炉喉　炉身　炉腹　炉腰　炉缸
9. （1）40℃　80℃　备用风机
  （2）高炉煤气　焦炉煤气　焦炉煤气　高炉煤气
  （3）煤气闸板（煤Ⅱ阀）　废风阀　冷风小门
10. （1）10～40g/m³　1～4g/m³　0.5～1.0g/m³
    10mg/m³ 以下
  （2）197000m³/h　430kW　980
  （3）1.05～1.10　1.10～1.15
11. （1）烟道阀　冷风阀　热风阀　燃烧闸板（煤Ⅰ阀）
  （2）中毒　着火　爆炸
  （3）先给火　保正压　不泄漏
  （4）100～200℃　150～200℃
12. 7　300℃　600℃
13. （1）焦耳 J　千焦 kJ　兆焦 MJ　吉焦 GJ
  （2）温度　压力　流量
  （3）内燃式　外燃式　顶燃式
14. （1）氧化物　还原
  （2）（根据企业实际情况定）
  （3）上料系统　装料系统　送风系统　煤气清洗系统
    渣铁处理系统　喷吹系统
  （4）闸板阀　盘式阀　蝶阀
15. （1）×　（2）×　（3）×　（4）×　（5）√
16. （1）√　（2）√　（3）×　（4）√　（5）×
17. （1）×　（2）×　（3）×　（4）×　（5）√
18. （1）×　（2）×　（3）√　（4）×　（5）×

19. (1) ×　(2) ×　(3) √　(4) ×　(5) √

20. (1) ×　(2) ×　(3) √　(4) √　(5) √

三、1~20 题请参考《热风炉知识问答》有关各题。

四、1~20 题请参考《热风炉知识问答》有关各题及第 7 章"煤气事故案例"部分。

五、1. CO_2：15.7%，CO：24.2%，H_2：1.4%，N_2：53.7%，H_2O：5%。

2. $3400kJ/m^3$

3. $23625m^3/h$

4. 1.067

5. 1.053

6. $3520m^3/h$

7. $3520m^3/h$

8. $4600kJ/m^3$

9. 0.45MPa　水压够用

10. 0.37MPa

11. 1280mm

12. 内径 1500mm　外径 1580mm

13. 第一点：1450mm

第二点：1900mm

第三点：2350mm

第四点：3400mm

第五点：4450mm　总长 4450mm

14. 1310℃

15. 1.11　燃烧不太合理

16. CO_2：14.25%，CO：24.32%，H_2：3.33%，N_2：53.11%

17. $3460kJ/m^3$

18. 74.88%

19. 75.16%

20. $65875.8m^3/周期$ 或 $36000m^3/h$

附录 2　常用数据

F2.1　常用面积、体积计算公式

F2.1.1　常用面积计算公式

常用面积计算公式见附表 2-1。

附表 2-1　常用面积计算公式

名　称	简　图	计算公式
正方形		$F = a^2 \quad a = 0.707 \quad d = \sqrt{F}$ $d = 1.414 \quad a = 1.414\sqrt{F}$
长方形		$F = ab = a\sqrt{d^2 - a^2} = b\sqrt{d^2 - b^2} \quad d = \sqrt{a^2 + b^2}$ $a = \sqrt{d^2 - b^2} = \dfrac{F}{b} \quad b = \sqrt{d^2 - a^2} = \dfrac{F}{a}$
平行四边形		$F = bh \quad h = \dfrac{F}{b} \quad b = \dfrac{F}{h}$
三角形		$F = \dfrac{bh}{2} = \dfrac{b}{2}\sqrt{a^2 - (\dfrac{a^2 + b^2 - c^2}{2b})^2} \quad p = \dfrac{1}{2}(a + b + c)$ $F = \sqrt{p(p-a)(p-b)(p-c)}$
梯形		$F = \dfrac{a + b}{2} \times h \quad h = \dfrac{2F}{a + b} \quad a = \dfrac{2F}{h} - b \quad b = \dfrac{2F}{h} - a$

名　称	简　图	计　算　公　式
正六角形		$F = 2.598a^2 = 2.598R^2 = 3.464r^2$ $R = a = 1.155r \qquad r = 0.866a = 0.866R$
圆		$F = \pi r^2 = 3.1416r^2 = 0.7854d^2$ $L = 2\pi r^2 = 6.28326r = 31416d$ $r = L/6.2832 = \sqrt{F/3.1316} = 0.564\sqrt{F}$ $d = L/3.1416 = \sqrt{F/0.7865} = 1.128\sqrt{F}$
椭圆		$F = \pi ab = 3.1416ab$
扇形		$l = \dfrac{r \times \alpha \times 3.1416}{180} = 0.01745\alpha r \qquad l = \dfrac{2F}{r}$ $F = \dfrac{1}{2}rl = 0.00872\alpha r^2 \qquad \alpha = \dfrac{57.293l}{r}$ $r = \dfrac{2F}{l} = \dfrac{7.296l}{\alpha}$
弓形		$c = 2\sqrt{h(2r-h)} \qquad F = \dfrac{1}{2}[rl - c(r-h)]$ $r = \dfrac{c^2 + 4h^2}{8h} \qquad l = 0.01745r\alpha$ $\alpha = \dfrac{57.296l}{r} \qquad h = r - \dfrac{1}{2}\sqrt{4r^2 - c^2}$
圆环		$F = \pi(R^2 - r^2) = 3.1416(R^2 - r^2)$ $= 0.7854(D^2 - d^2)$
环式扇形		$F = \dfrac{\alpha\pi}{360}(R^2 - r^2) = 0.00873\alpha(R^2 - r^2)$ $= \dfrac{\alpha\pi}{4.360}(D^2 - d^2) = 0.00218\alpha(D^2 - d^2)$

注：F—面积；R—外接圆半径；r—内接圆半径。

F2.1.2　常用体积计算公式

常用体积计算公式见附表2-2。

附表2-2　常用体积计算公式

名　称	简　图	计　算　公　式	
		表面积 S，侧表面积 M	体积 V
正立方形		$S = 6a^2$	$V = a^3$
长立方形		$S = 2(ah + bh + ab)$	$V = abh$
圆柱		$M = 2\pi rh = \pi db$	$V = \pi r^2 h = \dfrac{d^2 \pi}{4} h$
空心圆柱（管）		$M = $ 内侧表面积 $+$ 外侧表面积 $= 2\pi h(r + r_1)$	$V = \pi(r^2 + r_1^2)$
斜底截圆柱		$M = \pi r(h + h_1)$	$V = \pi r^2 \dfrac{h + h_1}{2}$
正六角柱		$S = 2 \times 2.598a^2 + 6ah$	$V = 2.598a^2 h$

名　称	简　图	计　算　公　式	
		表面积 S，侧表面积 M	体积 V
正方角锥台		$S = a^2 + b^2 + 4\left(\dfrac{a+b}{2}h\right)$	$V = \dfrac{h}{3}(a^2 + b^2 + ab)$
球		$S = 4\pi r^2 = \pi d^2$	$V = \dfrac{4}{3}\pi r^3 = \dfrac{\pi d^3}{6}$
圆锥		$M = \pi r l = \pi r \sqrt{r^2 + h^2}$	$V = \dfrac{h}{3}\pi r^2$
截头圆锥		$M = \dfrac{\pi l}{2}(d + D)$	$V = \dfrac{\pi h}{12}(d^2 + D^2 + dD)$

F2. 2　元素的物理性质

元素的物理性质见附表 2-3。

附表 2-3　元素的物理性质（按元素符号字母顺序排）

元素符号	元素名称	熔点 /℃	沸点 /℃	比热容 /J·(kg·K)$^{-1}$	密度(20℃) /kg·m^{-3}	热导率 /W·(m·K)$^{-1}$	电阻率 /Ω·m	熔化热 /kJ·mol^{-1}	气化热 /kJ·mol^{-1}
Ag	银	960.15	2177	234	10.50×10^3	4182	1.6×10^{-8}	11.95	254.2
Al	铝	660.0	2447	900	2.6984×10^3	211.015	2.6×10^{-8}	10.76	284.3
Ar	氩	−189.38	−185.87	519	1.7824	0.016412		1.18	6.523
As	砷	817 (12.9MPa)	613 (升华)	326	5.72×10^3(灰) 2.026×10^3(黄) 4.7×10^2(黑)		3.5×10^{-7}		
Au	金	1063	2707	130	19.3×10^3	293.076	2.4×10^{-8}	12.7	310.7
B	硼	2074	3675	1030	2.46×10^3		1.8×10^4		
Ba	钡	850	1537	192	3.59×10^3		6.0×10^{-7}	7.66	149.32
C	碳	4000 (6.38MPa)	3850 (升华)	711 519	2.267×10^3(石墨) 3.515×10^3(金刚石)	23.865	1.375×10^{-5}	104.7	326.6 (升华热)
Ca	钙	851	1478	653	1.55×10^3	125.604	4.5×10^{-8}	9.2	161.6
Ce	铈	795	3470	184	6.771×10^3		7.16×10^{-7}	6.410	
Cl	氯	−101.0	−34.05	477	298(气)		$>10^{16}$(液)		20.42
Co	钴	1495	3550	435	8.9×10^3	69.082	0.8×10^{-7}	15.5	389.4
Cr	铬	1900	2640	448	7.2×10^3	66.989	1.4×10^{-7}	14.7	305.5
Cu	铜	1083	2582	385	8.92×10^3	414.075	1.6×10^{-6}	13.0	304.8
F	氟	−219.62	−188.14	824	1.58			1.56	6.32

续附表 2-3

元素符号	元素名称	熔点/℃	沸点/℃	比热容/J·(kg·K)⁻¹	密度(20℃)/kg·m⁻³	热导率/W·(m·K)⁻¹	电阻率/Ω·m	熔化热/kJ·mol⁻¹	气化热/kJ·mol⁻¹
Fe	铁	1530	3000	448	7.86×10^3	75.362		16.2	354.3
H	氢	-259.2	-252.77	1.43×10^4	0.8987×10^{-1}			0.117	0.904
Hg	汞	-38.87	356.58	138	13.5939×10^3	10.467	9.7×10^{-7}(液) 2.1×10^{-7}(固)	2.33	58.552
K	钾	63.5	758	753	0.87×10^3	97.134	6.6×10^{-8}	2.334	79.05
Mg	镁	650	1117	1.03×10^3	1.74×10^3	157.424	4.4×10^{-8}	9.2	131.9
Mn	锰	1244	2120	477	7.30×10^3			14.7	224.8
Mo	钼	2625	4800	251	10.2×10^3	146.358	0.5×10^{-7}		
N	氮	-209.97	-195.798	1.04×10^3	1.165			0.720	5.581
Na	钠	97.8	883	1.23×10^3	0.97×10^3	132.722	4.4×10^{-8}	2.64	98.0
Ni	镍	1455	2840	439	8.90×10^3	58.615	6.8×10^{-6}	17.6	378.8
O	氧	-218.787	-182.98	916	1.331			0.444	6.824
P	磷	44.2 597 610	280.3 431(升华) 453(升华)		1.828×10^3(白) 2.34×10^3(红) 2.699×10^3(黑)			0.628(液) 20.3(液)	
Pb	铅	327.4	1751	130	11.34×10^3	34.750	2.1×10^{-7}	4.777	180.0
Pt	铂	1774	约3800	134	21.45×10^3	69.920	1.02×10^{-7}	21.8	510.8

续附表 2-3

元素符号	元素名称	熔点/℃	沸点/℃	比热容/J·(kg·K)⁻¹	密度(20℃)/kg·m⁻³	热导率/W·(m·K)⁻¹	电阻率/Ω·m	熔化热/kJ·mol⁻¹	气化热/kJ·mol⁻¹
Re	铼	3180	5885	138	21.04×10^3	58.615	1.93×10^{-7}		
Rh	铑	1966	(3700)	243	12.41×10^3	87.923	0.5×10^{-7}	1.23	
S	硫	112.8 114.6 106.8	444.60	732	$2.08 \times 10^3 (\alpha)$ $1.96 \times 10^3 (\beta)$ $1.92 \times 10^3 (\gamma)$	263.768×10^{-3}	0.2×10^{16}	1.23	10.5
Sb	锑	630.5	1640	209	6.684×10^3	22.525	3.9×10^{-7}	20.1	195.38
Si	硅	1415	2680	711	2.33×10^3	83.736	46.5	46.5	297.3
Sn	锡	231.89	2687	218	$7.28 \times 10^3 (白)$	64.058	1.15×10^{-7}	7.08	230.3
Ti	钛	1672	3260	523	$4.507 \times 10^3 (\gamma)$ $4.32 \times 10^3 (\beta)$		0.3×10^{-7}		
V	钒	1919	3400	481	6.1×10^3		5.9×10^{-7}		
W	钨	3415	5000	134	19.35×10^3	167.472	5.48×10^{-8}		
Zn	锌	419.47	907	385	7.14×10^3	110.950	5.9×10^{-8}	6.678	114.8
Zr	锆	1855	4375	276	$6.52 \times 10^3 (混)$		4.0×10^{-7}		

F2.3 常用氧化物的若干物理性质

常用氧化物的若干物理性质见附表 2-4。

附表 2-4　常用氧化物的若干物理性质

氧化物	氧含量/%	密度/kg·m^{-3}	熔化温度/℃	气化温度/℃
Fe_2O_3	30.057	$(5.1 \sim 5.4) \times 10^3$	1565	
Fe_3O_4	27.640	$(5.1 \sim 5.2) \times 10^3$	1597	
FeO	22.269(界稳的) 23.139 ~ 23.287 (稳定的)	5.613×10^3 (含 $O_2$23.91%)	1371 ~ 1385	
SiO_2	53.257	2.65×10^3(石英)	1713(硅石 1750)	2590
SiO	36.292	$(2.13 \sim 2.15) \times 10^3$	1350 ~ 1900(升华)	1900
MnO_2	36.807	5.03×10^3	535 以前分解	
Mn_2O_3	30.403	$(4.3 \sim 4.8) \times 10^3$	940 以前分解	
Mn_3O_4	27.970	$(4.3 \sim 4.9) \times 10^3$	1567	
MnO	22.554	5.45×10^3	1750 ~ 1778	
Cr_2O_3	31.580	5.21×10^3	2275	
TiO_2	40.049	4.26×10^3(金红石) 3.84×10^3(锐钛矿)	1825	3000
TiO	25.038	4.93×10^3	1750	
P_2O_5	56.358	2.39×10^3	569(加压时)	359(升华)
V_2O_5	43.983	3.36×10^3	663 ~ 675	1750(分解)
VO_2	38.581	4.30×10^3	1545	
V_2O_3	32.024	4.84×10^3	1967	
VO	23.901	5.5×10^3	1970	
NiO	21.418	6.8×10^3	1970	
CuO	20.114	6.4×10^3	1148 分解(1062.2)	
Cu_2O	11.181	6.1×10^3	1235	
ZnO	19.660	$(5.5 \sim 5.6) \times 10^3$	2000(5.269MPa)	1950(升华)
PbO	7.168	$(9.12 \pm 0.05) \times 10^3$(22℃) 7.794×10^3(880℃)	888	1470
CaO	28.530	3.4×10^3	2585	2850
MgO	39.696	$(3.2 \sim 3.7) \times 10^3$	2799	3638
BaO	10.435	$(5 \sim 5.7) \times 10^3$	1923	约 2000
Al_2O_3	47.075	$(3.5 \sim 4.1) \times 10^3$	2042	2980
K_2O	16.985			766
Na_2O	25.814			890

F2.4   各种物质的密度和热学性能

F2.4.1   常见固体、绝缘体和耐火材料等的密度和热学性能

常见固体、绝缘体和耐火材料等的密度和热学性能见附表 2-5。

附表 2-5   常见固体、绝缘体和耐火材料等的密度和热学性能

名　称	密度 /kg·m⁻³	比热容		熔点/℃
		kJ·(kg·K)⁻¹	温度范围 /℃	
矿渣棉	150.6~299.6	0.172	25	
石棉板	1000~1300			
石棉水泥隔板	250~500	0.837		
重砂浆黏土砖砌体	1800	0.879		
重砂浆硅酸盐砌体	1900	0.837		
熟铬质耐火材料	3011.8	0.837	15.6~648.9	1971
生铬质耐火材料	3091.9	0.879	15.6~648.9	1971
铬矿砂($FeCr_2O_4$)	4501.6	0.921		2180
黏　土	1794.2~2595.2	0.938	20~97.8	1738
刚玉(Al_2O_3)	4005	0.827	5.6~92.2	2050
氧化铝(矾土)	3900.9	0.766	0~100	
硅藻土	200.3~400.5	0.879	25	
耐火黏土砖	2194.74~2403	1.017	15.6~1201.7	1593~1760
耐火绝热砖 (1426.7℃)	6451.7	0.921	15.6~648.9	1637.8~1648.9
耐火硅砖	2306.9~2595.2	1.080	15.6~1201.7	1149
高氧化铝耐火材料	2050.6	0.963	15.6~648.9	1810
镁质耐火材料	2739.4	1.130	15.6~648.9	1971
瓷质耐火材料		0.963	15.6~648.9	1682.2
硅质耐火材料	1778.2	0.963	15.6~648.9	1698.9

名 称	密度 /kg·m⁻³	比热容		熔点/℃
		kJ·(kg·K)⁻¹	温度范围 /℃	
硅线石(莫来石) 耐火材料	2322.9~3236	0.963	15.6~648.9	1821.1~1833.8
碳化硅(SiC)	3188.0	0.963	15.6~510	2250
锆英石(ZrSiO₄)	4693.9	0.553		2550
硅石(SiO₂)	2883.6	0.780	0~10	1750
砂 石	2595.24	0.816	15~100	
碳酸钙(CaCO₃)	2961.4~2947.7			826(分解)
白云石	2899.6	0.929	20~95	
石灰石	2691.4~2803.5	0.904	15~100	
生石灰(CaO)		0.909	0~100	
蛇纹石		1.047	0~100	
黑(硬、天然)沥青	1039.7	2.303		148.9
石油沥青	988.4~1039.7	2.303		60~82.2
木 炭	288.4~608.8	0.691~1.047	23.9	
煤		1.256	0~100	
焦 炭		0.850	0~100	
沥青(煤焦油)	993.24~1297.62	1.574	37.8~1204.4	30~150
熔 渣		0.754	0~100	
赤铁矿		0.689	15~98.9	
磁铁矿(天然)	5158.44	0.653	0~100	
黄铜矿(CuFeS₂)		0.541	15~98.9	
石 墨	2215.6	0.837	0~100	3482.2
石 蜡	865.12~913.14	1.591	35~40	37.8~56.1
碳酸氢钠(小苏打)	2194.74	0.967	0~100	
碳酸钠(Na₂CO₃)	2427.0	1.281		852
高炉渣	1600~2200			

F2.4.2 部分气体的密度和比热容

部分气体的密度和比热容见附表 2-6。

附表 2-6　部分气体的密度和比热容

气体名称	密度 /kg·m^{-3}	比热容 /J·(kg·K)$^{-1}$	气体名称	密度 /kg·m^{-3}	比热容 /J·(kg·K)$^{-1}$
CO	1.250	0.800	$C_{气化}$	0.5357	1.8667
CO_2	1.964	0.5091	$C_1 = CH_3$	0.714	1.400
H_2	0.089	11.20	$C_2 = C_2H_5$	1.339	0.747
H_2O	0.804	1.244	$C_3 = C_3H_3$	1.964	0.5091
空气	1.293	0.7734	$C_4 = C_4H_{10}$	2.589	0.3862
N_2（大气中）	1.257	0.7965	$C_5 = C_5H_{12}$	3.214	0.311
O_2	1.4286	0.700	H_2S	1.518	0.659

F2.5　空气及煤气的饱和水蒸气含量

空气及煤气的饱和水蒸气含量见附表 2-7。

附表 2-7　空气及煤气的饱和水蒸气含量（气压 101.325kPa）

温度 /℃	饱和时蒸汽压力 /kPa	1m^3（标准状态）空气（煤气）中含水气量			
		质量/g·m^{-3}		气体分数/%	
		对干气体	对湿气体	对干气体	对湿气体
-20	0.103	0.82	0.81	0.102	0.101
-15	0.165	1.32	1.31	0.164	0.163
-10	0.259	2.07	2.05	0.257	0.256
-8	0.309	2.46	2.45	0.306	0.305
-6	0.368	2.85	2.84	0.354	0.353
-5	0.401	3.19	3.18	0.397	0.395
-4	0.437	3.48	3.46	0.432	0.430
-3	0.475	3.79	3.77	0.471	0.459
-2	0.517	4.12	4.10	0.512	0.510
-1	0.562	4.49	4.46	0.558	0.555
0	0.610	4.87	4.84	0.605	0.602
1	0.657	5.24	5.21	0.652	0.648
2	0.706	5.64	5.60	0.701	0.697
3	0.758	6.05	6.01	0.753	0.748

温度 /℃	饱和时蒸汽压力 /kPa	$1m^3$ （标准状态）空气（煤气）中含水气量			
		质量/g·m^{-3}		气体分数/%	
		对干气体	对湿气体	对干气体	对湿气体
4	0.813	6.51	6.46	0.810	0.804
5	0.872	6.97	6.91	0.868	0.960
6	0.935	7.48	7.42	0.930	0.922
7	1.002	8.02	7.94	0.998	0.988
8	1.073	8.59	8.52	1.070	1.060
9	1.148	9.17	9.10	1.140	1.130
10	1.228	9.81	9.73	1.220	1.210
11	1.318	10.50	10.40	1.310	1.290
12	1.403	11.2	11.1	1.40	1.38
13	1.497	12.1	11.9	1.50	1.48
14	1.599	12.9	12.7	1.60	1.58
15	1.705	13.7	13.5	1.71	1.68
16	1.817	14.6	14.4	1.82	1.79
17	1.937	15.7	15.5	1.95	1.93
18	2.064	16.7	16.4	2.08	2.04
19	2.197	17.8	17.4	2.22	2.17
20	2.326	19.0	18.5	2.36	2.30
21	2.486	20.2	19.7	2.52	2.46
22	2.644	21.5	21.0	2.68	2.61
23	2.809	22.9	22.3	2.86	2.78
24	2.984	24.4	23.6	3.04	2.94
25	3.168	26.0	25.1	3.24	3.13
26	3.361	27.6	26.7	3.43	3.32
27	3.565	29.3	28.3	3.65	3.52
28	3.780	31.2	30.0	3.88	3.73
29	4.005	33.1	31.8	4.12	3.95
30	4.242	35.1	33.7	4.37	4.19
31	4.493	37.1	35.6	4.65	4.44
32	4.754	39.6	37.7	4.93	4.69

温度 /℃	饱和时蒸汽压力 /kPa	1m³（标准状态）空气（煤气）中含水气量			
		质量/g·m⁻³		气体分数/%	
		对干气体	对湿气体	对干气体	对湿气体
33	5.030	42.0	39.9	5.21	4.96
34	5.320	44.5	42.2	5.54	5.25
35	5.624	47.3	44.6	5.89	5.56
36	5.941	50.1	47.1	6.23	5.86
37	6.275	53.1	49.8	6.60	6.20
38	6.625	55.3	52.7	7.00	6.55
39	6.991	59.6	55.4	7.40	6.90
40	7.375	63.1	58.5	7.85	7.27
42	8.199	70.8	65.0	8.8	8.1
44	9.101	79.3	72.2	9.7	9.0
46	10.086	88.8	80.0	11.0	9.9
48	11.160	99.5	88.5	12.40	11.0
50	12.334	111.4	97.9	13.85	12.18
52	13.612	125.0	108.0	15.60	13.5
54	14.999	140.0	119.0	17.40	14.80
56	16.505	156.0	131.0	19.60	16.40
60	19.918	196.0	158.0	24.50	19.70
65	24.998	265.0	199.0	32.80	24.70
70	31.157	361.0	249.0	44.90	31.60
75	38.544	499.0	308.0	62.90	39.90
80	47.343	715.0	379.0	89.10	47.10
85	57.809	1091.0	463.0	135.80	57.00
90	70.101	1870.00	563.0	233.00	70.00
95	84.513	4040.0	679.0	545.00	84.50
100	101.325	无穷大	816.0	无穷大	100.00

F2.6　冶金产品常用的量和单位

冶金产品常用的量和单位见附表 2-8。

附表 2-8 冶金产品常用的量和单位

量		SI 单位		与 SI 并用的单位①		备 注
名 称	符 号	名 称	符 号	名 称	符 号	
[平面]角	$\alpha,\beta,\gamma,\theta,\varphi$	弧度	rad	度 [角]分 [角]秒	° ′ ″	$1rad=1m/m=1$ $1°=0.0174533rad$ $1'=(1/60)°$ $1''=(1/60)'$
立体角	Ω	球面度	sr			$1sr=1m^2/m^2=1$
长度	l,L	米	m	海里	n mile	$1n\ mile=1852m$(准确值) （只用于航程） 埃($\mathring{A}$)：$1\mathring{A}=10^{-10}m=0.1nm$(准确值)
宽度	b					
高度	h					
厚度	d,δ					
半径	r,R					
直径	d,D					
程长	s					
距离	d,r					
面积	$A,(S)$	平方米	m^2	公顷	hm^2	$1hm^2=10^4\ m^2$（准确值）
体积	V	立方米	m^3	升	L,(l)	$1L=1dm^3=10^{-3}\ m^3$（准确值）

续附表 2-8

| 量 | | SI 单位 | | 与 SI 并用的单位[①] | | 备 注 |
名 称	符 号	名 称	符 号	名 称	符 号	
时间,时间间隔,持续时间	t	秒	s	分 [小]时 日,(天)	min h d	1min=60s 1h=60min=3600s 1d=24h=86400s 星期、月、年(a)是通常使用的单位
角速度	ω	弧度每秒	rad/s			
角加速度	α	弧度每二次方秒	rad/s²			
速度	v c u,v,w	米每秒	m/s	千米每[小]时 节	km/h kn	1km/h=(1/3.6)m/s(准确值) =0.277778m/s 1kn=1n mile/h(只用于航行)
加速度,自由落体加速度,重力加速度	a g	米每二次方秒	m/s²			标准自由落体加速度: $g_n=9.80665$m/s²(准确值)
周期	T	秒	s			
时间常数	τ					

续附表 2-8

量 名称	符号	SI 单位 名称	符号	与 SI 并用的单位① 名称	符号	备注
频率	f, ν	赫[兹]	Hz	转每秒	r/s	$1Hz=1s^{-1}$ $1r/s=2\pi rad/s$ $1r/min=(\pi/30)rad/s$ 旋转频率又称"转速"
角频率	ω	弧度每秒,负一次方秒	rad/s s⁻¹			该量又称"圆频率"
波长	λ	米	m			埃(Å):$1\text{Å}=10^{-10}m=0.1nm$(准确值)
质量	m	千克(公斤)	kg	吨	t	$1g=10^{-3}kg$ $1t=10^{3}kg$
体积质量,[质量]密度	ρ	千克每立方米	kg/m³	吨每立方米 千克每升	t/m³ kg/L	$1t/m^3=10^3kg/m^3=1g/cm^3$ $1kg/L=10^3kg/m^3=1g/cm^3$
力 质量	F $W,(P,G)$	牛[顿]	N			$1N=1kg\cdot m/s^2$
力矩 力偶矩 转矩	M M M,T	牛[顿]米	N·m			
压力,压强 正应力 切应力	p σ τ	帕[斯卡]	Pa			$1Pa=1N/m^2$ 巴(bar):$1bar=100kPa$(准确值)

续附表 2-8

量		SI 单位		与 SI 并用的单位[①]		备　注
名　称	符　号	名　称	符　号	名　称	符　号	
运动黏度	ν	二次方米每秒	m^2/s			
表面张力	γ,σ	牛[顿]每米	N/m			$1N/m = 1J/m^2$
能[量] 功 势能,位能 动能	E $W,(A)$ $E_p,(V)$ $E_k,(T)$	焦[耳]	J			$1J = 1N\cdot m = 1W\cdot s$
功率	P	瓦[特]	W			$1W = 1J/s$
体积流量	q_V	立方米每秒	m^3/s			
热力学温度	$T,(\Theta)$	开[尔文]	K			
摄氏温度	t,θ	摄氏度	$℃$			$t = T - T_0, T_0 \overset{\text{def}}{=\!=} 273.15K$
线[膨]胀系数 体[膨]胀系数	α_l $\alpha_V,(\alpha,\gamma)$	每开[尔文], 负一次方开[尔文] [尔文]	K^{-1}			

续附表 2-8

量		SI 单位		与 SI 并用的单位①		备 注
名 称	符 号	名 称	符 号	名 称	符 号	
热量,热量	Q	焦[耳]	J			
热导率(导热系数)	$\lambda,(\kappa)$	瓦[特]每米开[尔文]	W/(m·K)			
传热系数 表面传热系数	$K,(k)$ $h,(\alpha)$	瓦[特]每平方米开[尔文]	W/(m²·K)			在建筑技术中,传热系数常称为热传递系数,符号为 U
热容	C	焦[耳]每开[尔文]	J/K			
质量热容,比热容	c	焦[耳]每千克开[尔文]	J/(kg·K)			
质量定压热容,比定压热容	c_p					
质量定容热容,比定容热容	c_V					
电流	I	安[培]	A			在交流电技术中,用 i 表示电流的瞬时值,I 表示有效值

续附表 2-8

量		SI 单位		与 SI 并用的单位①		备　注
名　称	符　号	名　称	符　号	名　称	符　号	
电荷[量]	Q	库[仑]	C			$1C=1A \cdot s$ $1A \cdot h=3.6kC$(用于蓄电池)
电场强度	E	伏[特]每米	V/m			$1V/m=1N/C$
电位,(电势) 电位差,(电势差)电压 电动势	V,φ $U,(V)$ E	伏[特]	V			$1V=1W/A$ 在交流电技术中,用 u 和 e 分别表示电位差和电动势的瞬时值,U 和 E 表示有效值
磁场强度	H	安[培]每米	A/m			
磁感应强度	B	特[斯拉]	T			$1T=1N/(A \cdot m)=1Wb/m^2=1V \cdot s/m^2$
磁通[量]	Φ	韦[伯]	Wb			$1Wb=1V \cdot s$
自感 互感	L M,L_{12}	亨[利]	H			$1H=1Wb/A=1V \cdot s/A$ 电感:自感和互感的统称
磁导率	μ	亨[利]每米	H/m			IEC 还称 μ 为绝对磁导率

续附表 2-8

量		SI 单位		与 SI 并用的单位①		备 注
名 称	符 号	名 称	符 号	名 称	符 号	
真空磁导率	μ_0	亨[利]每米	H/m			ISO 和 IEC 还称 μ_0 为磁常数 $\mu_0 = 4\pi \times 10^{-7}$ H/m（准确值）$= 1.256637 \times 10^{-6}$H/m
相对磁导率	μ_r		1			
磁化率	$\kappa(X_m, X)$					
铁芯损耗 涡流损耗 磁滞损耗	P P_e P_n		W/kg			
磁化强度	M, (H_i)	安[培]每米	A/m			
[直流]电阻	R	欧[姆]	Ω			$1\Omega=1\text{V/A}$
[直流]电导	G	西[门子]	S			$1\text{S}=1\Omega^{-1}$
[直流]功率	P	瓦[特]	W			$1\text{W}=1\text{V}\cdot\text{A}$
电阻率	ρ	欧[姆]米	$\Omega\cdot\text{m}$			
电导率	γ, σ	西[门子]每米	S/m			电化学中量的符号用 κ

续附表 2-8

量		SI 单位		与 SI 并用的单位①		备 注
名 称	符 号	名 称	符 号	名 称	符 号	
磁阻	R_m	每亨[利], 负一次方亨[利]	H^{-1}			$1H^{-1}=1A/Wb$ ISO 和 IEC 还给出量符号 R
频率	f	赫[兹]	Hz s^{-1}			$1Hz=1s^{-1}$
相[位]差, 相[位]移	φ	弧度	rad	[角]秒 [角]分 度	" ' °	$1''=(\pi/648000)\,rad$ $1'=60''=(\pi/10800)\,rad$ $1°=60'=(\pi/180)\,rad$
波长	λ	米	m			
相对原子质量 相对分子质量	A_r M_r			1		例:$A_r(Cl)=35.453$ A_r 以前称为原子量 M_r 以前称为分子量
分子或其他基本单元数	N					

续附表 2-8

量		SI 单位		与 SI 并用的单位①		备 注
名 称	符 号	名 称	符 号	名 称	符 号	
物质的量	n, (ν)	摩[尔]	mol			使用 mol 时,必须指明基本单元
阿伏加德罗常数	L, N_A	每摩[尔]	mol^{-1}			$L = (6.0221367 \pm 0.0000036) \times 10^{23}$ mol^{-1}
摩尔质量	M	千克每摩[尔]	kg/mol			$M = 10^{-3} M_r$, kg/mol $= M_r$ g/mol 式中,M_r 为确定化学组成的物质之相对分子质量
摩尔体积	V_m	立方米每摩[尔]	m^3/mol			在 273.15K 和 101.325kPa 时,理想气体的摩尔体积为 $V_{m,0} = (0.02241410 \pm 0.00000019)$ m^3/mol
B 的质量浓度	ρ_B	千克每立方米	kg/m^3	千克每升	kg/L	
B 的质量分数	w_B		1			
B 的浓度, B 的物质的量浓度	c_B	摩[尔]每立方米	mol/m^3	摩[尔]每升	mol/L	1mol/L=1mol/dm^3 在化学中 B 的浓度也表示成 [B]
B 的摩尔分数	x_B, (y_B)		1			这些量的替换名称分别为物质的量分数和物质的量比
B 的体积分数	φ_B					

续附表 2-8

量		SI 单位		与 SI 并用的单位①		备　注
名　称	符　号	名　称	符　号	名　称	符　号	
溶质 B 的 质量摩尔浓度	b_B, m_B	摩[尔] 每千克	mol/kg			
B 的化学势	μ_B	焦[耳] 每摩[尔]	J/mol			
抗拉强度	R_m	兆帕	MPa			
屈服点	R_{eL}	兆帕	MPa			
屈服强度	$R_{p0.2}$	兆帕	MPa			
比例极限	σ_p	兆帕	MPa			
弹性模量	E	兆帕	MPa			
疲劳极限	σ_{-1}	兆帕	MPa			
蠕变强度	$\sigma_{x/y}$	兆帕	MPa			
冲击功	A_K	焦[耳]	J			$1J = 1N \cdot m$ 冲击值 a_K($kgf \cdot m/cm^2$)应转换成冲击 功 A_K(J),其之间的关系是: $A_K = a_K F$ F—冲击试样断口截面面积,cm^2

① 本栏包括国家法定单位和与 SI 并用的非 SI 单位。

F2.7 常用材料密度

常用材料密度见附表 2-9。

附表 2-9 常用材料密度

材料名称	密度/g·cm^{-3}	材料名称	密度/g·cm^{-3}
碳 钢	7.8~7.85	水 泥	1.9
铸 钢	7.8	聚甲醛	1.4
灰铸铁	6.6~7.4	聚乙烯	0.92~0.96
球墨铸铁	7.3	黏土砖	1.9~2.0
铁 水	6.8~7.0	高铝砖	2.3~2.5
合 金 钢	7.5~8.1	炭 砖	1.4~1.6
高炉炉渣	1.6~2.2	硅藻土绝热砖	0.5~0.7
铜	8.93	轻质黏土砖	0.8~1.3
铝	2.69	轻质高铝砖	1.3~1.36
锌	7.14	红 砖	1.7~1.9
锡	7.30	炭素填料	1.6
铅	11.34	石棉填料	0.9
镍	8.9	黏土填料	1.7
银	10.5	水渣石棉填料	1.2
汞	13.6	铁屑填料	6.0
紫 铜	8.9	耐热混凝土	1.7~2.0
黄 铜	8.5~8.85	混凝土	2.4~2.6
硅钢片	7.55~7.8	石棉板	1.0~1.3
金刚石	3.5~3.6	沥 青	1.06~1.26
碳化硅	3.10	鸡毛纸	2.0
云 母	2.7~3.0	木 材	0.3~0.7
橡胶石棉板	1.5~2.0	胶合板	0.56
橡胶板	1.1~1.2	刨花板	0.40
干皮革	0.85	石棉层压板	2.0
毛 毡	0.09~0.44	有机玻璃	1.18
陶 瓷	2.3~2.45	泡沫塑料	0.20
电 木	1.3~1.4	汽 油	0.71~0.79
夹布胶木	1.3~1.45	煤 油	0.8~0.84
环氧树脂	1.1~1.23	柴 油	0.82~0.95
玻璃钢	1.7~1.8	机械油	0.93~0.96
尼 龙	1.05~1.14	精密机械油	0.905~0.92
石 墨	1.9~2.1	植物油	0.92~0.94
石 膏	2.3~2.4		

F2.8　各种耐火材料主要性能

各种耐火材料主要性能见附表2-10。

附表2-10　各种耐火材料主要性能

名　称	牌号	耐火度/℃	荷重软化开始温度(196kPa)/℃	热震稳定性/次	抗渣性		体积稳定性	
					碱性渣	酸性渣	线膨胀系数/K⁻¹	残余胀缩率/%
半酸性砖	HB-65	1670	1250	4~15	差	较好	5.2×10^{-6}	残缩0.5
黏土砖	NZ-30	1610	1250	5~25			5.2×10^{-6}	残缩0.5
	NZ-35	1670	1250					
	NZ-40	1730	1300					
高铝砖	LZ-48	1750	1420		较好	较好	5.8×10^{-6}	残缩0.7
	LZ-55	1770	1470					
	LZ-65	1790	1500					
硅　砖	GZ-94	1710	1640	1~2	极差	好	32.6×10^{-6} (20~300℃)	残胀
	GZ-93	1690	1620				7.4×10^{-6} (20~1670℃)	
镁　砖	M-87	2000	1500	1~4	好	极差	14.3×10^{-6}	残缩
镁铝砖	ML-80	2100	1500~1580	20~35	好	较差		
白云石砖	CaO不低于40%	1700~1800			好	差		残缩
炭　砖		2800	2000	好	好	好	5.39×10^{-6}	较小
碳化硅制品	甲等	2100	1700				1.17×10^{-6}	
轻质黏土砖	QN-1.3a	1710			差	差		
	QN-1.0	1670						
	QN-0.8	1670						
	QN-0.4	1670						
轻质高铝砖	QL-0.7	1860	1250		差	差		
	QL-1.0	1920	1400					
	QL-1.3	1920						
	QL-1.5	1920	1500					
轻质硅砖	QG-1.2	1670	1560		极差	差		
硅藻土砖		1280		10	差	差		
蛭石制品					差	差		
石　棉								
矿渣棉		700						

续附表 2-10

名 称	牌号	耐火度/℃	荷重软化开始温度(196kPa)/℃	热震稳定性/次	抗渣性		体积稳定性	
					碱性渣	酸性渣	线膨胀系数/K⁻¹	残余胀缩率/%
膨胀蛭石制品								

名 称	允许使用温度/℃	常温耐压强度/MPa	体积密度/g·cm⁻³	孔隙率(不大于)/%	热导率		热容量	
					λ/W·(m·K)⁻¹	温度系数 b	c_p/J·(kg·K)⁻¹	b^2
半酸性砖	1250~1300	19.6	2.00	22	0.87	0.52×10^{-3}	836.8	0.263
黏土砖	1200~1250	12.3	2.07	28	0.84	0.58×10^{-3}	836.8	0.263
	1250~1300	14.7		26				
	1300~1400	14.7		26				
高铝砖	1650~1670	39.2	2.19	23	1.50		836.8	0.234
			2.30	23				
			2.50	23		-0.19×10^{-3}		
硅砖	1650	19.6	1.90	23	0.93	0.7×10^{-3}	794.0	0.292
	1600	17.2		25				
镁砖	1650~1670	39.2	2.80	20	4.32	0.51×10^{-3}	940.0	0.251
镁铝砖		34.2	3.00	19				
白云石砖	1700	49.0		20				
炭砖	2000	14.7~24.5	1.35~1.5	20~35	23.23	34.8×10^{-3}	836.8	
碳化硅制品	1600	68.6	2.65	15	9.3~10.45	0	1010.0	0.46
轻质黏土砖	1400	4.4	1.3		0.41	0.36×10^{-3}	836.8	0.263
	1300	2.9	1.0		0.29	0.26×10^{-3}		
	1250	2.0	0.8		0.21	0.43×10^{-3}		
	1150	0.6	0.4		0.09	0.16×10^{-3}		
轻质高铝砖	1250	7.8	0.77		0.90~1.05			
	1400	12.7	1.02					
	1450	7.8	1.33					
	1500	16.3	1.50					
轻质硅砖	1500	3.4	1.2	55	0.92~1.05			
硅藻土砖	900~1000	0.4~1.2	0.35~0.95		0.12~0.27			
蛭石制品	900~1000	0.2~0.5	0.07~0.28		0.06~0.08	0.31×10^{-3}	656.0	
石棉	500		0.22~0.8		0.09~0.14		814.0	
矿渣棉	800~900		0.10~0.3		0.06~0.11		751.0	
膨胀蛭石制品	70~90		0.3~		0.081~			
	600~800		0.5		0.139			

F2.9　盲板尺寸和质量一览表

盲板尺寸和质量一览表见附表 2-11。

附表 2-11　盲板尺寸和质量一览表（Dg150 ~ Dg3500, $p_g = 20\text{kPa}$）

公称直径	管道外径	盲板及衬垫尺寸/mm				厚度/mm		质量/kg		盲板总
Dg/mm	D/mm	D_1	D_2	R	H	衬垫 δ_1	盲板 δ_2	衬垫	盲板	重/kg
150	159	200	160	80	20	3	6	0.27	1.50	24.37
200	219	260	220	110	20	3	6	0.35	2.40	25.35
250	273	315	275	137	20	3	6	0.44	3.60	26.64
300	325	370	330	163	20	3	6	0.55	5.00	28.15
350	377	420	380	189	20	3	6	0.60	5.40	29.60
400	426	470	430	213	20	3	6	0.65	8.0	31.25
500	529	570	530	265	20	3	8	0.85	16.0	39.45
600	630	672	632	315	20	5	8	1.67	22.1	65.47
700	720	770	730	360	25	5	8	2.34	30.0	54.94
800	820	880	830	410	25	5	10	2.75	47.7	73.05
900	920	980	930	460	25	5	10	3.11	59.4	85.11
1000	1020	1080	1030	510	25	5	10	3.26	72.0	97.86
1100	1120	1180	1130	560	25	5	12	3.45	111.0	136.9
1200	1220	1280	1230	610	25	8	12	5.28	121.5	148.39
1300	1320	1380	1330	660	25	8	14	6.30	164.5	191.44
1400	1420	1480	1430	710	25	8	14	6.74	189.0	218.34
1500	1520	1580	1530	760	25	8	14	7.46	216.0	246.06
1600	1620	1690	1630	810	30	10	16	12.63	281.0	319.28
1700	1720	1790	1730	860	30	10	16	12.70	316.6	351.9
1800	1820	1890	1830	910	30	10	16	13.30	352.0	387.9
1900	1920	1990	1930	960	30	10	18	14.53	441.0	428.93
2000	2020	2090	2030	1010	30	10	18	14.59	483.75	520.91
2100	2120	2190	2130	1060	30	12	18	20.76	533.0	576.33
2200	2220	2300	2240	1110	30	12	20	21.00	655.59	698.95
2400	2420	2500	2440	1210	30	12	20	22.60	770.0	815.20
2500	2520	2600	2540	1260	30	12	22	23.60	918.5	964.70

| 公称直径 | 管道外径 | 盲板及衬垫尺寸/mm | | | | 厚度/mm | | 质量/kg | | 盲板总 |
Dg/mm	D/mm	D_1	D_2	R	H	衬垫 δ_1	盲板 δ_2	衬垫	盲板	重/kg
2600	2620	2700	2640	1310	30	12	22	24.00	990.0	1036.6
2800	2820	2900	2840	1410	30	12	24	28.24	1244.0	1294.4
3000	3020	3100	3040	1510	30	12	24	30.20	1425.0	1477.8
3200	3220	3300	3240	1610	30	12	26	30.5	1747.0	1800.0
3500	3520	3600	3540	1760	30	12	28	31.0	2240.0	2293.7

F2.10　常用燃料在空气中着火点温度

燃料在空气中着火点温度见附表 2-12。

附表 2-12　燃料在空气中着火点温度

固体燃料	着火点温度/℃	液体燃料	着火点温度/℃	气体燃料	着火点温度/℃
褐　煤	250~450	汽　油	415	二碳炔	400~406
泥　炭	225~280	煤　油	604~609	氢	530~585
木　材	250~350	石　油	531~590	一氧化碳	644~651
煤	400~500	苯	730	甲　烷	650~750
木　炭	350			焦炉煤气	640
焦　炭	700				

F2.11　常用燃料发热值

常用燃料发热值见附表 2-13。

附表 2-13　常用燃料发热值

燃料名称	发热值/kJ·kg⁻¹	燃料名称	发热值/kJ·m⁻³
烟　煤	29300~35170	高炉煤气	3349~4187
褐　煤	20934~30145	发生炉煤气	5024~6699
无烟煤	29308~34332	水煤气	10048~11304
焦　炭	29308~33913	焦炉煤气	16329~17585
重　油	40612~41868	天然气	33494~41868
石　油	41868~46055		

F2.12　部分气体和蒸汽与空气混合的爆炸浓度极限

部分气体和蒸汽与空气混合的爆炸浓度极限见附表2-14。

附表2-14　部分气体和蒸汽与空气混合的爆炸浓度极限

气体名称	气体在混合物中的含量			
	体积分数/%		质量分数/%	
	下限	上限	下限	上限
水煤气	6~9	55~70	30~45	275~350
高炉煤气	35	74	315	666
天然气	4.8	13.5	24.0	67.5
焦炉煤气	5.3	31.0	22.3	130.2
发生炉煤气	32	72		
氨	16.0	27.0	111.2	187.7
氢	4.1	75.0	3.4	61.5
一氧化碳	12.8	75.0	146.5	858.0
硫化氢	4.3	45.5	59.9	633.0
汽油	1.0	6.0	37.2	223.0
煤油、矿物油	1.4	7.5		
甲烷	5.0	15.0	32.7	98.0
乙炔	2.6	80.0	27.6	850.0

F2.13　影响煤气发生量的因素

影响煤气发生量的因素见附表2-15。

附表2-15　影响煤气发生量的因素

影　响　因　素	煤气发生量及变化
$1m^3$ 风（湿分1%）	发生 $1.20m^3$ 煤气
1kg 焦炭（湿分2%）	发生 $3.30m^3$ 煤气
1kg 重油（湿分2%）	发生 $5.85m^3$ 煤气
1kg 煤粉（湿分2%）	发生 $4.48m^3$ 煤气
$1m^3$ 天然气（湿分2%）	发生 $4.75m^3$ 煤气

续附表 2-15

影 响 因 素	煤气发生量及变化
使用 100% 烧结矿（含铁 42% ~ 52% 冶炼制钢铁）	吨焦 3300 ~ 3500m³（标态），约为风口处风量的 1.35 倍
使用 100% 铁矿石（含铁 44% ~ 52% 冶炼制钢铁）	吨焦 3500 ~ 3800m³（标态），约为风口处风量的 1.38 倍
炉料中铁分每增加 1%	煤气发生量减少 1%
风温每提高 100℃	煤气发生量减少 1.5% ~ 2.5%
生铁锰含量从 2.2% 降低到 0.6%	煤气发生量减少 3.0% ~ 3.5%

F2. 14　常用常数表

常用常数见附表 2-16。

附表 2-16　常用常数

量	n	lg$n$	量	n	lg$n$
π	3.1416	0.4971	$\sqrt{1:\pi}$	0.5642	$\overline{1}$.7514
2π	6.2832	0.7982	$\sqrt{2:\pi}$	0.7979	$\overline{1}$.9019
3π	9.4248	0.973	$\sqrt{3:\pi}$	0.9772	$\overline{1}$.9900
4π	12.5664	1.992	$\sqrt{4:\pi}$	1.1284	0.0525
4π:3	4.1888	0.6221	$\sqrt[3]{\pi}$	1.4646	0.1657
π:2	1.5708	0.1961	$\sqrt[3]{1:\pi}$	0.6828	$\overline{1}$.8343
π:3	1.0472	0.0200	$\sqrt[3]{\pi:6}$	0.8060	$\overline{1}$.9063
π:4	0.7854	$\overline{1}$.8951	$\sqrt[3]{3:4\pi}$	0.6204	$\overline{1}$.7926
π:6	0.5236	$\overline{1}$.7190	$\sqrt[3]{\pi^2}$	2.1450	0.3314
π:180	0.0175	$\overline{2}$.2419	g	9.81	
2:π	0.6366	$\overline{1}$.8039	g²	96.2361	
180:π	57.2958	$\overline{1}$.7581	$\sqrt{g}$	3.1321	
1:π	0.3183	$\overline{1}$.5029	$\sqrt{2}$	1.4142	
1:2π	0.1592	$\overline{1}$.2018	$\sqrt{3}$	1.7321	
1:3π	0.1061	$\overline{1}$.0257	e	2.7183	0.4343
1:4π	0.0796	$\overline{2}$.9008	e²	7.3891	0.8686
π²	9.8696	0.9943	$\sqrt{e}$	1.6487	0.2171
2π²	19.7392	1.2953	$\sqrt[3]{e}$	1.3956	0.1448
$\sqrt{\pi}$	1.7725	0.2486	1:e	0.3679	$\overline{1}$.5657
$\sqrt{2\pi}$	2.5066	0.3991	1:e²	0.1353	$\overline{1}$.1314
$\sqrt{\pi:2}$	1.2533	0.0981	$\sqrt{1:e}$	0.6065	$\overline{1}$.7829

量	n	$\lg n$	量	n	$\lg n$
$\sqrt[3]{1:e}$	0.7165	1.8552	6!	720	2.8573
$M=\lg e$	0.4343	$\bar{1}$.6378	7!	5040	3.7024
$\dfrac{1}{M}=\ln 10$	2.3026	0.3622	8!	40320	4.6055
2!	2	0.3010	9!	362880	5.5598
3!	6	0.7782	10!	3628800	6.5598
4!	24	1.3802	11!	39916800	7.6012
5!	120	2.0792			

F2.15　常用数学、物理、化学符号表

常用数学、物理、化学符号见附表 2-17。

附表 2-17　常用数学、物理、化学符号

符　号	意　义
$\geqslant$	大于或等于
$\leqslant$	小于或等于
$\cong$	全等于
$\sim$	相似
π	圆周率，$\pi=3.141592653$
e	自然对数的底，$e=2.18281828$
∞	无穷大
n!	n 的阶乘
$\mid Z\mid$	Z 的绝对值
%	百分数
$\lg x$	x 的常用对数 $\lg x=\log_{10}x$
$\ln x$	x 的自然对数 $\ln x=\log_{e}x$
sin	正弦
cos	余弦
tan	正切
cot	余切

符　号	意　义
sec	正割
csc	余割
$\sum\limits_{i=1}^{N}$，$\sum\limits_{1}^{N}$	n 项的和
℃	摄氏温度计的度数
℉	华氏温度计的度数
°Be	波美比重计的度数
d（Sp. gr.）	密度
n_D	折光率
→	化学反应式中表示反应方向
↔（⇆）	化学反应式中表示可逆反应
↑	化学反应式中表示气体逸出
↓	化学反应式中表示沉淀
$\xrightarrow{\triangle}$	化学反应式中表示加热
pH	酸碱值
b. p	沸点
m. p	熔点
f. p	凝固点
°E	恩氏黏度计黏度符号，单位为度
C. P.	化学纯级
A. R.	分析纯级
Tech.	工业品级

F2. 16　拉丁字母及希腊字母表

拉丁字母及希腊字母见附表 2-18 和附表 2-19。

附表 2-18　拉丁字母

拉丁字母	汉语拼音字母写法	注音字母写法	拉丁字母	汉语拼音字母写法	注音字母写法
A a	ei	爱	N n		恩
B b	bi	比	O o	O	欧
C c	si	西	P p	pi	批
D d	di	低	Q q	kiu	克由
E e	i	衣	R r	ar	啊耳
F f	ef	爱福	S s	es	爱斯
G g	ji	基	T t	ti	梯
H h	eq	爱曲	U u	you	由
I i	ai	阿哀	V v	vi	维衣
J j	je	街	W w	debliu	打不留
K k	Ke	开	X x	eks	爱克思
L l	el	爱尔	Y y	wai	歪
M m	em	爱姆	Z z	zii	资衣

附表 2-19　希腊字母

希腊字母	英文注音	中文注音	希腊字母	英文注音	中文注音
A α	alpha	阿尔法	N ν	nu	纽
B β	beta	贝塔	Ξ ξ	xi	克西
Γ γ	gamma	伽马	O o	omicron	奥密克戎
Δ δ	delta	德耳塔	Π π	pi	派
E ε	epslion	艾普西隆	P ρ	rho	洛
Z ζ	zeta	截塔	Σ σ	sigma	西格马
H η	eta	艾塔	T τ	tau	陶
Θ θ	theta	西塔	γ υ	upsilon	宇普西隆
I ι	iota	约塔	Φ φ	phi	斐
K κ	kappa	卡帕	X χ	chi	喜
Λ λ	iambda	兰姆达	Ψ ψ	psi	普西
M μ	mu	缪	Ω ω	omega	奥米伽

注：汉语拼音字母不能完全准确地写出英文字母名称，其中有些写法只是近似的读音。

参 考 文 献

[1] 周传典. 高炉炼铁生产技术手册[M]. 北京：冶金工业出版社，1999.

[2] 成兰伯，等. 高炉炼铁工艺及计算[M]. 北京：冶金工业出版社，1991.

[3] 炼铁设计参考资料[M]. 北京：冶金工业出版社，1979.

[4] 鞍钢安全技术处. 煤气安全技术（之一），1981(内部资料).

[5] 东北工学院. 高炉炼铁[M]. 北京：冶金工业出版社，1977.

[6] 刘人达. 冶金炉热工基础[M]. 北京：冶金工业出版社，1980.

[7] 国内热风炉的生产实践和发展专辑[J]. 鞍钢技术（增刊），1981.

[8] 炼铁厂工艺技术规程. 鞍山钢铁公司，1995(内部资料).

[9] 热风炉设备使用维护检修规程(七). 鞍钢炼铁厂，1980(内部资料).

[10] 热风炉热平衡测定与计算方法的暂行规定[M]. 北京：冶金工业出版社，1983.

[11] 张万仲. 高炉煤气系统的操作及事故处理实践[J]. 炼铁科技，1977，2.

[12] 张万仲，游开铸，张学乐. 高温内燃式热风炉. 1982 年辽宁省金属学会烧结炼
铁论文集，172～184(内部资料).

[13] 张万仲. 外燃式热风炉在鞍钢的应用[J]. 钢铁，1981，3.

[14] 游开铸. 鞍钢高炉提高风温途径的探讨. 1982 年辽宁省金属学会烧结、炼铁论
文集，111～120(内部资料).

[15] 邓恩 P D，雷伊 D A. 热管[M]. 北京：国防工业出版社，1982.

[16] 刘全兴. 煤气质量对热风温度的影响. 1992 年辽宁省金属学会炼铁学术年会论
文集，凌源，22～25，29(内部资料).

[17] 刘全兴. 关于钢铁工业能源合理配置的思考[J]. 中国钢铁业，2004，4：25～27.

[18] 刘全兴. 带有附加加热的烟气预热净煤气换热器的开发与应用. 首届全国青年
炼铁学术会议论文集，武汉. 1995，243～250(内部资料).

[19] 刘全兴，张殿有. 鞍钢 10 号高炉硅砖热风炉烘炉实践[J]. 炼铁，1996，2：
20～22.

[20] 刘全兴. 热风炉采用纯高炉煤气获得 1200℃高风温工业试验[J]. 钢铁，1996，
9：5～9.

[21] 刘全兴. 鞍钢利用低热值煤气获得高风温技术的开发[J]. 炼铁，1996，3：
49～50.

[22] 张万仲，刘全兴. 空料线回收煤气停炉[J]. 鞍钢技术，1986，5：37～42.

[23] 王忱. 高炉炉长技术管理 300 问. 鞍钢炼铁厂，1991(内部资料).

[24] 袁守启，姜同川. 工业管理知识手册[M]. 济南：山东人民出版社，1983.

[25] 刘云彩. 炼铁工艺与节能技术 300 问. 中国金属学会，冶金部能源办公室，
1990(内部资料).

[26] 项钟庸，张兴传．济南铁厂热风炉提高风温的分析[J]．钢铁，1976，3：23~29．

[27] 项钟庸，郭庆弟．蓄热式热风炉[M]．北京：冶金工业出版社，1988．

[28] 陆钟武，蔡九菊．系统节能基础[M]．北京：科学出版社，1993．

[29] 池桂兴，等．工业炉节能技术[M]．北京：冶金工业出版社，1994．

[30] 郭伯玮，高泰荫，薄宗昭．现代工业炉燃烧技术[M]．北京：科学出版社，1994．

[31] 韩昭沧．燃料与燃烧[M]．北京：冶金工业出版社，1994．

[32] 杨世铭．传热学[M]．北京：高等教育出版社，1994．

[33] 王补宣．工程传热传质学(上册)[M]．北京：科学出版社，1982．

[34] 范维澄，万跃鹏．流动及燃烧的模型与计算[M]．合肥：中国科学技术大学出版社，1992．

[35] 鞍钢炼铁厂．大高炉炼铁生产[M]．北京：冶金工业出版社，1975．

[36] 杜鹤桂．国内外高炉炼铁技术的进步[J]．炼铁，1989，3：42~47．

[37] 陈炳霖．关于我国高炉高风温的探讨．高炉高风温会议论文集，1992：15~20（内部资料）．

[38] 陈厚章．高炉热风温度的探讨[J]．工业加热，1994，5：37~42．

[39] 刘全兴．鞍钢热风炉最佳风温选择的探讨[J]．鞍钢技术，1989，4：9~14．

[40] 冶金工业部司局文件，关于高炉煤气放散情况的通报．冶生能字第104号．

[41] 2004年全国炼铁生产技术及炼铁年会文集，无锡(内部资料)．

[42] Palz H. Hot Blast System Design Criteria for Reliable and Efficient Blast Furnace Operation[J]. MPT (Metallurgical Plant and Technology International), 1992, 2: 34~45.

[43] 吕鲁平．实现高风温的措施——利用余热法预热助燃空气[M]．中国炼铁三十年．北京：冶金工业出版社，1980：734~739．

[44] 戴杰．用低热值高炉煤气获得高风温的可能性[J]．钢铁，1983，7：13~18．

[45] 张万仲．鞍钢大型高炉热风炉应用自身预热法的探讨[J]．炼铁，1990，2：19~27．

[46] 苍大强，刘述临．热风炉前置换热器法．1997年炼铁工作会议资料(内部资料)．

[47] 刘全兴，译．适用于高炉高效可靠操作的热风系统的设计准则[J]．国外钢铁，1992，3：13~20．

[48] 解鲁生．能源基础管理与经济[M]．北京：冶金工业出版社，1992．

[49] 张俊智，译．热风炉操作自动化的优点[J]．国外钢铁，1992，5：14~19．

[50] 张宗诚，苏辉煌．热风炉传热数学模型的应用——几种不同操作制度的剖析[J]．化工冶金，1983，3：59~66．

[51] 张建来. 热风炉热量控制模型的建立[J]. 马钢科技, 1993, 3: 20~23.

[52] 范荣谦, 曹冠之, 张先跃. 蓄热室不稳定态传热数学模型及其求解[J]. 工业炉, 1992, 3: 54~59.

[53] 杨世铭. 传热学[M]. 北京: 高等教育出版社, 1980.

[54] 刘全兴. 高炉热风炉蓄热室格子砖三维导热数值模拟研究[J]. 钢铁 (增刊), 1997: 501.

[55] 金玉喜. 现代热风炉新技术的开发与应用[J]. 包钢科技, 1994, 1: 4~11.

[56] 重庆钢铁设计院炼铁科. 高风温热风炉设计探讨. 中国炼铁三十年[M]. 北京: 冶金工业出版社, 1980: 649~660.

[57] 赵福安. 热风炉助燃空气和煤气预热方法的选用[J]. 炼铁, 1987, 4: 28~33.

[58] 袁熙志, 唐飞来. 我国球式热风炉技术的发展及应注意的问题, 技术研讨会论文集, 2002年6月, 1~10(内部资料).

[59] 项初晖. 中小高炉全干式透平发电新工艺, 技术论文集, 2003年11月, 杭州, 3~8(内部资料).

[60] 齐振华, 张建梁. 清除高炉煤气中细水雾 (水滴) 的新方法(内部资料).

[61] 楼志诚. 冶金传输现象的基本原理与方法[M]. 上海: 上海科学技术出版社, 1997.

[62] 陈映明. 热风炉用耐火材料的选择[J]. 炼铁, 1995, 1: 37~40.

[63] 刘全兴. 冶金企业煤气事故产生原因分析及防范对策[N]. 中国冶金报, 2004-10-21.

[64] 刘全兴. 卡鲁金顶燃式硅砖热风炉的烘炉操作及其改进[J]. 炼铁, 2005, 2: 7~10.

[65] 刘全兴. 高炉煤气干式除尘的开发[J]. 国外钢铁, 1989, 11: 68~70.

[66] 刘全兴. 高炉热风炉自身预热基础研究及传热过程数值模拟(博士学位论文).

[67] 万成略, 谷庆红. 煤气事故分析示例, 中国金属学会冶金安全分会, 2006(内部资料).

[68] 刘全兴. 鞍钢10号高炉硅砖热风炉烘炉实践[J]. 炼铁, 1996, 2: 46~47.

[69] 刘全兴. 我国高炉热风炉的发展[J]. 钢铁产业, 2006, 10: 34~51.

[70] 胡新亮, 张玉生. 大型高炉应用干法除尘技术的关键[N]. 世界金属导报, 2006-9-26.

[71] 刘全兴. 高炉煤气干法除尘技术亟待完善[N]. 中国冶金报, 2012-3-8.

[72] 刘琦. 沙钢5800m³高炉成功处理长期事故休风实绩[J]. 炼铁, 2010, 3: 1~4.

[73] 鞍钢设备管理知识问答300题, 鞍山钢铁公司机动处, 1990年10月(内部资料).

[74] 刘全兴. 高炉送风系统结构稳定性的研究[J]. 炼铁机械设备, 2010.

[75] 刘全兴. 我国高炉热风炉的新技术应用回顾与展望[J]. 炼铁, 2007, 2:

56 ~ 59.

[76] 刘全兴. 关于钢铁厂煤气事故特征分析与防范的探讨[J]. 钢铁产业，2007，6：25 ~ 28.

[77] 刘全兴. 高炉送风系统事故及预防[J]. 炼铁交流，2010，6：21 ~ 24.

[78] 刘全兴. 提高风温与节能减排并举[N]. 中国冶金报，2008-1-31.

[79] 刘全兴.《煤气危险作业指示图表》在青钢的应用，青钢工作研究，2006(4)（内部资料）.

[80] 刘全兴. 煤气设施维护的特殊操作方法[J]. 钢铁产业，2008，1：13 ~ 16.

[81] 刘全兴. 青钢3万立方米转炉煤气柜外膜打折原因分析[J]. 山东冶金，2008(4)：72 ~ 73.

[82] 刘全兴. 高炉停炉理论与应用研究[J]. 钢铁产业，2007，3：41 ~ 47.

[83] 刘全兴. 炼铁系统提高风温和喷煤特征及价值分析[J]. 炼铁交流，创刊号，2008，6：21 ~ 24.

[84] 刘全兴. 风温和喷煤——炼铁的"两大主角"[N]. 中国冶金报，2008-7-10.

[85] 刘全兴. 煤气设施漏点带气堵漏方法实践[J]. 山东冶金，2009，1：4 ~ 8.

[86] 刘全兴. 对高炉干法除尘与湿法除尘的重新评价[J]. 炼铁交流，2011，4：45 ~ 47.

[87] 孟凡双，王宝海，肇德胜. 鞍钢3号高炉热风炉凉炉及烘炉实践[J]. 炼铁，2011，3：53 ~ 55.

[88] 杨天钧，张建良，国宏伟. 以科学发展观指导，实现低消耗、低排放、高效益的低碳炼铁[J]. 炼铁，2012，4：1 ~ 9.

冶金工业出版社部分图书推荐

书　　名	定价(元)
高炉失常与事故处理	65.00
高炉炼铁生产技术手册	118.00
高炉冶炼操作技术(第2版)	38.00
高炉炼铁操作	65.00
高炉炼铁设计原理	28.00
高炉炼铁理论与操作	35.00
高炉喷吹煤粉知识问答	25.00
炼铁计算辨析	40.00
高炉炼铁过程优化与智能控制系统	36.00
实用高炉炼铁技术	29.00
武钢高炉长寿技术	56.00
高炉设计——炼铁工业设计理论与实践	136.00
非高炉炼铁工艺与理论(第2版)	39.00
高炉衬蚀损显微剖析	99.00
炉外底喷粉脱硫工艺研究	20.00
冶金炉热工基础(高职高专)	37.00
高炉冶炼操作与控制(高职高专)	49.00
高炉操作(高职高专)	35.00
高炉炼铁设备(高职高专)	36.00
炼铁学	45.00
炼铁机械(第2版)	38.00
冶金炉料处理工艺(高等教育)	23.00